岩澤理論とその展望
（上）

岩澤理論と
その展望(上)

落合 理
Tadashi Ochiai

岩波書店

Iwanami Studies in Advanced Mathematics
Iwasawa theory and its perspective I

Tadashi Ochiai

Mathematics Subject Classification(2000);
11F33, 11R23, 11R42

【編集委員】

第Ⅰ期(2005-2008)　　第Ⅱ期(2009-)

儀 我 美 一　　岩 田　　覚
深 谷 賢 治　　斎 藤　　毅
宮 岡 洋 一　　坪 井　　俊
室 田 一 雄　　舟 木 直 久

まえがき

　岩澤理論は1950年代後半から岩澤健吉が手がけてきた円分塔におけるイデアル類群の研究やp進L函数の研究に端を発する．この「イデアル類群の円分岩澤理論」においては岩澤の定式化した岩澤主予想という中心的な予想があった．この岩澤主予想が80年代前半にモジュラー形式に付随した幾何的ガロワ表現という大きな道具を用いてMazur-Wilesによって解決されたこと，円単数のEuler系によってRubinが別証明を与えたこと，これらが岩澤理論における最初の金字塔である．Leopoldt予想，Vandiver予想，（総実体の円分塔のイデアル類群における）Greenberg予想などの未解決問題はあるが，「イデアル類群の円分岩澤理論」の状況は，既に[13]，[53]，[73]，[118]などの教科書によくまとめられていて，初学者のためのよい舗装道路ができている感がある．これらの教科書では，ある程度自己完結的かつ教育的であるための努力がなされており，指導者や学習者の好みに応じて豊富な選択の幅が提供されている．

　「イデアル類群の円分岩澤理論」に引き続いて，この40年余りの間に岩澤理論の枠組みは大幅に一般化された．例えばMazurらによって楕円曲線やモジュラー形式の円分岩澤理論が提唱されたのち，Coates, Greenberg, 加藤, Perrin-Riouその他の研究者によって「p進ガロワ表現の円分岩澤理論」がそれぞれの流儀に沿って研究された．ごく最近では，本書で論じるガロワ表現の変形空間の岩澤理論やCoatesらによる非可換岩澤理論といったさらに新しい視点が導入されて岩澤理論の一般化の研究の更なる発展が期待される．

　さて，ひと昔前の「イデアル類群の円分岩澤理論」の教科書たちが「イデアル類群の円分岩澤理論」への参入者に研究の道具の獲得と全貌の俯瞰というバイパスを提供したように，この新しい岩澤理論の発展に対しても潜在的な参入者のための教科書が必要ではないだろうか．しかしながら羅針盤となる教科書

が和書,洋書ともにまだ見当たらないように思われる.例えば,[82], [91], [102]のような特殊な対象への研究書があるくらいで全体的な展望を述べた本がないのである.今後の参入者のために一般化された岩澤理論の土台を与えたい,ということが本書の執筆の第一の動機である.また,専門的な研究者にも見落としたり認識不足の事柄があるかもしれない.大事な問題意識でありながら共通認識へと昇華していないことも散在しており,そういったことも明るみに出して今後の「展望」を示したい,ということがまた別の動機である.

ただ,限られた紙数の都合上,特に「岩澤主予想」という思想に的をしぼり,その中で岩澤理論の枠組みをいかに一般化していくかを示した.岩澤主予想以外にも岩澤理論における大事な研究対象は沢山あるが,全てを網羅しようとすると逆に焦点がぶれる恐れもあるからである.詳細には触れることができない様々なテーマについては,各章末に可能な範囲内でトピックを紹介して,読者がいろいろな方向に踏み込むきっかけを提供するべく努力した.

本書の読み方について 本書の主な目的は岩澤理論の一般化であるが,実際は,限られたページの中で古典的な岩澤理論と一般化された岩澤理論の両方が網羅できるように最大限の努力を払ったつもりである.ただ,タイトルにおける「展望」という言葉にある通り,全体的に発展的な内容で,扱う範囲も広大である.そのため,全てが一貫してスタンダードな教科書の読み方を想定して書かれているわけではない.研究テーマの紹介などが中心の表面的なお話の章や節には $*$ の印を入れて区別した.また,他の部分に比べると難しめの概念を多く仮定していたり,ときに細部まで証明しない粗描が混じるような発展的な内容の章や節には $**$ の印を入れた.読者の側で,「論理の隅々を数学的にしっかり追跡しながら勉強する部分」と「俯瞰しつつ知識を得るためにある程度お話として読む部分」とのメリハリがつけられるためである.特に,$**$ のついた部分が追えない読者は,落胆せずに最初はおおまかな内容を把握する程度に流し読みするか読み飛ばして進んでいただきたい.

本書は,大きく三部に分けられ,その第 I 部は上巻,第 II 部と第 III 部は下巻となっている.上巻ではイデアル類群に対する岩澤理論を紹介しており,下巻ではイデアル類群以外の一般的な数論的対象(一般的なモチーフやガロワ表現)

への岩澤理論の一般化を論じている．

「イデアル類群の円分岩澤理論」を説明する本書の第Ⅰ部(第3章)に関しては，ページ数が限られた中で，なるべく既存の岩澤理論の教科書に依存せず本書だけで完結して全体像がつかめること，そして self-contained に正確な論証が追えるものを目指した．もちろん，ある程度の基本的な知識は仮定されている．例えば，第Ⅰ部以前でも，学部の授業では習わないが，整数論を勉強するためにはセミナーや自習を通じて身につけていて欲しい代数的整数論，類体論，発展的な環論，ホモロジー代数などが要求されている．各節のはじめに必要な基礎をリストアップしたり，参考となる基礎文献を挙げる配慮をした．

「p 進表現の円分岩澤理論」を説明する本書(下巻)の第Ⅱ部(第4章から第6章)に関しては，「ガロワ表現の基本事項」や「ガロワコホモロジーの理論」にある程度慣れていることが必要とされる．また，具体的な対象としてモジュラー形式の円分岩澤理論などを扱う以上，「モジュラー形式の基本事項」に関しても若干慣れていることが必要である．

「p 進変形の岩澤理論」を説明する本書(下巻)の第Ⅲ部(第7章，第8章)に関しては，肥田理論による p 通常的なガロワ変形というものが現れる．肥田理論の既存のまとまった教科書が少ないため，ある程度の紙数を割いて説明を試みた．

謝辞 本書の構成は，九州大学(2008)，東京大学(2009)，東北大学(2010)における大学院集中講義を通して構想が固まった．つたない講義にお付き合いいただいた方々にお礼を申し上げたい．また，大下達也，小林真一，下元数馬，関真一朗，都地崇恵，八森祥隆，原隆，松野一夫，安田正大，山上敦士の諸氏にはそれぞれ貴重な助言や修正点の指摘をいただいたり議論につきあっていただいた．

この場を借りて，著者が今までお世話になった多くの方々にも感謝を申し上げたい．4年生の後半から大学院修士と博士の間を通してご指導いただいた斎藤毅先生と斎藤毅セミナーの仲間の方々，筆者が岩澤理論の研究に関わるきっかけとなった旧駒場土曜セミナー(岩澤セミナー)の中島匠一先生，藤崎源二郎先生をはじめとする先輩および仲間の方々には一方ならぬお世話になった．ま

た，今まで曲がりなりにも数学の研究を続けて来られたのは，学部生と大学院時代の若い頃に，常に励ましと経済的な支援をいただいた両親のおかげである．執筆の間，妻と二人の娘には多くの迷惑と無理をかけた．家族の犠牲のもとにどうにか最後まで原稿を書き通せた．

2014 年初夏　待兼山にて

著　者

目　次

まえがき

第 I 部　イデアル類群の円分岩澤理論

1　序　章——岩澤理論の動機と有用性* ························· 3
　1.1　Fermat の最終定理とイデアル類群　3
　1.2　Riemann のゼータ函数の特殊値にひそむ大事な意味　6
　1.3　函数体と代数体の不思議な類似　8
　1.4　Fermat の最終定理の完全解決　10

2　$\mathbb{Z}_p$ 拡大と岩澤代数 ··· 13
　2.1　$\mathbb{Z}_p$ 拡大の存在　13
　2.2　岩澤代数の定義と性質　21
　　2.2.1　ベキ級数環としての岩澤代数　22
　　2.2.2　測度のなす環としての岩澤代数　26
　　2.2.3　正則函数環としての岩澤代数　27
　　2.2.4　変形環や Hecke 環としての岩澤代数 *　29
　2.3　岩澤加群の性質　30
　　2.3.1　岩澤加群の基本事項と有限性補題　31
　　2.3.2　ネーター正規整域上の加群の構造定理　33
　　2.3.3　岩澤加群の構造定理と岩澤不変量　39
　　2.3.4　岩澤加群の特殊化に関する代数的な準備　43

3 イデアル類群の円分岩澤理論 51

3.1 代数的側面（Selmer 群） 51
- 3.1.1 岩澤類数公式 51
- 3.1.2 岩澤類数公式の証明 53
- 3.1.3 イデアル類群の構造の補足 58
- 3.1.4 イデアル類群に関して知られた結果や予想* 62

3.2 解析的側面（p 進 L 函数） 66
- 3.2.1 解析的 p 進 L 函数の存在定理 66
- 3.2.2 Bernoulli 数と Dirichlet の L 函数の特殊値 71
- 3.2.3 岩澤による p 進 L 函数の構成 73
- 3.2.4 Coleman 写像による p 進 L 函数の構成 79

3.3 代数的側面と解析的側面の関係（岩澤主予想） 99
- 3.3.1 イデアル類群の円分岩澤主予想 99
- 3.3.2 モジュラー的な方法による証明** 110
- 3.3.3 Euler 系の方法による証明 126

3.4 一般の体における「イデアル類群の岩澤主予想」* 143
- 3.4.1 総実代数体のアーベル拡大の場合 144
- 3.4.2 CM 体のアーベル拡大の場合 146

3.5 岩澤主予想の先にある問題と展望* 154
- 3.5.1 イデアル類群の構造や性質について（代数的側面） 154
- 3.5.2 p 進 L 函数の特殊値や性質について（解析的側面） 155
- 3.5.3 イデアル類群の岩澤理論の全般的な問題と展望 160

A 付録* 163
- A.1 モジュラー形式と付随するガロワ表現 163
- A.2 代数的 Hecke 指標と付随するガロワ指標 166

ブックガイド* 169

参考文献 171

記号一覧 181

索引 183

下巻目次

第Ⅱ部　p 進表現の円分岩澤理論
 4　楕円曲線の岩澤理論の紹介
 5　p 進表現の円分岩澤理論の設定
 6　p 進表現の円分岩澤理論の結果

第Ⅲ部　ガロワ変形の岩澤理論
 7　ガロワ変形の岩澤理論の設定
 8　ガロワ変形の岩澤理論の結果
付　録

第 I 部　イデアル類群の円分岩澤理論

1 序章——岩澤理論の動機と有用性*

　この本の目的は，古典的な岩澤理論にとどまらない岩澤理論の一般化の現状と展望を紹介することである．しかし，元々は岩澤健吉によって創始されたイデアル類群の岩澤理論がどういう整数論の流れで現れ，どのような動機によるものなのかを知らなければ，その一般化の重要性が薄れてしまう．もちろん本書の第 I 部である第 2 章や第 3 章でイデアル類群の岩澤理論は細かく紹介されるが，手始めとなるこの章では，あえて詳細に立ち入りすぎない形で，岩澤理論の動機と簡単な歴史を確認し俯瞰したい．

1.1　Fermat の最終定理とイデアル類群

　Fermat の最終定理とは，「n を 3 以上の整数とするとき，n 次式 $x^n + y^n = z^n$ をみたす整数の組 $(x, y, z) = (a, b, c)$ が $abc = 0$ なるものに限る」という主張であった．実際は，n が奇素数または 4 の場合に示せば十分である．初期の Fermat, Euler, Dirichlet, Legendre らによる，低い次数 $n = 3, 4, 5$ での散発的な仕事があったが，それらは一般の場合の証明からはほど遠かった．1665 年に Fermat が亡くなった後，1994 年に Wiles がこの Fermat による主張の証明を完成させるまでの間に，多くの人々の試みによる失敗と進歩の歴史がある．Wiles 以前の研究を通して最も大きな進歩は，Kummer によるアプローチである．p を奇素数とするとき，数の世界を有理数体 $\mathbb{Q}$ から 1 の p 乗根の群 μ_p の全ての元を付け加えた体 $\mathbb{Q}(\mu_p)$ へと広げ，そこで「因数分解」$\prod_{i=0}^{p-1}(x + \zeta_p^i y) = z^p$ を考えることが Kummer の大事なアイデアであった．一方で，$\mathbb{Q}$ で成り立つ「素因数分解の一意性」が $\mathbb{Q}(\mu_p)$ においては，必ずしも成り立た

ないことが大きな障害でもあった．また，現代の代数的整数論では，代数体 K に対してイデアル類群 $\mathrm{Cl}(K)$ という有限アーベル群が定まり，$\mathrm{Cl}(K)$ が自明であることが「K で素因数分解の一意性が成り立つ」ための必要十分条件である．$\mathrm{Cl}(K)$ はいわば「素因数分解の成り立たなさ具合」を測る群である．このイデアル類群の言葉を用いると，Kummer は，次のような結果を示した．

定理(**Kummer**)　$\mathrm{Cl}(\mathbb{Q}(\mu_p))$ の位数が p と素であるとき[*1]，次数 p での Fermat の最終定理が正しい．　　　　　　　　　　　　　　　　　　□

計算されている範囲では 60 パーセント以上の素数が正則であるが，正則な素数の無限性は未だ示されていない．例えば，100 以下の素数では $p=37, 59, 67$ 以外は全て正則である．また，非正則な素数は無限個あることが知られている[*2]．いずれにしても，上述の Kummer の定理は Fermat の最終定理の成立範囲を格段に広げたのである．

さて，代数の歴史を振り返ると，代数方程式のベキ根による解の公式が存在するための必要十分条件がガロワ群が可解であることであった．かくして，代数方程式のベキ根による解法という問題の「障害」として歴史に登場したガロワ群が，次第に初等代数学の主役的な数学的対象となり，逆に代数方程式のベキ根による解法は中心的興味でなくなっていく．実際，ガロワ群やガロワ理論を調べることで様々な数学的応用が得られるようにもなった．

同様なパラダイムシフトとして，素因数分解の一意性に対する「障害」として歴史に登場したイデアル類群も，次第にそれ自体が代数的整数論の興味の主対象となるのである．さて，個別に代数体 K を与えると，イデアル類群 $\mathrm{Cl}(K)$ のアーベル群としての構造については，Minkowski の数の幾何などに基づいて具体的な計算のアルゴリズムが昔から知られている．また，昔から知られた Dirichlet の類数公式によると，$\mathrm{Cl}(K)$ の位数 h_K は，次節で現れる K の Dedekind ゼータ関数 $\zeta(K,s)$ を用いて，

$$h_K = -\lim_{s\to 0}\frac{\zeta(K,s)}{s^{r_1+r_2-1}} \times \frac{w_K}{R_K}$$

と表される（r_1, $2r_2$ は K の実埋め込みと虚埋め込みの個数，w_K は K の中の

[*1]　このような奇素数 p を正則(**regular**)な素数とよぶ．
[*2]　このあたりの考察については，[118]の §5.3 の最後を参照されたい．

1のベキ根の個数, R_K は単数規準). 例えば, 平方因子を持たない負の整数 a に対する虚2次体 $K = \mathbb{Q}(\sqrt{a})$ では, $r_1 + r_2 - 1 = 0$, $R_K = 1$ であるから,

$$a^* = \begin{cases} |a| & a \equiv 1 \bmod 4 \text{ のとき}, \\ |4a| & a \equiv 2, 3 \bmod 4 \text{ のとき} \end{cases}$$

を法とするヤコビ記号 $\left(\dfrac{\cdot}{a^*}\right)$ を用いて,

$$h_K = -w_K \zeta(K, 0) = \frac{w_K}{2a^*} \sum_{i=1}^{a^*} i \left(\frac{i}{a^*}\right)$$

が成り立ち[*3], 簡単な整数の足し引きの計算だけで類数が計算される[*4].

上述のように, 代数体 K を与えると $\mathrm{Cl}(K)$ の理論的な計算手段は存在するが, $\mathrm{Cl}(K)$ の一般的な性質や精密な構造に関してはわかっていないことも多い. 例えば, 岩澤理論が現れる以前には

(i) 代数体 K の何らかの無限族に対して一般的に成り立つイデアル類群の性質に関する結果がほとんどなかった.

(ii) イデアル類群の単に有限アーベル群としての構造だけでないガロワ群の作用などの詳細な構造はあまり知られていなかった.

(i)に関しては, 岩澤理論と関係は薄いがよく知られた未解決な問題の例として「類数が1の実2次体 K は無限個あるだろう」という Gauss 予想[*5]がある. このような例からも(i)のようなタイプの問題の難しさがわかるであろう. それでも, 岩澤理論においては, 次のような驚くべき定理が示される(本文の定理3.1を参照):

定理 (岩澤の類数公式) 各素数 p ごとに整数値をとる不変量 $\lambda^{(p)}, \mu^{(p)} \geqq 0$, $\nu^{(p)}$ が存在して, 十分大きな n で $\mathrm{Cl}(\mathbb{Q}(\mu_{p^n}))$ の位数の p ベキ部分の位数は, $p^{\lambda^{(p)} n + \mu^{(p)} p^n + \nu^{(p)}}$ となる. □

(ii)に関しては, まず $\mathrm{Cl}(K)$ には $\mathrm{Aut}(K)$ が自然に作用する. 例えば, K

[*3] 2番目の等号は, 非自明な Dirichlet 指標 χ に対する $L(\chi, 0) = -\dfrac{1}{C(\chi)} \sum_{i=1}^{C(\chi)} i \chi(i)$ という公式による(ただし, $C(\chi)$ は χ の導手を表す).

[*4] 平方剰余の相互法則などを使うことで, 大きな a に対するヤコビ記号も効率的に計算できる.

[*5] Gauss の時代には代数体やイデアル類群の言葉は存在しなかったので, Gauss は 2 次形式やその同値類の言葉で予想を述べている.

がℚのアーベル拡大であるときは，Cl(K)のGal($K/\mathbb{Q}$)に関する指標分解や加群としての構造は岩澤理論を通して様子がよくわかるようになってきた．そして，岩澤理論における大事な未解決の問題も沢山ある[*6]．

1.2 Riemannのゼータ函数の特殊値にひそむ大事な意味

よく知られたように，Riemannのゼータ函数$\zeta(s)$の整数点での特殊値に関しては，正の偶数rに対して，$\dfrac{\zeta(r)}{\pi^r}$, $\zeta(1-r)$はともに有理数である．もう少し正確には以下のような事実：

(1) $\zeta(1-r) = (-1)^{\frac{r}{2}} \dfrac{(r-1)!}{2^{r-1}} \dfrac{\zeta(r)}{\pi^r}$

(2) r次Bernoulli数B_rという有理数を用いて$\zeta(1-r) = -\dfrac{B_r}{r}$と書ける[*7]

がある．

負の奇数点での値を0に近い方からいくつか具体的に見てみよう．

$$\zeta(-1) = -\frac{1}{2^2 \cdot 3}, \quad \zeta(-3) = \frac{1}{2^3 \cdot 3 \cdot 5}, \quad \zeta(-5) = -\frac{1}{2^2 \cdot 3^2 \cdot 7},$$

$$\zeta(-7) = \frac{1}{2^4 \cdot 3 \cdot 5}, \quad \zeta(-9) = -\frac{1}{2^2 \cdot 3 \cdot 11}, \quad \zeta(-11) = \frac{691}{2^3 \cdot 3^2 \cdot 5 \cdot 7 \cdot 13},$$

$$\zeta(-13) = -\frac{1}{2^2 \cdot 3}, \quad \zeta(-15) = \frac{3617}{2^5 \cdot 3 \cdot 5 \cdot 17}, \cdots$$

上の数値にも現象として現れているように，Bernoulli数に関するvon Staudt-Clausenの定理「$B_r + \sum_{p-1|r} \dfrac{1}{p} \in \mathbb{Z}$ (pは素数をわたる)」[*8]より，$\zeta(1-r)$の分母の素因数分解に現れる素数は，$r+1$以下である．一方で，上の$p = 691, 3617$などのように，分子の素因数分解の素数には不規則に大きな素数が現れることがある．これら不可思議な素数にはどのような意味がある

[*6] 例えば，3.1.4項で現れるVandiver予想やGreenberg予想などがあり，それらの問題とℚ(μ_{p^∞})上のイデアル類群からくる岩澤加群の半単純性予想との絡みなども岩澤らによって調べられている．

[*7] 後で，定理3.35においてより一般な形で紹介し，簡単な証明のアイデアを述べる．

[*8] 証明については例えば[118, Theorem 5.10]を参照のこと．

のだろうか？ 前節の Dirichlet の類数公式を $K = \mathbb{Q}(\mu_p)$ に対して用いることで，実は次の同値がわかる[*9]：

定理 $p \geqq 5$ なる勝手な素数に対して次の同値が成り立つ：

$$p | \sharp \mathrm{Cl}(\mathbb{Q}(\mu_p)) \iff p \text{ が } \zeta(-1), \cdots, \zeta(4-p) \text{ までのいずれかを割り切る．} \qquad \square$$

さらに，どの値を割るかによる精密な結果も知られている．Teichmüller 指標 $\omega \colon \mathrm{Gal}(\mathbb{Q}(\mu_p)/\mathbb{Q}) \xrightarrow{\sim} (\mathbb{Z}/p\mathbb{Z})^\times$ を $g \in \mathrm{Gal}(\mathbb{Q}(\mu_p)/\mathbb{Q})$ に $\zeta_p^g = \zeta_p^{\omega(g)}$ なる $\omega(g) \in (\mathbb{Z}/p\mathbb{Z})^\times$ を対応させる標準的な指標として定義する．このとき，上の定理の精密化として次が成り立つ：

定理(Herbrand-Ribet) p を素数，r を $1 \leqq r \leqq p-1$ なる偶数とする．このとき，$[p]$ によって p 倍で消える部分群を表すとすると次の同値が成り立つ：

$$p | \zeta(1-r) \iff \mathrm{Cl}(\mathbb{Q}(\mu_p))[p]^{\omega^{1-r}} \neq \{0\} \qquad \square$$

さて，Riemann のゼータ函数の特殊値は，r と r' が p 進位相で近ければ近いほど $\zeta(1-r)$ と $\zeta(1-r')$ も p 進位相で近いという p 進連続性をみたす．また，アルキメデス位相の世界における複素平面上の複素正則函数の p 進類似として，$(\overline{\mathbb{Q}}_p)^\times$ の中のある領域で定義された岩澤函数というよい函数のクラスが知られており，岩澤函数では複素正則函数と同様に一致の定理が成り立つ．次のような岩澤函数となる p 進ゼータ函数の存在が知られている[*10]．

定理(久保田-Leopoldt, 岩澤, Coleman) $0 < i < p-1$ なる奇数 i ごとに，

$$\zeta_p^{(i)}((1+p)^{1-r}) = (1-p^{r-1})\zeta(1-r)$$

という性質で特徴づけられる岩澤函数 $\zeta_p^{(i)}$ が存在する (r は $r \equiv 1-i \bmod p-1$ なる自然数をわたる)[*11]． $\qquad \square$

[*9] 一般的に知られた Dirichlet の類数公式から以下の定理を導く議論の詳細については[118]の Theorem 4.17, Theorem 5.16, Theorem 5.34 を参照のこと．
[*10] 定理のより一般的かつ正確な記述については，本書の定理 3.29 を参照のこと．
[*11] $i=1$ のときは例外的に $\zeta_p^{(1)}$ は $1 \in \mathbb{Q}_p^\times$ において 1 位の極を持つ．

1.3 函数体と代数体の不思議な類似

有限次代数体は,不思議と有限体 $\mathbb{F}_q$ 上の 1 変数代数函数体と似ている.例えば,全ての素点で完備化が局所コンパクトになるという共通の強い性質を持ち,類体論などの定理や証明も両者に対して統一的な記述が成り立つ[*12].一方で,函数体においては多項式の微分などの強力な操作がある.このような操作を用いることで,標数 0 の函数体での Fermat の最終定理の類似には代数体の場合よりもかなり初等的な証明がある.abc 予想も代数体では非常に難しい問題であるが,標数 0 の函数体類似は初等的な方法で証明される.このように「函数体」と「代数体」の間にはしばしば「ずれ」もあるので,「代数体と函数体の類似」をたどることによってしばしば面白い思想や有益な帰結に達する.

さて,K を有限次代数体または有限体 $\mathbb{F}_q$ 上の 1 変数代数函数体としたとき,その整数環 $\mathfrak{r}_K$ はどちらの場合も Dedekind 環であり,複素変数 s を持つ K のゼータ函数 $\zeta(K,s)$ は,$\mathfrak{m}$ が $\mathfrak{r}_K$ の極大イデアルをわたる無限積

$$\zeta(K,s) = \prod_{\mathfrak{m}\in \mathrm{Spec}(\mathfrak{r}_K)-\{0\}} \frac{1}{(1-\sharp(\mathfrak{r}_K/\mathfrak{m})^{-s})}$$

で定義される.無限積は $\mathrm{Re}(s)>1$ で収束し,$\zeta(K,s)$ は全複素平面に有理型に接続される.K が函数体のときも代数体のときも,$\zeta(K,s)$ は何らかの函数等式を持つ.岩澤理論の中心的テーマの一つである岩澤主予想は,代数体と函数体の類似の思想を通して,函数体のゼータ函数の行列式表示の代数体における類似として現れる.

函数体に対して,次の一対一対応がある.

$\{\mathbb{F}_q$ 上の非特異射影代数曲線 $C\} \longleftrightarrow \{\mathbb{F}_q$ が定数体の 1 変数代数函数体 $K\}$

(左から右は代数曲線 C の函数体 K_C をとる対応.逆方向は函数体 K のモデル C_K をとる対応)

[*12] 例えば[121]を参照のこと.

さて，代数閉包 $\overline{\mathbb{F}}_q$ 上では，p と異なる素数 l をとるごとに C_K のヤコビ多様体の l ベキ等分点によって有限次元 $\mathbb{Q}_l$ ベクトル空間 $V_{K,l}$ が得られる．$V_{K,l}$ 上には $\mathbb{F}_q$ のフロベニウス元 $\mathrm{Frob}_q : x \mapsto x^q$ が作用する．ゼータ函数 $\zeta(K,s)$ をこのフロベニウス作用の行列式表示で表すことができる．

定理　p と異なる全ての素数 l に対して次の等式が成り立つ：
$$\zeta(K,s) = \left.\frac{\det(1-\mathrm{Frob}_q t; V_{K,l})}{(1-t)(1-qt)}\right|_{t=q^{-s}}.\qquad\square$$

この定理はそれ自体が非常にきれいな式である．また，Weilによって証明された $V_{K,l}$ へのフロベニウス作用の固有値の評価の結果により $\zeta(K,s)$ には Riemann 予想の類似が成り立つ．

さて，K が代数体のとき，$\zeta(K,s)$ そのものではなく，その p 進類似を考えて，函数体の類似を追求するのが岩澤理論の発想である[*13]．K が函数体の場合は，定数体 $\mathbb{F}_q$ の代数閉包 $\overline{\mathbb{F}}_q/\mathbb{F}_q$ からくる無限次拡大 $K\overline{\mathbb{F}}_q/K$ のガロワ群の生成元であるフロベニウス元が大事な役割を演じた．K が代数体の場合には，定数体がないので函数体の理論を真似をすることができないように見える．ところが，発想を転ずると先の函数体の無限次拡大 $K\overline{\mathbb{F}}_q/K$ は，K に全ての 1 のベキ根を付け加えた拡大でもある．こちらの見方は，K が代数体の場合も，そのまま通用する．実際，岩澤理論はこのアイデアを遂行するものであるが，全ての 1 のベキ根を付け加えると少し不都合がある．よって，岩澤が考えたように素数 p を一つ固定して，K に 1 の p ベキ根を付け加えて得られる円分 $\mathbb{Z}_p$ 拡大 K_∞^cyc が最も適切な設定である[*14]．

簡単のため，$p > 2$, $K = \mathbb{Q}(\mu_p)$, $K_\infty^\mathrm{cyc} = \mathbb{Q}(\mu_{p^\infty})$ とする．先述の岩澤類数公式の定理またはその証明の系として，$V = \left(\varprojlim_n \mathrm{Cl}(\mathbb{Q}(\mu_{p^n}))[p^\infty]\right) \otimes_{\mathbb{Z}_p} \mathbb{Q}_p$ は有限次元 $\mathbb{Q}_p$ ベクトル空間であるという深い結果が知られている[*15]．これは，イデアル類群の有限性定理の岩澤理論的な類似ともみなせる．この V

[*13] 発想の経緯については，本人による記事[50]と晩年のインタビュー記事[129](の最後のあたり)も参照のこと．

[*14] 円分 $\mathbb{Z}_p$ 拡大にたどりつく岩澤の理論の創造の過程はよくわからないが，1 のベキ根全体を付け加えた拡大を考えると，イデアル類群が大きすぎたり，岩澤代数や岩澤不変量のような精緻な対象が現れないようである．例えば[48], [70]などを参照のこと．

[*15] 本書の定理 3.4 を参照．

を $\mathrm{Gal}(\mathbb{Q}(\mu_p)/\mathbb{Q})$ の (1.2 節で現れた) Teichmüller 指標のベキ ω^i ごとに指標分解した $\mathbb{Q}_p$ ベクトル空間を V^{ω^i} と記す．V^{ω^i} には $\mathrm{Gal}(K_\infty^{\mathrm{cyc}}/K) \cong 1+p\mathbb{Z}_p$ が線型に作用する．函数体におけるゼータ函数の行列式の表示の類似である以下の結果が出現する．

岩澤主予想 (Mazur-Wiles の定理) [*16]　$\chi_{\mathrm{cyc}} : \mathrm{Gal}(K_\infty^{\mathrm{cyc}}/K) \xrightarrow{\sim} 1+p\mathbb{Z}_p$ を p 進円分指標 (命題 2.1 参照)，$\gamma \in \mathrm{Gal}(K_\infty^{\mathrm{cyc}}/K)$ を $\chi_{\mathrm{cyc}}(\gamma) = 1+p$ なる位相的生成元とする．$0 < i < p-1$ なる奇数 i ごとに，以下のような (重複度も込めた) 零点の一致がある：

$$\{\zeta_p^{(i)} \text{ の零点}\} = \{\gamma \text{ の } V^{\omega^i} \text{ 上への作用の固有多項式の零点}\}. \qquad \square$$

この等式は，岩澤によって予想され，Vandiver 予想の仮定の下では岩澤自身によって示されていた [*17]．その後 Mazur-Wiles によって 1980 年代前半に解決され，今では予想ではなく定理となっている．さて，左辺は p 進解析的に定義されることから解析的な対象であり，右辺は代数的な対象である．岩澤主予想の等式は，解析的なものと代数的なものという極めて異質なものたちの間の橋渡しという見方もできる．かくして，岩澤主予想は岩澤理論で現れる沢山の定理の中でも主役を演じる定理である．イデアル類群の岩澤理論における岩澤主予想は既に解けているが，代数的側と解析的側それぞれで個別に調べるべきことは豊富にあり，現在も活発に研究されている．また，本書のテーマであるように，岩澤理論の一般化も様々に試みられている．

1.4　Fermat の最終定理の完全解決

1.1 節に述べたように，円分体のイデアル類群の探求というテーマを通して，Fermat の最終定理とイデアル類群の岩澤理論は歴史的に深い関係でつ

[*16] 代数体のイデアル類群の岩澤主予想には，(+) 版岩澤主予想と (−) 版岩澤主予想と呼ばれる互いに同値な異なる定式化がある．ここでは，本書の定理 3.63 で述べられる (−) 版岩澤主予想を $K_\infty^{\mathrm{cyc}} = \mathbb{Q}(\mu_{p^\infty})$ に限ったものを述べている．ただし，本書で用いられている「特性イデアル」の言葉を出す代わりに，ここでは「群の作用の固有多項式」で間に合わせていることに注意したい (p. 42 の (3) も参照のこと)．また，Ferrero-Washington の定理により μ 不変量は，無視してよいのでその部分も見かけ上，後で述べる定理 3.63 より簡略されている．

[*17] [13] の Corollary 4.5.4 やその節の説明を参照のこと．

ながっていた.また,よく知られているように,20世紀の終わりにWilesが Fermatの最終定理を完全解決するという数学的にセンセーショナルな出来事 があった.より正確には,1980年代後半に,Ribetが[97]において「志村-谷 山予想はFermatの最終定理を導く」という結果を示して,Fermatの最終定 理が志村-谷山予想へと帰着された.それを受けて,Wilesは,1995年に出版 された論文[125]およびTaylorとの共著[117]において,「(適当な条件下で) 志村-谷山予想が成り立つ」ということを示し,Fermatの最終定理が陥落し た.

先述のように,Wilesは若いころに岩澤主予想を解決した仕事があり,志 村-谷山予想の証明の仕事には随所に岩澤理論の考え方が現れる.かくして, 岩澤理論は,再度Fermatの最終定理と深く関わるのである.Wilesによる Fermatの最終定理の解決に岩澤理論が現れる様子を二つほど述べておく.

(1) イデアル類群の岩澤理論の中心として,

(1.1) $\mathbb{Q}(\mu_p)$のイデアル類群の位数 = $\mathbb{Q}(\mu_p)$のゼータ函数の特殊値

という解析的類数公式があった.この解析的類数公式は,ガロワ表現Vが与 えられるごとに

(1.2) VのSelmer群の位数 = Vのゼータ函数の特殊値[*18]

という「Bloch-加藤の玉河数予想」と呼ばれる大きな枠組みの予想へ一般化 される.実は,Vが$(\varprojlim \mu_{p^n}) \otimes_{\mathbb{Z}_p} \mathbb{Q}_p$のときには,Selmer群はイデアル類群 と結びつく.かくして,Bloch-加藤の玉河数予想(1.2)は解析的類数公式(1.1) の一般化である.Wilesは,志村-谷山予想を解くには,モジュラー形式に 付随する2次ガロワ表現V_f[*19]のadjoint表現$\mathrm{ad}^0(V_f) = \mathrm{End}(V_f)^{\mathrm{tr}=0}$で, Bloch-加藤の玉河数予想(1.2)を示すことが本質であることを見抜いた.かく して,[117],[125]の核心は$V = \mathrm{ad}^0(V_f)$での玉河数予想を解いたことであ ると言ってもよいのではないかと思う.このように深い概念的な部分でFer-

---

[*18] もちろん,あくまで標語的な意味での表現であり厳密な玉河数予想は十分な言葉の準備をも ってもう少し抽象的な形で記述される.[6]を参照のこと.
[*19] モジュラー形式に付随するガロワ表現については,定理A.1を参照のこと.

mat の最終定理の証明は岩澤理論に依存しているのである.

(2) もう一つには, Wiles が $\mathrm{ad}^0(V_f)$ に対する Bloch-加藤の玉河数予想を示す手法が, 古典的な「イデアル類群の円分岩澤主予想」の Rubin による別証明で用いられた Euler 系の方法と密接に関係していることがある. Rubin が用いた円単数の Euler 系では,

$$\{1-\zeta_{p^n l_1\cdots l_t}\in\mathbb{Q}(\mu_{p^n l_1\cdots l_t})\mid p,l_1,\cdots,l_t \text{ が全て異なる素数}\}$$

という元たちが, 素因数 l_i たちに関するある種のノルム系をなしている. 証明の様子にはここでは立ち入ることができないが, p 以外の素因数 l_i たちを沢山繋げる複雑な Euler 系のテクニックを駆使して, 円分体 $\mathbb{Q}(\mu_p)$ のイデアル類群の位数を抑えた. Wiles が最初にアナウンスをした証明方法は, $V=(\varprojlim_n \mu_{p^n})\otimes_{\mathbb{Z}_p}\mathbb{Q}_p$ における円単数の Euler 系の, $V=\mathrm{ad}^0(V_f)$ における類似があり, 後は同じ寸法で Selmer 群と L 函数の特殊値が結びつく, というものであった. その後, Wiles によるガロワ表現 $\mathrm{ad}^0(V_f)$ に対する Euler 系の構成には穴があることがわかり, Wiles 自身がその修正を試みたがうまくいかなかった[*20]. 最終的には, Euler 系の議論がうまくいかなかった部分は, Wiles と Taylor の共著論文[117]の理論(今日では Taylor-Wiles 系と呼ばれている)を開発して切り抜けた. この Taylor-Wiles 系においても, やはり p 以外の素因数 l_i たちを沢山繋げることが大事であり, かくして技術的な部分でも Fermat の最終定理の証明は岩澤理論と密接に関連している.

例として Fermat の最終定理を挙げたが, 他にも Catalan 予想の解決など不定方程式のよく知られた問題に岩澤理論の道具立てが深く関係している[*21]. 整数論の深い部分に根づいている岩澤理論は, 今後も整数論の様々な局面において重要な影響を与え続けるであろう.

[*20] Wiles の元々の方法による「別証明」は今も知られていない.
[*21] 例えば文献[106]などを参照のこと.

2 $\mathbb{Z}_p$ 拡大と岩澤代数

p を素数として,以下固定する.複雑さを避けるため,特に言及しない限り本書全体を通して $p>2$ であると仮定する[*1].本書を通して,有理数体 $\mathbb{Q}$ の代数閉包 $\overline{\mathbb{Q}}$ を複素数体 $\mathbb{C}$ の部分体として固定する.また,$\overline{\mathbb{Q}}$ から p 進数体 $\mathbb{Q}_p$ の代数閉包 $\overline{\mathbb{Q}_p}$ への埋め込み $\overline{\mathbb{Q}} \hookrightarrow \overline{\mathbb{Q}_p}$ も固定しておく.$\overline{\mathbb{Q}_p}$ の完備化を $\mathbb{C}_p$ で記す.

2.1 $\mathbb{Z}_p$ 拡大の存在

この節では,局所類体論や大域類体論および局所体や単数群の乗法群の簡単な性質を用いることで得られる有限次代数体の $\mathbb{Z}_p$ 拡大に関する様々な性質を調べる.

この節の議論を追うためには,まず Krull 位相を用いた無限次のガロワ理論に慣れている必要がある.[33] など何らかの教科書で習得している状態が前提である.また,イデアル類群や単数群などの代数的整数論の基本的な対象の理解,p 進体の構造,アデールやイデールに慣れていること,大域類体論や局

[*1] 岩澤理論において $p=2$ を扱うのが煩雑になり得る理由は例えば以下のような事情による:
(i) $p \geqq 3$ での $\mathbb{Z}_p^\times$ のねじれ部分は剰余体の乗法群からくる位数 $p-1$ の巡回群であるが,$p=2$ のときはそうでなく,$\mathbb{Z}_p^\times$, $\mathbb{Q}_p^\times$ の構造の様子の違いからしばしば個別に議論を書き直す必要がある.
(ii) 第 4 章以降で論じるガロワ表現の Selmer 群は,代数体の絶対ガロワ群の p 進加群を係数に持つガロワコホモロジーに局所条件を課すことで定義される.$p \neq 2$ のときは無限素点は自動的に不分岐となり,無限素点での局所条件を無視して単純に話をすすめられる.
(iii) L 函数の特殊値の代数性や周期に必要な「複素共役の $\pm$ 分解」において,$p \neq 2$ ならば,p で局所化することで $\pm$ 分解が well-defined になる.

所類体論が使えることなども大事な基礎である．[1], [59]など何らかの教科書で習得している状態が望ましい．

μ_m で $\overline{\mathbb{Q}}$ の中の 1 の m 乗根のなす群を表し，$\mu_{p^\infty} = \varinjlim_n \mu_{p^n}$ とおく．

命題 2.1 各自然数 n に対して，p^n 次円分拡大 $\mathbb{Q}(\mu_{p^n})/\mathbb{Q}$ はガロワ拡大であり，1 の原始 p^n 乗根 $\zeta_{p^n} \in \overline{\mathbb{Q}}$ を用いて定まる写像

$$\chi_{\mathrm{cyc},n} : \mathrm{Gal}(\mathbb{Q}(\mu_{p^n})/\mathbb{Q}) \xrightarrow{\sim} (\mathbb{Z}/p^n\mathbb{Z})^\times, \quad \zeta_{p^n}^g = \zeta_{p^n}^{\chi_{\mathrm{cyc},n}(g)}$$

は群の同型写像であり，ζ_{p^n} を異なる 1 の原始 p^n 乗根 ζ'_{p^n} に取り替えても変わらない標準同型である．また，$\mathbb{Q}(\mu_{p^\infty})/\mathbb{Q}$ はガロワ拡大であり，ζ_{p^n} たちの選び方に依らない標準同型

$$\chi_{\mathrm{cyc}} : \mathrm{Gal}(\mathbb{Q}(\mu_{p^\infty})/\mathbb{Q}) \xrightarrow{\sim} \mathbb{Z}_p^\times, \quad \zeta_{p^n}^g = \zeta_{p^n}^{\chi_{\mathrm{cyc}}(g)}$$

がある[*2]． □

[証明] 証明の方針としては，

$$\chi_{\mathrm{cyc},n} : \mathrm{Gal}(\mathbb{Q}(\mu_{p^n})/\mathbb{Q}) \hookrightarrow (\mathbb{Z}/p^n\mathbb{Z})^\times, \quad \zeta_{p^n}^g = \zeta_{p^n}^{\chi_{\mathrm{cyc},n}(g)}$$

が標準的な単射群準同型であることを最初に示し，その後 $\chi_{\mathrm{cyc},n}$ が全射であることを示す．実は，最後の全射性以外は，$\mathbb{Q}(\mu_{p^n})/\mathbb{Q}$ を標数が p と素な勝手な可換体 K の円分拡大 $K(\mu_{p^n})/K$ で置き換えても成り立つ．命題の中の数論的に深い部分が全射性であることが浮き彫りになるように，全射性の証明以外は上述のような一般の K で書いておきたい．

K の代数閉包の中で，1 の原始 p^n 乗根 ζ_{p^n} を一つ選び固定する．ζ_{p^n} の最小多項式 $f(x) \in K[x]$ は $x^{p^n} - 1$ の既約因子である．ζ_{p^n} の共役元は全てある自然数 i によって $\zeta_{p^n}^i$ と書ける．$\zeta_{p^n}^i \in K(\mu_{p^n})/K$ より $K(\mu_{p^n})/K$ は正規拡大である．また，K の標数が p と素であるから $f(X)$ は重根を持たない．よって $K(\mu_{p^n})/K$ はガロワ拡大となる．さて，$g \in \mathrm{Gal}(K(\mu_{p^n})/K)$ に対して，一意的な $i \in (\mathbb{Z}/p^n\mathbb{Z})^\times$ が存在して $g(\zeta_{p^n}) = \zeta_{p^n}^i$ となる．$\chi_{\mathrm{cyc},n}(g) = i$ とおくことで，集合としての単射な写像 $\chi_{\mathrm{cyc},n} : \mathrm{Gal}(K(\mu_{p^n})/K) \longrightarrow (\mathbb{Z}/p^n\mathbb{Z})^\times$ が得ら

[*2] χ_{cyc} が，単に群準同型になるだけでなく，1 の原始 p^n 乗根の人為的な選択に依らない標準的準同型である事実は，p 進 L 函数の補間性質を定式化する際に非常に大切である．

れる．$\chi_{\mathrm{cyc},n}(g) = i$, $\chi_{\mathrm{cyc},n}(g') = i'$ とすると，

$$\zeta_{p^n}^{\chi_{\mathrm{cyc},n}(gg')} = (gg')(\zeta_{p^n}) = g(g'(\zeta_{p^n})) = g(\zeta_{p^n}^{i'}) = (g(\zeta_{p^n}))^{i'} = (\zeta_{p^n}^i)^{i'} = \zeta_{p^n}^{ii'}$$

であるから $\chi_{\mathrm{cyc},n}$ は群準同型である．また，最初に固定した ζ_{p^n} と異なる 1 の原始 p^n 乗根 ζ'_{p^n} をとって得られた群準同型を $\chi'_{\mathrm{cyc},n}\colon \mathrm{Gal}(K(\mu_{p^n})/K) \longrightarrow (\mathbb{Z}/p^n\mathbb{Z})^\times$ と記す．一意的な $j \in (\mathbb{Z}/p^n\mathbb{Z})^\times$ が存在して $\zeta'_{p^n} = \zeta_{p^n}^j$ と書けるので，

$$(\zeta'_{p^n})^{\chi'_{\mathrm{cyc},n}(g)} = g(\zeta_{p^n}^j) = (g(\zeta_{p^n}))^j = (\zeta_{p^n}^j)^{\chi_{\mathrm{cyc},n}(g)} = (\zeta'_{p^n})^{\chi_{\mathrm{cyc},n}(g)}$$

となる．よって $\chi_{\mathrm{cyc},n}$ は固定した 1 の原始 p^n 乗根 ζ_{p^n} に依存しない標準的な単射準同型である．

$K = \mathbb{Q}$ のとき，各自然数 n で $\chi_{\mathrm{cyc},n}$ が全射になることを示したい．

$$\Phi_{p^n}(X) = \frac{X^{p^n} - 1}{X^{p^{n-1}} - 1} = (X^{p^{n-1}})^{p-1} + (X^{p^{n-1}})^{p-2} + \cdots + (X^{p^{n-1}}) + 1$$

は，ζ_{p^n} の $\mathbb{Q}$ 上の最小多項式で割り切れる．今，$q = p^{n-1}$ とおき，$\Psi_{p^n}(Y) = \Phi_{p^n}(X)|_{X=Y+1}$ と変数変換すると，

$$\begin{aligned}\Psi_{p^n}(Y) &\equiv (Y^q + 1)^{p-1} + (Y^q + 1)^{q-2} + \cdots + (Y^q + 1) + 1 \\ &\equiv \frac{(Y^q + 1)^p - 1}{(Y^q + 1) - 1} \equiv \frac{Y^{pq}}{Y^q} \equiv Y^{q(p-1)} \bmod p\end{aligned}$$

かつ $\Psi_{p^n}(Y)|_{Y=0} = p$ より $\Psi_{p^n}(Y)$ は Eisenstein 型既約多項式である．$\Psi_{p^n}(Y)$ は既約多項式なので $\Phi_{p^n}(X)$ も既約多項式である[*3]．かくして拡大次数の不等式 $[\mathbb{Q}(\mu_{p^n}) : \mathbb{Q}] \geqq p^{n-1}(p-1)$ が得られ，$\mathrm{Gal}(\mathbb{Q}(\mu_{p^n})/\mathbb{Q}) \xrightarrow{\sim} (\mathbb{Z}/p^n\mathbb{Z})^\times$ が示された．後半の $\mathbb{Q}(\mu_{p^\infty})/\mathbb{Q}$ の記述はこの n に関する極限をとることでただちに得られる． ∎

注意 2.2 上の証明は，p での分岐を利用する証明方法である．この証明方法を全ての素数 l での l^n 次円分拡大 $\mathbb{Q}(\mu_{l^n})/\mathbb{Q}$ で行うことで，勝手な自然数 m に対しても $\mathrm{Gal}(\mathbb{Q}(\mu_m)/\mathbb{Q}) \cong (\mathbb{Z}/m\mathbb{Z})^\times$ を示すことができる．そのためには，円分体の判別式の計

[*3] 以上で $\Phi_{p^n}(X)$ は ζ_{p^n} の $\mathbb{Q}$ 上の最小多項式であり，円分多項式と呼ばれる．

算を通して $(m,m')=1$ ならば $\mathbb{Q}(\mu_m) \cap \mathbb{Q}(\mu_{m'}) = \mathbb{Q}$ を示す必要があるのでここでは省略する．例えば，[118, Prop. 2.4] など参照のこと．命題 2.1 の別証明として多くの不分岐な素数 l でのフロベニウス写像を利用する「大域的」証明もある．例えば，[33, 3.4] などを参照のこと．

定義 2.3 命題 2.1 より，$\mathrm{Gal}(\mathbb{Q}(\mu_{p^\infty})/\mathbb{Q}) \cong \mathbb{Z}_p^\times \cong (\mathbb{Z}/p\mathbb{Z})^\times \times (1+p\mathbb{Z}_p)$ である．無限次拡大のガロワ理論によって閉部分群 $(\mathbb{Z}/p\mathbb{Z})^\times$ による商 $1+p\mathbb{Z}_p \cong \mathbb{Z}_p$ に対応するガロワ拡大 $\mathbb{Q}_\infty/\mathbb{Q}$ が一意に存在する．$\mathbb{Q}_\infty/\mathbb{Q}$ を有理数体 $\mathbb{Q}$ の円分 $\mathbb{Z}_p$ 拡大とよぶ．一般の有限次代数体[*4] K に対しても，$\overline{\mathbb{Q}}$ における合成体 $K_\infty^{\mathrm{cyc}} = K\mathbb{Q}_\infty$ を K の円分 $\mathbb{Z}_p$ 拡大とよぶ[*5]． □

定義 2.4 一般に，有限次代数体 K のガロワ拡大 K_∞/K でガロワ群 $\mathrm{Gal}(K_\infty/K)$ が位相群として加法群 $\mathbb{Z}_p$ と同型になるものを K の $\mathbb{Z}_p$ 拡大という． □

後で p 進 L 函数の補間性質を記述するために以下の言葉も大事である．

定義 2.5 有理数体 $\mathbb{Q}$ の円分 $\mathbb{Z}_p$ 拡大 $\mathbb{Q}_\infty/\mathbb{Q}$ のガロワ群 $\mathrm{Gal}(\mathbb{Q}_\infty/\mathbb{Q})$ を $\varGamma_{\mathrm{cyc}}$ で記す．一般の有限次代数体 K に対して，$\mathrm{Gal}(K_\infty^{\mathrm{cyc}}/K)$ を $\varGamma_{\mathrm{cyc},K}$ で記す[*6]．

$$\mathrm{Gal}(\mathbb{Q}(\mu_{p^\infty})/\mathbb{Q}) = \mathrm{Gal}(\mathbb{Q}(\mu_p)/\mathbb{Q}) \times \varGamma_{\mathrm{cyc}}$$

より，標準同型 $\chi_{\mathrm{cyc}} \colon \mathrm{Gal}(\mathbb{Q}(\mu_{p^\infty})/\mathbb{Q}) \xrightarrow{\sim} \mathbb{Z}_p^\times$ は標準同型 $\kappa_{\mathrm{cyc}} \colon \varGamma_{\mathrm{cyc}} \xrightarrow{\sim} 1+p\mathbb{Z}_p$ と $\omega \colon \mathrm{Gal}(\mathbb{Q}(\mu_p)/\mathbb{Q}) \xrightarrow{\sim} (\mathbb{Z}/p\mathbb{Z})^\times$ に分解される．χ_{cyc} および κ_{cyc} を **p 進円分指標**とよぶ．ω を Teichmüller 指標とよぶ． □

円分 $\mathbb{Z}_p$ 拡大の存在によって，有限次代数体 K は少なくとも一つの $\mathbb{Z}_p$ 拡大を持つことがわかる．K にはどれくらい沢山の $\mathbb{Z}_p$ 拡大があるだろうか？ K が二つの異なる $\mathbb{Z}_p$ 拡大を持てば無限個の異なる $\mathbb{Z}_p$ 拡大を持つ．したがって，素朴に「K の $\mathbb{Z}_p$ 拡大の個数を数える」ことは意味をなさない．しかしながら，K', K'' がそれぞれ $\mathrm{Gal}(K'/K) \cong \mathbb{Z}_p^d$, $\mathrm{Gal}(K''/K) \cong \mathbb{Z}_p$ なるガロワ拡大

[*4] 一般には，「代数体」とすると $\mathbb{Q}$ の有限次代数拡大を意味することが多いようである．しかしながら，岩澤理論では無限次の代数拡大が頻繁に現れるので，本書（第 2 章以降）では，$\mathbb{Q}$ 上有限次の代数拡大を「有限次代数体」とよぶことにする．

[*5] $\mathrm{Gal}(K_\infty^{\mathrm{cyc}}/K)$ は自然に $\mathrm{Gal}(\mathbb{Q}_\infty/\mathbb{Q}) \cong \mathbb{Z}_p$ の指数 $[\mathbb{Q}_\infty \cap K : \mathbb{Q}]$ の開部分群と同一視され，$\mathbb{Z}_p$ の勝手な開部分群は $\mathbb{Z}_p$ と同型である．よって $\mathrm{Gal}(K_\infty^{\mathrm{cyc}}/K) \cong \mathbb{Z}_p$ であることに注意．

[*6] $\mathbb{Q}_\infty \cap K = \mathbb{Q}$ ならば自然な単射写像 $\varGamma_{\mathrm{cyc},K} \longrightarrow \varGamma_{\mathrm{cyc}}$ は同型である．

とするとき，$K'' \subsetneq K'$ ならば，$\mathrm{Gal}(K'K''/K) \cong \mathbb{Z}_p^{d+1}$ となる．したがって，K の全ての $\mathbb{Z}_p$ 拡大の合成体がどれくらい大きいかを考えることは意味のあることである．$r_1(K)$ を K の実数体 $\mathbb{R}$ への埋め込み写像の個数とし，$2r_2(K)$ を K の実数体を経由しない複素数体 $\mathbb{C}$ への埋め込み写像の個数とする（そのような複素埋め込みがあると必ずその複素共役があるので個数は偶数個である）．$r_1(K) + 2r_2(K) = [K : \mathbb{Q}]$ であることに注意したい．次が成り立つ．

定理 2.6 (1) K_∞/K を有限次代数体 K の勝手な $\mathbb{Z}_p$ 拡大とする．拡大 K_∞/K で分岐する素点は全て (p) の上にある[*7]．また K の素点の少なくとも一つは K_∞/K で分岐する．

(2) 代数閉包 $\overline{\mathbb{Q}}$ における K の全ての $\mathbb{Z}_p$ 拡大の合成体を $\widetilde{K}_\infty$ で表すとき，$\mathrm{Gal}(\widetilde{K}_\infty/K)$ は有限生成な自由 $\mathbb{Z}_p$ 加群であり

$$r_2(K) + 1 \leqq \mathrm{rank}_{\mathbb{Z}_p} \mathrm{Gal}(\widetilde{K}_\infty/K) \leqq [K : \mathbb{Q}]$$

が成り立つ． □

[証明] まず記述(1)を示す．λ を p と異なる $\mathbb{Q}$ の素数 l の上にある K の有限素点，K_λ を K を λ で完備化して得られる l 進体とする．$\overline{\mathbb{Q}}_l$ の中での合成体 $K_\infty K_\lambda$ に対して，「l 進体の拡大 $K_\infty K_\lambda/K_\lambda$ が不分岐である」と「K_∞/K が λ で不分岐である」は同値である．今，$\mathrm{Gal}(K_\infty K_\lambda/K_\lambda)$ は自然に $\mathrm{Gal}(K_\infty/K)$ の閉部分群と同一視されるので，$\mathrm{Gal}(K_\infty K_\lambda/K_\lambda) \cong \mathbb{Z}_p$ または $\mathrm{Gal}(K_\infty K_\lambda/K_\lambda) \cong \{0\}$ である．$\mathrm{Gal}(K_\infty K_\lambda/K_\lambda) \cong \{0\}$ のとき[*8]には示すことはない．よって，一般に「k を l 進体 $(l \neq p)$，k' を $\mathrm{Gal}(k'/k) \cong \mathbb{Z}_p$ なるガロワ拡大とするとき，k'/k は不分岐拡大である」を示せばよい．これを背理法で証明する．k'/k は分岐すると仮定すると，$\mathrm{Gal}(k'/k)$ の惰性部分群は $\mathbb{Z}_p$ と同型である．局所類体論より，l 進体 k の最大アーベル拡大を k^{ab} とするとき，$\mathrm{Gal}(k^{\mathrm{ab}}/k)$ の惰性部分群は k の整数環 $\mathcal{O}_k$ の可逆元からなる乗法群 $\mathcal{O}_k^\times$ に同型である．一方で，$\mu(k)$ を k の中の 1 のベキ根全体のなす有限群とすると，$\mathcal{O}_k^\times$ は位相アーベル群として $\mu(k) \times \mathbb{Z}_l^{[k:\mathbb{Q}_l]}$ に同型である．$\mathrm{Gal}(k'/k)$ の惰性部分群は $\mathrm{Gal}(k^{\mathrm{ab}}/k)$ の惰性部分群の開部分群の商であるが，$\mathrm{Gal}(k'/k)$

[*7] しばしばこの状況を「K_∞/K は (p) の外不分岐」と表現する．
[*8] この場合は，素点 λ が K_∞/K で完全分解している．

の惰性部分群が $\mathbb{Z}_p$ と同型ならば $\mathbb{Z}_l$ から $\mathbb{Z}_p$ の写像は零写像しかないことに矛盾する．よって，λ における不分岐性が示された．今，$\mathbb{Z}_p$ は $\mathbb{Z}/2\mathbb{Z}$ と同型な閉部分群を持たない*9のでそれぞれの無限素点の分岐群は自明である．かくして，記述(1)の前半が示された．

次に記述(1)の後半を示す．$K^{\mathrm{ur,ab}}$ を全ての素点で不分岐な K のアーベル拡大のうち最大のものとすると，不分岐大域類体論により

$$(2.1) \qquad \mathrm{Gal}(K^{\mathrm{ur,ab}}/K) \xrightarrow{\sim} \left(\bigoplus_{\text{有限素点 } v} \mathbb{Z}\right) \bigg/ K^\times \cong \mathrm{Cl}(K)$$

なる同型がある．ただし，上の真ん中の群において $K^\times$ の各有限素点 v での成分 $\mathbb{Z}$ への像は v における正規化された加法的離散付値写像 $\mathrm{ord}_v : K^\times \longrightarrow \mathbb{Z}$ で与えられている．$\mathrm{Cl}(K)$ は有限アーベル群であるから $\mathrm{Gal}(K^{\mathrm{ur,ab}}/K)$ も有限群である．仮に p の上にある K の素イデアルも全て K_∞/K において不分岐だとすると，K_∞/K は全ての素点で不分岐である．よって $K_\infty \subset K^{\mathrm{ur,ab}}$ でなければならず上で述べたイデアル類群の有限性に矛盾する．この矛盾は，p 上の素点を含めて K の素点は全て K_∞/K で不分岐と仮定したことに起因するから，K の素点の少なくとも一つは K_∞/K で分岐しなければならない．以上で記述(1)の後半が示された．

次に，記述(2)を示そう．$K^{\mathrm{ab},(p)}$ で (p) の外不分岐な K 上の最大アーベル拡大を表すとき，(分岐を許した一般の)大域類体論によって，

$$(2.2)$$
$$\{1\} \longrightarrow K^\times \longrightarrow \left(\bigoplus_{\mathfrak{p}|(p)} K_\mathfrak{p}^\times \oplus \bigoplus_{\text{有限素点}\lambda \nmid (p)} \mathbb{Z} \oplus \bigoplus_{\text{実無限素点}} \mathbb{Z}/(2)\right)$$
$$\longrightarrow \mathrm{Gal}(K^{\mathrm{ab},(p)}/K) \longrightarrow \{1\}$$

なる完全列がある．ただし，最初の $K^\times$ からの単射写像は，$K^\times$ から p 上の各素点 $\mathfrak{p}$ における K の完備化 $K_\mathfrak{p}$ の乗法群 $K_\mathfrak{p}^\times$ への埋め込み，$K^\times$ から p 上

---

*9 本章のはじめに宣言したように，本書では全般的に $p \neq 2$ と仮定している．しかしながら，仮に $p = 2$ としても $\mathbb{Z}_2$ は $\mathbb{Z}/2\mathbb{Z}$ と同型な閉部分群を持たない．よって，$\mathbb{Z}_2$ 拡大でも無限素点は常に不分岐である．

にない各有限素点 λ における正規化された加法的離散付値写像 $\mathrm{ord}_\lambda : K^\times \longrightarrow \mathbb{Z}$, $K^\times$ から各実無限素点での完備化への埋め込みにおける符号 $\{\pm 1\} \cong \mathbb{Z}/(2)$, で与えられる写像である.

p 進体 $K_\mathfrak{p}$ の整数環を $\mathcal{O}_\mathfrak{p}$ と記すとき, 群 $\left(\prod_{\mathfrak{p}|(p)} \mathcal{O}_\mathfrak{p}^\times \oplus \bigoplus_{\text{実無限素点}} \mathbb{Z}/(2) \right)$ は, p 上にない有限素点 λ での成分を全て 0 とすることで, 自然に (2.2) の第 3 項の閉部分群とみなせる. 有限次代数体 K の整数環を $\mathfrak{r}_K$ と記すとき, (2.2) の第 3 項の中で,

$$ K^\times \cap \left(\prod_{\mathfrak{p}|(p)} \mathcal{O}_\mathfrak{p}^\times \oplus \bigoplus_{\text{実無限素点}} \mathbb{Z}/(2) \right) = \mathfrak{r}_K^\times $$

であるから, 完全列 (2.1), (2.2) と簡単な議論により

(2.3)
$$ \{1\} \longrightarrow \left(\prod_{\mathfrak{p}|(p)} \mathcal{O}_\mathfrak{p}^\times \right) \Big/ \overline{\mathfrak{r}_K^\times} \longrightarrow \mathrm{Gal}(K^{\mathrm{ab},(p)}/K) \longrightarrow \mathrm{Cl}(K) \longrightarrow \{1\} $$

なる完全列がある. ただし, $\overline{\mathfrak{r}_K^\times}$ は $\mathfrak{r}_K^\times$ を p 進群 $\prod_{\mathfrak{p}|(p)} \mathcal{O}_\mathfrak{p}^\times$ に対角的に埋め込んだときの閉包である. 今,

(2.4) $$ \mathrm{rank}_{\mathbb{Z}_p} \left(\prod_{\mathfrak{p}|(p)} \mathcal{O}_\mathfrak{p}^\times \right) = [K:\mathbb{Q}] = r_1(K) + 2r_2(K) $$

である. また, Dirichlet の単数定理より

$$ \mathrm{rank}_\mathbb{Z} \mathfrak{r}_K^\times = r_1(K) + r_2(K) - 1 $$

であるから,

(2.5) $$ \mathrm{rank}_{\mathbb{Z}_p} \overline{\mathfrak{r}_K^\times} \leqq r_1(K) + r_2(K) - 1 $$

となり,

(2.6) $$ r_2(K) + 1 \leqq \mathrm{rank}_{\mathbb{Z}_p} \left(\left(\prod_{\mathfrak{p}|(p)} \mathcal{O}_\mathfrak{p}^\times \right) \Big/ \overline{\mathfrak{r}_K^\times} \right) \leqq [K:\mathbb{Q}] $$

を得る．(2.3), (2.6)を合わせて証明を終える．　　　　　　　　　　　□

実は次の予想が広く信じられている．

予想 2.7(Leopoldt 予想)　K を有限次代数体，p を素数とするとき次の同値な記述が成り立つ[*10]．

(i) $r_2(K) + 1 = \mathrm{rank}_{\mathbb{Z}_p} \mathrm{Gal}(\widetilde{K}_\infty/K)$.

(ii) $\mathfrak{r}_K^\times \otimes_{\mathbb{Z}} \mathbb{Z}_p \hookrightarrow \prod_{\mathfrak{p}|(p)} \mathcal{O}_\mathfrak{p}^\times$ は単射である．

(iii) $\mathrm{rank}_{\mathbb{Z}_p} \overline{\mathfrak{r}_K^\times} = r_1(K) + r_2(K) - 1$.　　　　　　　　　　　□

有限次代数体 K に対して $\delta_{K,p} = \mathrm{rank}_{\mathbb{Z}_p} \mathrm{Gal}(\widetilde{K}_\infty/K) - r_2(K) - 1$ を Leopoldt 差数(Leopoldt defect)とよぶことにする．Leopoldt 予想については以下のことが知られている．

(1) K が有理数体または虚2次体上の有限次アーベル拡大ならば，Leopoldt 予想は正しい．これは Brumer[9]が証明した p 進超越数論における対数的独立性定理(複素超越数論における Baker の定理の p 進類似)の応用として得られる．(証明は，例えば，[118, §5.5]や[84, Chap. X, §3]を参照のこと)

(2) K が d_K 次総実代数体のとき次は同値である[*11]：

(i) (K, p) に対する Leopoldt 予想が正しい．

(ii) K から $\mathbb{C}_p$ への異なる d_K 個の埋め込みのうちの勝手な $d_K - 1$ 個 $\sigma_1, \cdots, \sigma_{d_K-1}$ と $\mathfrak{r}_K^\times$ の基本単数 $\{\varepsilon_1, \cdots, \varepsilon_{d_K-1}\}$ から作った不変量 p 進単数規準：
$$R_p = \det(\log_p \sigma_i(\varepsilon_j))_{1 \leqq i,j \leqq d_K-1}$$
が 0 でない．

(iii) $\gamma \in \Gamma_{\mathrm{cyc}}$ を位相的生成元とすると，K の p 進 L 函数[*12] $L_p(K, s) \in \mathrm{Frac}(\mathbb{Z}_p[[\Gamma_{\mathrm{cyc}}]])$ の分母が $\gamma - 1$ で割り切れる．

[*10]　(i), (ii), (iii)が互いに同値であることは定理 2.6(2)の証明の議論でわかる．
[*11]　(i)と(ii)の同値性は予想 2.7 の(i)と(ii)の同値性による．(ii)と(iii)の同値性は Colmez [17]で示された $\zeta_p(K, s)$ の留数定理による．
[*12]　この $L_p(K, s)$ は本書の定理 3.94 の p 進 L 函数 $L_p(F, \psi)$ で $F = K$, $\psi = 1$ としたものに他ならない．

これらに限らず，Leopoldt 予想の様々な言い換え，知られている関連結果および洞察については[84, Chap. X, §3]などに非常に網羅的でかつ深い記述がある．

2.2 岩澤代数の定義と性質

岩澤理論では岩澤代数が中心的な役割を演じる．岩澤代数の定義自体は容易であるが，様々な見方があり状況によって半ば無意識的に視点を切り替えている．本節では，まず岩澤代数の定義を与えたのち，岩澤代数の豊富なとらえ方を説明したい．

この節の議論を追うためにそれほど高度な可換環論は要求しないが，逆極限やイデアルによる完備化，正則局所環，(Krull)次元などある程度の基礎は必要である．例えば，教科書[3]程度の可換環論は身につけていた方がよいだろう．また，後半には$\mathbb{R}$や$\mathbb{C}$でない環に値を持つ測度や畳み込み積なども現れるが，こちらは学部で習得する測度論の簡単な言葉に慣れていれば特に問題ないと思われる．

加法群 $\mathbb{Z}_p$ と同型な位相群を Γ とおく．Γ は位相的巡回群である．位数 p^n の巡回群商 Γ/Γ^{p^n} を Γ_n とおく．本書全体を通して $\mathbb{Q}_p$ の有限次拡大の整数環 $\mathcal{O}$ を固定し，ϖ を $\mathcal{O}$ の素元とする．

定義 2.8 完備群環 $\mathcal{O}[[\Gamma]] = \varprojlim_n \mathcal{O}[\Gamma_n]$ を**岩澤代数**とよび，$\Lambda_\mathcal{O}$ で記す．さらに $\mathcal{O} = \mathbb{Z}_p$ のときは $\Lambda_\mathcal{O}$ を単に Λ と記す． □

注意 2.9 K の全ての $\mathbb{Z}_p$ 拡大の合成 $\widetilde{K}_\infty/K$ のガロワ群を $\widetilde{\Gamma}_K$ で表すとき，同様にして「多変数の」岩澤代数 $\mathcal{O}[[\widetilde{\Gamma}_K]] = \varprojlim_n \mathcal{O}[\widetilde{\Gamma}_K/\widetilde{\Gamma}_K^{p^n}]$ も考えられる．また，$\mathbb{Z}_p$ の有限個の積と同型な位相群 G に対しても，同様に「多変数の」岩澤代数 $\mathcal{O}[[G]]$ が定義され，以下ではその都度注意はしないが，$\mathcal{O}[[\Gamma]]$ に関して本節で議論する多くの性質の類似が多変数の岩澤代数 $\mathcal{O}[[G]]$ でも成り立つ．このような G は，例えば本書の後半で現れる肥田理論などで G を $GL_n(\mathbb{Z}_p)$ などの簡約代数群のトーラス部分群として現れ，その完備群環 $\mathcal{O}[[G]]$ がそれらの理論において大事な役割を演じる．

2.2.1 ベキ級数環としての岩澤代数

1950 年代に岩澤による一連の $\mathbb{Z}_p$ 拡大の研究が発表されると，Serre はいち早くこの理論の重要性に着目して，その論説 [107] の中で岩澤代数とベキ級数環が同一視されることを示した[*13]。

定理 2.10 Γ の位相的生成元 γ[*14] を固定する．このとき，この生成元 γ を $1+T$ に写す(非標準的な)同型 $\Lambda_{\mathcal{O}} \cong \mathcal{O}[[T]]$ が存在する． □

[証明] n を自然数としたとき，$\overline{\gamma} \in \mathcal{O}[\Gamma_n]$ で γ の像を表し，$\omega_n(T) \in \mathcal{O}[T]$ を $\omega_n(T) = (T+1)^{p^n} - 1$ と定める．

$$(2.7) \qquad \mathcal{O}[\Gamma_n] \longrightarrow \mathcal{O}[T]/(\omega_n(T))$$

を $\overline{\gamma}$ を $1+T$ に写す環の同型写像とする．実際，$\overline{\gamma}^{p^n} = 1$ であることや $T' = T+1$ とおくと環の同型 $\mathcal{O}[T]/(\omega_n(T)) \cong \mathcal{O}[T']/((T')^{p^n} - 1)$ があることに気をつけると (2.7) は well-defined な環の同型写像である．この同型は，両辺で n を動かす射影系の射と可換であるから，射影極限をとって環同型 $\mathcal{O}[[\Gamma]] \xrightarrow{\sim} \varprojlim_n \mathcal{O}[T]/(\omega_n(T))$ が得られる．今，$\mathcal{O} = \varprojlim_m \mathcal{O}/(\varpi^m)$ より，$\varprojlim_n \mathcal{O}[T]/(\omega_n(T)) = \varprojlim_{m,n} \mathcal{O}[T]/(\varpi^m, \omega_n(T))$ となる．一方で，形式的ベキ級数環の定義より $\mathcal{O}[[T]] = \varprojlim_{n'} \mathcal{O}[T]/(T^{n'}) = \varprojlim_{m',n'} \mathcal{O}[T]/(\varpi^{m'}, T^{n'})$ となる．各 (m',n') に対して，(m,n) を十分大きくとると $(\varpi^m, \omega_n(T)) \subset (\varpi^{m'}, T^{n'})$ となり，各 (m,n) に対して，(m',n') を十分大きくとると $(\varpi^m, \omega_n(T)) \supset (\varpi^{m'}, T^{n'})$ となる．かくして，$\varprojlim_{m,n} \mathcal{O}[T]/(\varpi^m, \omega_n(T)) \cong \varprojlim_{m',n'} \mathcal{O}[T]/(\varpi^{m'}, T^{n'})$ であるから証明が終わる． ∎

この定理によって，完備群環として見かけ上抽象的に定義された環 $\mathcal{O}[[\Gamma]]$ が，比較的なじみ深い形式的ベキ級数環と同型であることがわかり，心理的にも抵抗が少なくなり，可換環論的な取り扱いも楽になる．一方で，この同一視

[*13] 文献 [107] にはここで論じる同一視の話以外にも，岩澤類数公式の証明，特性イデアルなどの一般的な導入などの話もある．

[*14] 一般に，位相群 G の元 $g_1, \cdots, g_k$ でそれらが生成する G の部分群が G の中で稠密なものを G の位相的生成元という．

は位相的生成元 $\gamma \in \Gamma$ の選び方に依存する非標準的なものであり，形式的ベキ級数環との自然な同型は望めない．したがって，本書では，本質的でないならば，可能な限り非標準的な定式化は避けたいという思いから，岩澤主予想や p 進 L 函数の存在定理などの主要結果の定式化にはベキ級数環としての表示は用いない．

注意 2.11 $G \cong \mathbb{Z}_p^d$ なる多変数の場合でも，$\mathcal{O}[[G]]$ は非標準的にベキ級数環 $\mathcal{O}[[T_1, \cdots, T_d]]$ と同型である．このことは，$G' \cong \mathbb{Z}_p^{d-1}$, $G'' \cong \mathbb{Z}_p$ による分解 $G \cong G' \times G''$ を用いて $\mathcal{O}[[G]] \cong \mathcal{O}[[G']][[G'']] \cong \mathcal{O}[[G']]\hat{\otimes}_\mathcal{O} \mathcal{O}[[G'']]$ [*15]と表せば，上と類似の考え方を用いて d に関する帰納的な議論で証明できるであろう．

定義 2.12 次数が1以上のモニックな多項式 $P(T) = T^l + a_{l-1}T^{l-1} + \cdots + a_1 T + a_0 \in \mathcal{O}[T]$ で $a_0, \cdots, a_{l-1}$ は $\mathcal{O}$ の極大イデアルの元となるものを**非単数根多項式**(distinguished polynomial)とよぶ． □

定理 2.13（(p 進) Weierstrass の準備定理） $F(T) \neq 0$ なる $F(T) = \sum_{i=0}^{\infty} a_i T^i \in \mathcal{O}[[T]]$ に対して，$F(T)$ から一意的に定まる非負整数 m，非単数根多項式 $P(T)$ および $U(T) \in \mathcal{O}[[T]]^\times$ が存在して $F(T) = \varpi^m P(T) U(T)$ と書ける．さらに，m は $\frac{1}{\varpi^m}F(T) \in \mathcal{O}[[T]]$ が成り立つ最大の整数，$P(T)$ の次数は $\frac{a_k}{\varpi^m} \in \mathcal{O}^\times$ が成り立つ最小の非負整数 k として特徴づけられる． □

$\mathcal{O}$ は，(ϖ) を極大イデアルとする Krull 次元が1の完備正則局所環であるから定理2.13の系として次のことがわかる．系の証明は行わず読者への練習問題としたい．

系 2.14 $\Lambda_\mathcal{O} \cong \mathcal{O}[[T]]$ は Krull 次元が2の完備正則局所環であり，その極大イデアルは (ϖ, T) である．0と極大イデアル以外の全ての素イデアルは単項素イデアルとなる．さらに，$\mathcal{O}[[T]]$ の単項素イデアルは，(ϖ) またはある既約な非単数根多項式 $P(T) \in \mathcal{O}[[T]]$ によって生成されるイデアル $(P(T))$ のどちらかである． □

定理2.13を証明するために，次の補題を準備する．

補題 2.15 $\mathcal{R}$ が完備局所環とするとき $F(T) = a_0 + a_1 T + \cdots + a_k T^k + \cdots$

[*15] $\hat{\otimes}_\mathcal{O}$ は $\mathcal{O}$ 上の完備テンソル積を表す．例えば，今の場合，完備テンソル積は次の定義 $\mathcal{O}[[G']]\hat{\otimes}_\mathcal{O}\mathcal{O}[[G'']] = \varprojlim_{n,n'} \mathcal{O}[G'/(G')^{p^n}]\otimes_\mathcal{O}\mathcal{O}[G''/(G'')^{p^{n'}}]$ で与えられる．

$\in \mathcal{R}[[T]]$ が可逆元であるための必要十分条件は $a_0 \in \mathcal{R}^\times$ となることである．また，$a_0 \in \mathcal{R}^\times$ のとき，$Q(T) = \dfrac{1}{a_0}(a_1 T + \cdots + a_k T^k + \cdots)$ とおくと，$F(T)$ の逆元は $\dfrac{1}{a_0}\sum_{i=0}^{\infty}(-1)^i Q(T)^i$ で与えられる． □

[証明] $\mathcal{R}$ が局所環なので，$a_0 \notin \mathcal{R}^\times$ ならば a_0 は $\mathcal{R}$ の極大イデアルに含まれる．よって，a_0, T は局所環 $\mathcal{R}[[T]]$ の極大イデアルに含まれるので $F(T) \notin \mathcal{R}[[T]]^\times$ となる．以上で，前半の必要性が示された．一方で，$a_0 \in \mathcal{R}^\times$ ならば，$Q(T) \in \mathcal{R}[[T]]$ であり，$F(T) = a_0(1 + Q(T))$ と表される．$Q(T)$ は局所環 $\mathcal{R}[[T]]$ の極大イデアルに含まれるので，$\sum_{i=0}^{\infty}(-1)^i Q(T)^i$ は $\mathcal{R}[[T]]$ において収束し，形式的な計算で $1 + Q(T)$ の逆元となることもわかる．以上で，前半の十分性と後半の記述が示された． ■

補題 2.16 $\mathcal{R}$ を $\mathfrak{M}$ を極大イデアルに持つ完備ネーター局所環とする．ベキ級数 $F(T) = a_0 + a_1 T + \cdots + a_i T^i + \cdots \in \mathcal{R}[[T]]$ に対して，ある自然数 $l \geq 1$ が存在して l 次係数 a_l は $\mathcal{R}^\times$ に入り，$a_0, a_1, \cdots, a_{l-1} \in \mathfrak{M}$ と仮定する．このとき，l 次係数が 1 で $l-1$ 次以下の係数が全て $\mathfrak{M}$ に入る l 次多項式 $P(T) \in \mathcal{R}[T]$ と $U(T) \in \mathcal{R}[[T]]^\times$ が存在して $F(T) = P(T)U(T)$ と一意的に表せる． □

[証明] $F_{(i)}(T) \in (\mathcal{R}/\mathfrak{M}^i)[[T]]$ を $F(T) \bmod \mathfrak{M}^i$ とするとき，次をみたす射影系 $\{U_{(i)}(T)\}_{i\in\mathbb{N}}$ を見つければよい．

(i) $U_{(i)}(T)$ は $(\mathcal{R}/\mathfrak{M}^i)[[T]]$ の可逆元．
(ii) $(\mathcal{R}/\mathfrak{M}^i)[[T]]$ において $F_{(i)}(T)U_{(i)}(T)^{-1}$ の l 次の係数は 1，次数 $l-1$ 以下の係数は全て $\mathcal{R}/\mathfrak{M}^i$ の極大イデアルに含まれ，次数 $l+1$ 以上の係数は全て 0 となる．

実際，$\mathcal{R}$ がネーター的より $\bigcap_{i=1}^{\infty}\mathfrak{M}^i = 0$ であり，$\mathcal{R}[[T]] = \varprojlim_i (\mathcal{R}/\mathfrak{M}^i)[[T]]$ となる．したがって，このような射影系が与えられたとすると，$U(T) = \varprojlim_i U_{(i)}(T)$，$P(T) = F(T)U(T)^{-1}$ ととれば，$U(T) \in \mathcal{R}[[T]]^\times$ であり，$P(T)$ は構成よりモニックな l 次多項式となる．よって，以下では $U_{(i)}(T)$ を i に関して帰納的に構成する．

まず，$i = 1$ とする．$\overline{a}_i \in \mathcal{R}/\mathfrak{M}$ を a_i の像とするとき

$$F_{(1)}(T) = \overline{a}_l T^l + \overline{a}_{l+1} T^{l+1} + \cdots$$

とかける．$U_{(1)}(T) = T^{-l} F_{(1)}(T)$ とすると補題 2.15 より $U_{(1)}(T)$ は (i), (ii) をみたす．$U_{(1)}(T) = T^{-l} F_{(1)}(T)$ の一意性も明らかである．

次に，$i \leqq k$ では (i)，(ii) をみたす $U_{(i)}(T)$ が一意的に存在するとして $U_{(k+1)}(T)$ を構成しよう．$\widetilde{U_{(k)}(T)} \in (\mathcal{R}/\mathfrak{M}^{k+1})[[T]]$ を $U_{(k)}(T)$ の勝手な持ち上げとする．$\widetilde{U_{(k)}(T)} \in (\mathcal{R}/\mathfrak{M}^{k+1})[[T]]$ の定数項は $\mathcal{R}/\mathfrak{M}^{k+1}$ の単数であるから補題 2.15 より $\widetilde{U_{(k)}(T)} \in (\mathcal{R}/\mathfrak{M}^{k+1})[[T]]^{\times}$ となる．

$$F_{(k+1)}(T) \widetilde{U_{(k)}(T)}^{-1} = b_0 + b_1 T + \cdots + b_i T^i + \cdots$$

と表すとき，構成より $b_l \in \mathcal{R}/\mathfrak{M}^{k+1}$ の $\mathcal{R}/\mathfrak{M}^k$ への射影は 1 である．よって，必要ならば $\widetilde{U_{(k)}(T)}$ を b_l 倍して修正することで，上の展開で $b_l = 1$ と仮定してよい．後は，$\widetilde{U_{(k)}(T)}$ をうまく修正して，$b_{l+1} = b_{l+2} = \cdots = 0$ とできることを示したい．今，$b_{l'} \neq 0$ なる自然数 $l' > l$ があったとして，l' はそれらのうち最小とする．このとき，$\widetilde{U_{(k)}(T)}(1 - b_{l'} T^{l'-l})^{-1} \in (\mathcal{R}/\mathfrak{M}^{k+1})[[T]]^{\times}$ もまた $U_{(k)}(T)$ の持ち上げであり，計算により $F_{(k+1)}(T) \widetilde{U_{(k)}(T)}^{-1} (1 - b_{l'} T^{l'-l})^{-1}$ の l' 次の係数は 0，$l'-1$ 次の係数は元の $F_{(k+1)}(T) \widetilde{U_{(k)}(T)}^{-1}$ の係数と同一である．以下，もし $F_{(k+1)}(T) \widetilde{U_{(k)}(T)}^{-1} (1 - b_{l'} T^{l'-l})^{-1}$ の $l'+1$ 次以上の係数で 0 でないものがあれば，同様の定数倍による修正を行う．これらの定数倍の無限積は $\mathcal{R}/\mathfrak{M}^{k+1}[[T]]$ において収束するので，$\widetilde{U_{(k)}(T)}$ にそのような修正を行うことで欲しい $U_{(k+1)}(T)$ が得られる．以上で証明が終わる．∎

この補題からただちに定理 2.13 がしたがう．

［定理 2.13 の証明］ 与えられた $F(T)$ を割り切る ϖ の最大のベキ ϖ^m によって，$G(T) = \dfrac{1}{\varpi^m} F(T) \in \mathcal{O}[[T]]$ と定める．$G(T) = a'_0 + a'_1 T + \cdots + a'_i T^i + \cdots \in \mathcal{O}[[T]]$ の l 次係数 a'_l は $\mathcal{O}^{\times}$ に入り，$a'_0, a'_1, \cdots, a'_{l-1}$ は全て ϖ で割れるような自然数 l が存在する．この $G(T)$ に対して上の補題を $\mathcal{R} = \mathcal{O}$ として適用すれば定理 2.13 の証明が終わる．∎

2.2.2 測度のなす環としての岩澤代数

定義 2.17 $\mathcal{O}$ に値を持つ Γ 上の**測度** μ とは，$\mathcal{O}$ 線型函数：

$$\mu : \{\, \Gamma \text{ 上の } \mathcal{O} \text{ 値局所定数函数の } \mathcal{O} \text{ 加群 }\} \longrightarrow \mathcal{O}$$

のことをいう．$u = u(g)$ を Γ 上の $\mathcal{O}$ 値局所定数函数とするとき，$\mu(u)$ を $\int_\Gamma u(g)d\mu$ で表す．また，$\mathcal{O}$ に値を持つ Γ 上の**測度** μ のなす $\mathcal{O}$ 加群を $\text{Meas}(\Gamma; \mathcal{O})$ と記す． □

注意 2.18 「$\mathcal{O}$ に値を持つ Γ 上の測度」は，Γ のコンパクト開部分集合全体のなす集合から $\mathcal{O}$ への写像 μ' で，勝手な開集合の非連結和 $U \coprod V \subset \Gamma$ に対して加法性 $\mu'(U \coprod V) = \mu'(U) + \mu'(V)$ が成り立つものとして定義してもよい．

定義 2.17 の意味での Γ 上の測度 μ が与えられたとき，勝手な開集合 $U \subset \Gamma$ に対して $\mu'(U) = \mu(\chi_U)$ (χ_U は U の特性函数)となる上の意味での Γ 上の測度 μ' が一意に定まる．逆に，上の意味での Γ 上の測度 μ' が与えられたとき，勝手な局所定数函数 $\sum_i a_i \chi_{U_i}$ に対して $\mu(\sum_i a_i \chi_{U_i}) = \sum_i a_i \mu'(U_i)$ となる定義 2.17 の意味での Γ 上の測度 μ が一意に定まる．

$\mu, \mu' \in \text{Meas}(\Gamma; \mathcal{O})$ に対して，$g \in \Gamma$ 上の函数 $u(g)$ に

$$\int_\Gamma u(g) d(\mu * \mu') := \int_{\Gamma \times \Gamma} u(g_1 g_2) d\mu \times d\mu'$$

で積分を定めるような測度の畳み込み積 $\mu * \mu'$ によって $\text{Meas}(\Gamma; \mathcal{O})$ は Γ の単位元 1_Γ における Dirac 測度 μ_{1_Γ} を乗法の単位元とする可換環になる[*16]．

補題 2.19 自然な環同型 $\text{Meas}(\Gamma; \mathcal{O}) \xrightarrow{\sim} \Lambda_\mathcal{O}$ がある． □

[証明] $\Lambda_\mathcal{O} := \varprojlim_n \mathcal{O}[\Gamma_n]$ なる定義と，定義 2.17 と同様に $\text{Meas}(\Gamma_n; \mathcal{O})$ を定めると $\text{Meas}(\Gamma; \mathcal{O}) = \varprojlim_n \text{Meas}(\Gamma_n; \mathcal{O})$ である事実から，n に関する射影系と両立する環同型 $\text{Meas}(\Gamma_n; \mathcal{O}) \xrightarrow{\sim} \mathcal{O}[\Gamma_n]$ があれば n に関する逆極限をとって欲しい環同型を得る．よって以下では環同型 $\text{Meas}(\Gamma_n; \mathcal{O}) \xrightarrow{\sim} \mathcal{O}[\Gamma_n]$ を構成する．

[*16] $g \in \Gamma$ ごとに，コンパクト開集合 $U \subset \Gamma$ で $\int_\Gamma \chi_U d\mu_g = \begin{cases} 1 & g \in U \text{ のとき,} \\ 0 & g \notin U \text{ のとき,} \end{cases}$ と定まる測度 μ_g を (g における) Dirac 測度とよぶ (χ_U は U の特性函数)．この Dirac 測度 μ_g は，Γ 上の勝手な局所定数函数 f に対して $\int_\Gamma f d\mu_g = f(g)$ となる測度として特徴づけられる．

Γ_n は有限より任意の測度 $\overline{\mu} \in \mathrm{Meas}(\Gamma_n; \mathcal{O})$ は,Dirac 測度 $\mu_{\overline{g}}$ たちの $\mathcal{O}$ 線型結合 $\overline{\mu} = \sum_{\overline{g} \in \Gamma_n} a_g \mu_{\overline{g}}$ で表せる.Dirac 測度 $\mu_{\overline{g}_1}, \mu_{\overline{g}_2} \in \mathrm{Meas}(\Gamma_n; \mathcal{O})$ に対して,Γ_n 上の勝手な $\mathcal{O}$ 値局所定数函数 $u(\overline{g})$ の積分を計算すると

$$\int_{\Gamma_n} u(\overline{g}) d(\mu_{\overline{g}_1} * \mu_{\overline{g}_2}) = u(\overline{g}_1 \overline{g}_2) = \int_{\Gamma_n} u(\overline{g}) d\mu_{\overline{g}_1, \overline{g}_2}$$

が成り立つ.よって,$\mu_{\overline{g}_1} * \mu_{\overline{g}_2} = \mu_{\overline{g}_1 \overline{g}_2}$ がわかる.この積を線型に拡張して,well-defined な同型:

(2.8) $\qquad \mathrm{Meas}(\Gamma_n; \mathcal{O}) \xrightarrow{\sim} \mathcal{O}[\Gamma_n], \quad \sum_{\overline{g} \in \Gamma_n} a_{\overline{g}} \mu_{\overline{g}} \mapsto \sum_{\overline{g} \in \Gamma_n} a_{\overline{g}} \cdot [\overline{g}]$

が得られ,証明が完了する. ∎

今,連続指標 $\eta: \Gamma \longrightarrow \overline{\mathbb{Q}}_p^\times$ が与えられたとき,η の値は全て $\mathbb{Q}_p$ のある有限次拡大に含まれる.よって,必要ならば $\mathcal{O}$ に有限次拡大を施すことで,η を Γ 上の $\mathcal{O}$ 値連続函数とみなす.一方で,連続指標 η は自然に環準同型 $\Lambda_\mathcal{O} = \mathcal{O}[[\Gamma]] \xrightarrow{\eta} \overline{\mathbb{Q}}_p$ へ拡張されることに注意したい.証明は省略するが,先の補題の証明の議論と Γ 上の連続函数の局所定数函数による近似の議論から次が成り立つ.

命題 2.20 Γ の連続指標 η に対して次の可換図式がある.

(2.9)
$$\begin{array}{ccc} \Lambda_\mathcal{O} & \xrightarrow{\eta} & \overline{\mathbb{Q}}_p \\ \| & & \| \\ \mathrm{Meas}(\Gamma; \mathcal{O}) & \xrightarrow[\mu \mapsto \int_\Gamma \eta(g) d\mu]{} & \overline{\mathbb{Q}}_p. \end{array}$$

ただし,左側の縦の同型は補題 2.19 の標準同型である. ∎

2.2.3 正則函数環としての岩澤代数

Γ 上の $\overline{\mathbb{Q}}_p^\times$ 値連続指標の集合を $\mathrm{C}_{\mathrm{cont}}(\Gamma, \overline{\mathbb{Q}}_p^\times)$ と記す[*17].また,$|\ |_p$ を $|p|_p = \dfrac{1}{p}$ と正規化された $\overline{\mathbb{Q}}_p$ 上の p 進絶対値とし,

---

[*17] この節の定式化は全て $\overline{\mathbb{Q}}_p$ をその完備化 $\mathbb{C}_p$ で置き換えてもまったく同様の記述が成り立つ.

$$U(1,1;\overline{\mathbb{Q}}_p) = \{x \in \overline{\mathbb{Q}}_p \,|\, |x-1|_p < 1\}$$

を $\overline{\mathbb{Q}}_p$ における乗法の単位元 $1 \in \overline{\mathbb{Q}}_p$ のまわりの半径 1 の p 進開円盤とする．Γ の位相的生成元 γ を一つ選ぶごとに，次のような γ の選び方に依存する非標準的な全単射写像がある：

(2.10) $\qquad \mathrm{C}_{\mathrm{cont}}(\Gamma, \overline{\mathbb{Q}}_p^\times) \xrightarrow{\sim} U(1,1;\overline{\mathbb{Q}}_p),\ \eta \mapsto \eta(\gamma).$

逆写像は，$x \in U(1,1;\overline{\mathbb{Q}}_p)$ に対して，$\eta_x(\gamma) = x$ をみたす一意的な指標 η_x を対応させる写像である．

さて，立場を入れ替えて柔軟に考えると，「空間」$\mathrm{C}_{\mathrm{cont}}(\Gamma, \overline{\mathbb{Q}}_p^\times)$ の「点」η において $f(\eta) := \eta(f)$（右辺は，命題 2.20 の直前に定めた環準同型 η の意味）と定めることで，$f \in \Lambda_\mathcal{O}$ は $\mathrm{C}_{\mathrm{cont}}(\Gamma, \overline{\mathbb{Q}}_p^\times)$ 上の函数と思うことができる．また，次の可換図式によって，$\Lambda_\mathcal{O}$ は空間 $U(1,1;\overline{\mathbb{Q}}_p)$ の上のある種の函数環とも思える：

(2.11)
$$\begin{array}{ccc} \mathcal{O}[[T]] & \xrightarrow{F \mapsto F(x-1)} & \overline{\mathbb{Q}}_p \\ \| & & \| \\ \Lambda_\mathcal{O} & \xrightarrow[f \mapsto f(\eta_x)]{} & \overline{\mathbb{Q}}_p. \end{array}$$

ただし，左側の縦の同型は γ を固定したときの定理 2.10 の同一視であり，$f(g) \in \Lambda_\mathcal{O}$ に対応する元を $F(T) \in \mathcal{O}[[T]]$ とする．以下の命題は 1 変数複素函数論における「一致の定理」の類似である．これによって，$\Lambda_\mathcal{O}$ は単位円盤上の正則函数のなす可換環の p 進類似ともみなせる．

命題 2.21（一致の定理） $f \in \Lambda_\mathcal{O}$ が無限個の異なる $\eta \in \mathrm{C}_{\mathrm{cont}}(\Gamma, \overline{\mathbb{Q}}_p^\times)$ において $f(\eta) = 0$ をみたすとき $f = 0$ が成り立つ． □

［証明］ 固定された位相的生成元 γ によって引き起こされる $\Lambda_\mathcal{O} \xrightarrow{\sim} \mathcal{O}[[T]]$ によって，$f(g) \in \Lambda_\mathcal{O}$ に対応する元を $F(T) \in \mathcal{O}[[T]]$ とする．このとき，$f(\eta_x) = 0$ であるための必要十分条件は $F(x-1) = 0$ となることである．p 進 Weierstrass の準備定理（定理 2.13）より，$F(T) \neq 0$ なら $F(T)$ の $\overline{\mathbb{Q}}_p$ の加法の単位元 $0 \in \overline{\mathbb{Q}}_p$ のまわりの半径 1 の p 進開円盤 $U(0,1;\overline{\mathbb{Q}}_p)$ における零点の数

は有限である.よって,無限個の異なる零点があれば $f=0$ となる. ∎

さて,特に $\Gamma=\Gamma_{\mathrm{cyc}}$ のとき,後で大事な役割を演じる次のような「空間」$\mathrm{C}_{\mathrm{cont}}(\Gamma,\overline{\mathbb{Q}}_p^\times)$ の点たちを導入する.

定義 2.22 w を整数とする.$\eta \in \mathrm{C}_{\mathrm{cont}}(\Gamma_{\mathrm{cyc}},\overline{\mathbb{Q}})$ が重さ w の**数論的指標**であるとは,(η に依存する)ある Γ_{cyc} の開部分群 U が存在して,$\eta|_U = \kappa_{\mathrm{cyc}}^w$ となることをいう. ∎

各 $w \in \mathbb{Z}$ を選ぶごとに重さ w の数論的指標は可算無限個ある.上の一致の定理により,第Ⅰ部や第Ⅱ部(下巻)において,p 進 L 函数の定まった重さ w での数論的指標での特殊値たちによって p 進 L 函数を一意に特徴づけることができる.また,Γ_{cyc} 以外の多変数岩澤代数にも数論的指標の概念は一般化されており,本書(下巻)第Ⅲ部のガロワ変形の岩澤理論においても数論的指標の言葉を用いた定式化が本質的になる.

2.2.4 変形環や Hecke 環としての岩澤代数 *

今までの節で述べた以外にも,岩澤代数は様々な p 進理論において形を変えつつ登場する.厳密でないお話なので深くは立ち入らないが,本書(下巻)第Ⅲ部でも大事な「ガロワ表現の変形環」と「p 進 Hecke 環」という二つの見方に軽く触れたい.

(1) Mazur が創始したガロワ表現の変形理論によると,有限次代数体 K の絶対ガロワ群 G_K の標数 p の有限体上階数 d の既約表現 $\overline{T}$ が与えられたとき,適当な分岐条件と「変形条件」を課した $\overline{T}$ の無限小変形全体を統制する普遍変形環 $\mathcal{R}$ と $\mathcal{R}$ 上の普遍ガロワ変形 $\mathcal{T} \cong \mathcal{R}^{\oplus d}$ がある(本書の下巻の第 7 章,Mazur による最初の論文[76]および書籍[132],[133]内の関連記事を参照のこと).さて,$d=1$ の場合に,まったく変形条件を課さない普遍変形環 $\mathcal{R}$ は,注意 2.9 に現れた多変数の岩澤代数 $\mathcal{O}[[\widetilde{\Gamma}_K]]$ に同型である.また,$d>1$ の場合も unobstructed とよばれる場合には普遍変形環は多変数の岩澤代数と同型である.

(2) ある有限次代数体 K 上定義された簡約代数群 G に付随した志村多様体上の(重さやレベルを指定した)保型形式の空間は,K のアデール環 $\mathbb{A}_K$

値の群 $G(\mathbb{A}_K)$ 上の函数で, (その重さやレベルに関係した) K の各素点 v での分岐条件や $G(K)$ の作用での不変性などをみたすものたちがなす空間である. その保型形式の空間上には, 適当な両側剰余類が引き起こす自己準同型で生成される Hecke 環が作用する.

本書の第 II 部, 第 III 部では代数群 $\mathrm{GL}(2)_K$ に対する保型形式が大事な役割を演じるが, より基本的な $\mathrm{GL}(1)_K$ に対する保型形式を考えてみよう. $\mathrm{GL}(1)_K$ の保型形式の空間はレベル $\mathfrak{N} \subset \mathfrak{r}_K$ のみに依存して重さに依らず同型となる. また, $\mathrm{GL}(1)_K$ のレベル $\mathfrak{N}$ を持ち係数環 $\mathcal{R}$ の保型形式の空間の Hecke 環は, 導手 $\mathfrak{N}$ の狭義イデアル類群 $\mathrm{Cl}(K,\mathfrak{N})$ の $\mathcal{R}$ 係数群環 $\mathcal{R}[\mathrm{Cl}(K,\mathfrak{N})]$ に同型であることが知られている (例えば, 文献 [41] など参照のこと). 岩澤代数もレベル p^n の狭義イデアル類群 $\varGamma_n$ の $\mathbb{Z}_p$ 係数群環 $\mathbb{Z}_p[\varGamma_n]$ の射影極限であったので, 代数群 $\mathrm{GL}(1)_\mathbb{Q}$ に対するレベル p^n の保型形式の空間上の Hecke 環 (の極限) としての解釈を持つ.

本書の大事な主張は, 肥田理論などを含めたガロワ表現の変形を中心に据えて岩澤理論を組み立て直すことである. 実際, 本書の第 7 章で説明される $\mathrm{GL}(2)_\mathbb{Q}$ の肥田理論では, $\mathbb{Z}_p$ 係数, レベル p^n の Hecke 環の射影極限をとる. その観点からすると, 古典的な岩澤代数のガロワ表現の変形理論や肥田変形の Hecke 環としての捉え方も大事な観点であろう.

2.3 岩澤加群の性質

岩澤理論においては, 岩澤代数上のコンパクト加群 (以後略して**岩澤加群**とよぶ) を考え, 岩澤加群に付随する様々な不変量や性質を調べることが大事である. この節ではそれらの基本事項をまとめておきたい. ただ, 本書の第 III 部 (下巻) では, 古典的な岩澤代数 $\varLambda_\mathcal{O}$ だけでなく, その多変数岩澤代数などの一般の環上の加群も考える事情がある. また, 岩澤加群でしばしば紹介される大事な定理のいくつかは, 実はもっと一般の環においても成り立つ. したがって, まず 2.3.2 項では, ある程度一般の環で成り立つことはできるだけ一般の状況で述べ, それを 2.3.3 項などで岩澤代数の場合に状況を特殊化して提示する形をとった. 最後の 2.3.4 項では, 次章における岩澤類数公式の証明

のために岩澤加群をイデアルで特殊化したときの位数の振る舞いを調べる.

好みに合う場合はよいが，そうでない場合は 2.3.2 項の細かい部分は適当に読み飛ばしたり，岩澤代数に限定した読み方をしていただきたい．2.3.4 項も定理 2.45 の結果のみを認めて読み進むことが可能である．可換環論の技術的な取り扱いについては，2.2 節に比べてレベルが少し高いかもしれない．できれば，[75] などの教科書をある程度学習しているとよいかもしれない．また，2.3.4 項において，蛇の補題などの加群の図式の議論が頻繁に現れる．万が一そのような議論に慣れていない読者は，[64] などのごく基本的なホモロジー代数の教科書でそういった議論を身につけておくとよいかもしれない．

2.3.1 岩澤加群の基本事項と有限性補題

補題 2.23 コンパクトな位相的 $\mathcal{O}$ 加群 $\mathcal{M}$ が連続な Γ 作用を持つとき，$\mathcal{M}$ は自然にコンパクト $\Lambda_{\mathcal{O}}$ 加群の構造を持つ． □

[証明] $\mathcal{M}_{\Gamma^{p^n}}$ を Γ^{p^n} が自明に作用する $\mathcal{M}$ の最大の商とすると自然に $\Gamma_n = \Gamma/\Gamma^{p^n}$ 加群である．$\varprojlim_n \mathcal{M}_{\Gamma^{p^n}}$ は自然に $\Lambda_{\mathcal{O}} = \varprojlim_n \mathcal{O}[\Gamma_n]$ 上の加群であるから，$\mathcal{M} \to \varprojlim_n \mathcal{M}_{\Gamma^{p^n}}$ が同型であることを示せば十分である．各 n で，$\mathcal{M} \to \mathcal{M}_{\Gamma^{p^n}}$ の核は，Γ の位相的生成元 γ を用いて $(\gamma^{p^n} - 1)\mathcal{M}$ と書ける．このとき，$\mathcal{M} \to \varprojlim_n \mathcal{M}_{\Gamma^{p^n}}$ の核は，$\bigcap_{n \geq 1}(\gamma^{p^n} - 1)\mathcal{M}$ である．$\Lambda_{\mathcal{O}}$ のネーター性よりイデアルとして $\bigcap_{n \geq 1}(\gamma^{p^n} - 1) = 0$ である．今，$0 \in \mathcal{M}$ の近傍 $U \subset \mathcal{M}$ を任意にとる．$\bigcap_{n \geq 1}(\gamma^{p^n} - 1) = 0$ より，勝手な $m_i \in \mathcal{M}$ $(i = 1, 2, \cdots)$ に対して，近傍 $m_i \in U_i$ と十分大きな自然数 n_i が存在して，$(\gamma^{p^{n_i}} - 1)U_i \subset U$ となる．$\mathcal{M}$ のコンパクト性によって $\mathcal{M}$ はそのような U_i のうちの有限個で覆えるので，(U に依存する) 十分大きな n が存在して，$(\gamma^{p^n} - 1)\mathcal{M} \subset U$ となることがわかった．かくして，$\bigcap_{n \geq 1}(\gamma^{p^n} - 1)\mathcal{M} = 0$ となり，$\mathcal{M} \to \varprojlim_n \mathcal{M}_{\Gamma^{p^n}}$ は単射である．一方で，$\varprojlim_n \mathcal{M}_{\Gamma^{p^n}}$ の元を $\varprojlim_n m_n$ とおくと，各 n で 1 点 $m_n \in \mathcal{M}_{\Gamma^{p^n}}$ は閉集合である．よって，連続写像 $\mathcal{M} \twoheadrightarrow \mathcal{M}_{\Gamma^{p^n}}$ による m_n の引き戻しを Z_n とすると Z_n は $\mathcal{M}$ の空でない閉部分集合で，$Z_{n+1} \subset Z_n$ となる．$\mathcal{M}$ はコンパク

トより $\bigcap_{n \geqq 1} Z_n \neq \emptyset$ となり，$\mathcal{M} \to \varprojlim_n \mathcal{M}_{\Gamma^{p^n}}$ は全射となる． ∎

注意 2.24 A を連続な Γ 作用を持つ離散的な位相的 $\mathcal{O}$ 加群とする．補題 2.23 の結果より，A は自然に離散的な $\Lambda_{\mathcal{O}}$ 加群の構造を持つ．実際，A の Pontrjagin 双対 $\mathcal{M} := A^\vee$ はコンパクトな位相的 $\mathcal{O}$ 加群で連続な Γ 作用を持つ[18]．したがって，補題 2.23 より，$A^\vee$ にはコンパクトな $\Lambda_{\mathcal{O}}$ 加群の構造が入る．かくして，$A = (A^\vee)^\vee$ にも離散的な $\Lambda_{\mathcal{O}}$ 加群の構造が入る．一般的には，連続な Γ 作用を持つコンパクトでも離散的でもない位相的 $\mathcal{O}$ 加群には必ずしも自然な $\Lambda_{\mathcal{O}}$ 加群の構造は入らない．例えば，$\mathcal{O}[\Gamma]$ には自然な $\Lambda_{\mathcal{O}}$ 加群の構造は入らない．

定理 2.25（岩澤加群の位相的中山の補題）　$\mathcal{M}$ をコンパクトな $\Lambda_{\mathcal{O}}$ 加群とする．$\mathfrak{M}$ を $\Lambda_{\mathcal{O}}$ の極大イデアルとすると次が成り立つ．

(1) $\mathcal{M}/\mathfrak{M}\mathcal{M} = 0$ ならば $\mathcal{M} = 0$ である．

(2) $\mathcal{M}/\mathfrak{M}\mathcal{M}$ が位数有限ならば $\mathcal{M}$ は有限生成 $\Lambda_{\mathcal{O}}$ 加群である． ∎

系 2.26　$\mathcal{M}$ をコンパクトな $\Lambda_{\mathcal{O}}$ 加群とする．単元でない $x \in \Lambda_{\mathcal{O}}$ に対して $\mathcal{M}/(x)\mathcal{M}$ が有限生成 $\Lambda_{\mathcal{O}}/(x)$ 加群ならば $\mathcal{M}$ は有限生成 $\Lambda_{\mathcal{O}}$ 加群である． ∎

[系 2.26 の証明]　$x \notin (\Lambda_{\mathcal{O}})^\times$ の仮定より $(x) \subset \mathfrak{M}$ であるから，$\mathcal{M}/\mathfrak{M}\mathcal{M}$ も有限生成 $\Lambda_{\mathcal{O}}/\mathfrak{M}$ 加群となる．$\Lambda_{\mathcal{O}}/\mathfrak{M}$ は有限体であるから有限生成 $\Lambda_{\mathcal{O}}/\mathfrak{M}$ 加群 $\mathcal{M}/\mathfrak{M}\mathcal{M}$ は位数有限であり定理 2.25(2) を用いることができる． ∎

さて，定理 2.25 はそれ自体よく使うが，本書で論じる岩澤理論の一般化では，多変数岩澤代数など一般の環も大事である．よって，定理 2.25 を含んでより一般的かつ精密な定理 2.27 を以下で述べ，定理 2.27 を示すことで定理 2.25 も同時に証明する．

定理 2.27（一般の位相的中山の補題）　$\mathcal{R}$ を剰余体が有限な完備ネーター局所環[19]，$\mathcal{M}$ をコンパクトな $\mathcal{R}$ 加群とする．$x_1, \cdots, x_s \in \mathcal{M}$ が存在して，$\mathcal{R}$ の極大イデアルを $\mathfrak{M}$ とするとき $\mathcal{R}/\mathfrak{M}$ 加群 $\mathcal{M}/\mathfrak{M}\mathcal{M}$ が $x_1, \cdots, x_s \in \mathcal{M}$ の像 $\overline{x}_1, \cdots, \overline{x}_s \in \mathcal{M}/\mathfrak{M}\mathcal{M}$ で生成されるならば，$\mathcal{M}$ は $x_1, \cdots, x_s$ で生成される．特に，$\mathcal{M}/\mathfrak{M}\mathcal{M}$ が有限生成 $\mathcal{R}/\mathfrak{M}$ 加群ならば $\mathcal{M}$ は有限生成 $\mathcal{R}$ 加群である． ∎

---

[18]　$A^\vee = \mathrm{Hom}_{\mathrm{cont}}(A, \mathbb{Q}_p/\mathbb{Z}_p)$ には，$g \in \Gamma$ とすると，$(gf)(x) := f(g^{-1}x)$，$\forall x \in A$ として Γ の作用が定まる．

[19]　剰余体の有限性は以下の証明の中には見かけ上使われていないが，環 $\mathcal{R}$ が $\mathfrak{M}$ 進位相を開基とするコンパクトな位相群であるためには剰余体が有限でなければならない．

[定理 2.27 (と定理 2.25)の証明] 定理の条件をみたす $x_1, \cdots, x_s \in \mathcal{M}$ をとり,閉部分群 $\sum_{i=1}^{s} \mathcal{R} x_i \subset \mathcal{M}$ を考える.勝手な $m \in \mathcal{M}$ をとる. $m \in \sum_{i=1}^{s} \mathcal{R} x_i$ を言えばよい. $\mathcal{M}/\mathfrak{M}\mathcal{M}$ が $x_1, \cdots, x_s$ の像 $\bar{x}_1, \cdots, \bar{x}_s \in \mathcal{M}/\mathfrak{M}\mathcal{M}$ で生成されることより, $m - m_{(1)} \in \mathfrak{M}\mathcal{M}$ をみたす $m_{(1)} \in \sum_{i=1}^{s} \mathcal{R} x_i$ が存在する. $m - m_{(k)} \in \mathfrak{M}^k \mathcal{M}$ なる $m_{(k)} \in \sum_{i=1}^{s} \mathcal{R} x_i$ が存在したと仮定する. $m - m_{(k)} = r m'$ $(r \in \mathfrak{M}^k, m' \in \mathcal{M})$ と表す. m' に対しても上と同様に $m' - m'_{(1)} \in \mathfrak{M}\mathcal{M}$ をみたす $m'_{(1)} \in \sum_{i=1}^{s} \mathcal{R} x_i$ が存在する.この元を用いて $m_{(k+1)} = m_{(k)} + r m'_{(1)}$ とおく.

$$m - m_{(k+1)} = r(m' - m'_{(1)}) \in \mathfrak{M}^k \mathfrak{M} \mathcal{M} = \mathfrak{M}^{k+1} \mathcal{M}$$

となる. $\mathcal{R}$ がネーター的であるから $\bigcap_{n \geq 1} \mathfrak{M}^n = 0$ である.また, $\mathcal{M}$ がコンパクトであるから,補題 2.23 の証明とまったく同じ議論で $\bigcap_{n \geq 1} \mathfrak{M}^n \mathcal{M} = 0$ となることがわかる.よって, $m = \lim_{i \to \infty} m_{(i)} \in \sum_{i=1}^{s} \mathcal{R} x_i$ となり証明が終わる. ∎

系 2.28 $\mathcal{R}$ を極大イデアル $\mathfrak{M}$ を持ち剰余体が有限な完備ネーター局所環, $\mathcal{M}$ をコンパクトな $\mathcal{R}$ 加群とする.単元でない $x \in \mathcal{R}$ に対して $\mathcal{M}/(x)\mathcal{M}$ が s 個の元で生成される有限生成 $\mathcal{R}/(x)$ 加群ならば $\mathcal{M}$ は s 個の元で生成される有限生成 $\mathcal{R}$ 加群である. □

[証明] $x \notin \mathcal{R}^\times$ の仮定より $(x) \subset \mathfrak{M}$ であるから, $\mathcal{M}/\mathfrak{M}\mathcal{M}$ も s 個の元で生成される $\mathcal{R}/\mathfrak{M}$ 加群となる.よって,定理 2.27 より示すべき結論が従う.
∎

2.3.2 ネーター正規整域上の加群の構造定理

後に,岩澤加群の構造定理(定理 2.39)を述べるが,本書の下巻で大事な役割を演じる多変数の岩澤代数でも定理 2.39 と類似の定理が成立する.また,そのような構造定理において,完備性をはじめとした岩澤代数の多くの性質はあまり本質的ではない.そういった数学的状況も伝えるために,この 2.3.2 項では一般のネーター正規整域 $\mathcal{R}$ 上の有限生成加群に対して考えられる概念や成り立つ定理,特に一般構造定理(定理 2.36)を紹介する.次の 2.3.3 項において,定理 2.34 や定理 2.36 から岩澤加群の構造定理(定理 2.39)が従うこ

とを証明する．

以下，ネーター正規整域 $\mathcal{R}$ に対して $P^1(\mathcal{R})$ で $\mathcal{R}$ の高さ 1 の素イデアルの集合を表す．$\mathcal{R}$ の正規性より，$\mathfrak{p} \in P^1(\mathcal{R})$ における局所化 $\mathcal{R}_\mathfrak{p}$ は離散付値環である．よって，有限生成ねじれ $\mathcal{R}$ 加群 $\mathcal{M}$ と $\mathfrak{p} \in P^1(\mathcal{R})$ に対して，$l(\mathfrak{p}, \mathcal{M})$ を $\mathcal{R}_\mathfrak{p}$ 加群としての $\mathcal{M}_\mathfrak{p}$ の長さと定める．

定義 2.29 $\mathcal{R}$ をネーター正規整域とする．

(1) $\mathcal{M}$ を有限生成ねじれ $\mathcal{R}$ 加群とする．勝手な $\mathfrak{p} \in P^1(\mathcal{R})$ に対して $l(\mathfrak{p}, \mathcal{M}) = 0$ であるとき，$\mathcal{M}$ を**擬零 $\mathcal{R}$ 加群**(pseudo-null $\mathcal{R}$-module)とよぶ．

(2) $\mathcal{M}$ を有限生成 $\mathcal{R}$ 加群とするとき，$\mathcal{M}$ の擬零部分 $\mathcal{R}$ 加群で最大のものを $\mathcal{M}_{\text{null}}$ と記し[20]，$\mathcal{M}$ の**最大擬零部分 $\mathcal{R}$ 加群**(the maximal pseudo-null $\mathcal{R}$-submodule)とよぶ．

(3) 有限生成 $\mathcal{R}$ 加群 $\mathcal{M}$ から有限生成 $\mathcal{R}$ 加群 $\mathcal{N}$ への射 $\mathcal{M} \longrightarrow \mathcal{N}$ が**擬同型写像**(pseudo isomorphism)であるとは，核と余核がともに擬零 $\mathcal{R}$ 加群であることをいう． □

注意 2.30

(1) 上で定義された擬同型写像の存在は有限生成 $\mathcal{R}$ 加群同士の同値関係を定めない．例えば，$\mathcal{R} = \Lambda$，$\mathcal{M} = (p, T)$，$\mathcal{N} = \mathcal{R}$ とすると，自然な埋め込み写像 $\mathcal{M} \longrightarrow \mathcal{N}$ は擬同型写像であるが，擬同型写像 $\mathcal{N} \longrightarrow \mathcal{M}$ は存在しない．

(2) $\mathcal{O}$ を p 進体の整数環，$\mathcal{R} = \Lambda_\mathcal{O}$ とするとき，有限生成 $\mathcal{R}$ 加群 $\mathcal{M}$ が擬零 $\mathcal{R}$ 加群であるための必要十分条件は $\sharp \mathcal{M} < \infty$ となることである．

注意 2.30(1) のように，擬同型写像の存在は有限生成 $\mathcal{R}$ 加群の同値関係を定めないが，有限生成ねじれ $\mathcal{R}$ 加群同士の場合に限ると同値関係を定める．つまり，有限生成ねじれ $\mathcal{R}$ 加群 $\mathcal{M}$, $\mathcal{N}$ の間に $\mathcal{R}$ 加群としての擬同型写像 $\mathcal{M} \longrightarrow \mathcal{N}$ が存在するとき，擬同型写像 $\mathcal{N} \longrightarrow \mathcal{M}$ も存在する．有限生成ねじれ $\mathcal{R}$ 加群 $\mathcal{M}$, $\mathcal{N}$ が擬同型であることを，以後 $\mathcal{M} \sim \mathcal{N}$ で表す．

定義 2.31 $\mathcal{R}$ を環とし，$\mathcal{N}$ を有限生成 $\mathcal{R}$ 加群とする．$\mathcal{R}$ 線型双対をとる函手 $\text{Hom}_\mathcal{R}(\ , \mathcal{R})$ を $(\ )^*$ で表すとき，標準的な二重双対写像 $\mathcal{N} \longrightarrow \mathcal{N}^{**}$ が

---

[20] このような $\mathcal{M}_{\text{null}}$ は一意に存在して，$\mathcal{M}/\mathcal{M}_{\text{null}}$ が非自明な擬零部分 $\mathcal{R}$ 加群を含まないものとして特徴づけられる．

同型ならば, $\mathcal{N}$ は**鏡映的 $\mathcal{R}$ 加群**(reflexive $\mathcal{R}$-module)と呼ばれる. □

定義からすぐわかるように, 有限生成自由 $\mathcal{R}$ 加群は鏡映的 $\mathcal{R}$ 加群である. また, 鏡映的 $\mathcal{R}$ 加群は非自明なねじれ元を持たない.

命題 2.32 $\mathcal{R}$ をネーター正規整域, $\mathcal{M}, \mathcal{N}$ をねじれのない有限生成 $\mathcal{R}$ 加群とする. このとき次が成り立つ.

(1) $\mathcal{M}^* = \bigcap_{\mathfrak{p} \in P^1(\mathcal{R})} (\mathcal{M}^*)_\mathfrak{p}$ が成り立つ.

(2) $\mathcal{N}^{**} = \bigcap_{\mathfrak{p} \in P^1(\mathcal{R})} \mathcal{N}_\mathfrak{p}$ が成り立つ. □

[証明] 記述(1)を示そう. $\mathcal{M}^*$ はねじれのない $\mathcal{R}$ 加群なので, 各 $\mathfrak{p} \in P^1(\mathcal{R})$ に対して, $\mathcal{M}^* \subset (\mathcal{M}^*)_\mathfrak{p}$ が成り立つ. よって, $\mathcal{M}^* \subset \bigcap_{\mathfrak{p} \in P^1(\mathcal{R})} (\mathcal{M}^*)_\mathfrak{p}$ となる. 今, $f \in \bigcap_{\mathfrak{p} \in P^1(\mathcal{R})} (\mathcal{M}^*)_\mathfrak{p}$ をとる. $\mathcal{R}$ はネーター正規整域であるから, $\mathcal{R} = \bigcap_{\mathfrak{p} \in P^1(\mathcal{R})} \mathcal{R}_\mathfrak{p}$ であることに注意すると, $m \in \mathcal{M}$ に対して, $f(m) \in \mathcal{R}$ である. よって逆の包含関係も従う.

記述(2)を示そう. $\mathcal{M} = \mathcal{N}^*$ に(1)を適用すると $\mathcal{N}^{**} = \bigcap_{\mathfrak{p} \in P^1(\mathcal{R})} (\mathcal{N}^{**})_\mathfrak{p}$ を得る. 今, $(\mathcal{N}^{**})_\mathfrak{p}$ は $\mathcal{N}_\mathfrak{p}$ の $\mathcal{R}_\mathfrak{p}$ 加群としての二重双対と同型である. $\mathcal{R}_\mathfrak{p}$ が離散付値環より $\mathcal{N}_\mathfrak{p}$ は階数有限の自由 $\mathcal{R}_\mathfrak{p}$ 加群である. かくして, $(\mathcal{N}^{**})_\mathfrak{p}$ は $\mathcal{N}_\mathfrak{p}$ と標準的に同型であり証明が終わる. ■

系 2.33 $\mathcal{R}$ をネーター正規整域とする. ねじれのない有限生成 $\mathcal{R}$ 加群 $\mathcal{M}$ に対して $\mathcal{M}^*$ は鏡映的 $\mathcal{R}$ 加群である. □

[証明] 命題 2.32(2)より, ねじれのない有限生成 $\mathcal{R}$ 加群 $\mathcal{N}$ が鏡映的 $\mathcal{R}$ 加群であるための必要十分条件は

$$\mathcal{N} = \bigcap_{\mathfrak{p} \in P^1(\mathcal{R})} \mathcal{N}_\mathfrak{p} \qquad (2.12)$$

が成り立つことである. 一方で, 命題 2.32(1)より, $\mathcal{N} = \mathcal{M}^*$ に対しては (2.12)が成り立つ. よって証明が終わる. ■

定理 2.34 $\mathcal{R}$ を Krull 次元が 2 以下で剰余体が有限な完備ネーター正則局所環とする. このとき, 勝手な鏡映的 $\mathcal{R}$ 加群 $\mathcal{N}$ は有限生成自由 $\mathcal{R}$ 加群となる. □

[証明] $\mathcal{R}$ の Krull 次元が $0,1$ のとき,$\mathcal{R}$ はそれぞれ体および離散付値環になる.この場合は明らかであるから以下 $\mathcal{R}$ の Krull 次元が 2 の場合を考える.$x \in \mathcal{R}$ で $\mathcal{R}/(x)$ が離散付値環になるものを考える.$\mathcal{R}$ は整域であるから

$$\mathcal{N}^{**}/(x)\mathcal{N}^{**} = \mathrm{Hom}_{\mathcal{R}}(\mathcal{N}^{*}, \mathcal{R}) \otimes_{\mathcal{R}} \mathcal{R}/(x) \hookrightarrow \mathrm{Hom}_{\mathcal{R}}(\mathcal{N}^{*}, \mathcal{R}/(x))$$

なる単射がある.よって,$\mathcal{N}^{**}/(x)\mathcal{N}^{**}$ はねじれのない $\mathcal{R}/(x)$ 加群である.$\mathcal{R}/(x)$ が離散付値環より $\mathcal{N}^{**}/(x)\mathcal{N}^{**}$ は自由 $\mathcal{R}/(x)$ 加群である.したがって,$\mathcal{N}$ が鏡映的 $\mathcal{R}$ 加群であることより,$\mathcal{N}/(x)\mathcal{N}$ は自由 $\mathcal{R}/(x)$ 加群である.今,$\mathcal{N}$ の最小の生成系による表示

(2.13) $$0 \longrightarrow \mathrm{Ker}(q) \longrightarrow \mathcal{R}^{\oplus s} \xrightarrow{q} \mathcal{N} \longrightarrow 0$$

を考える.$\mathcal{N}$ が鏡映的 $\mathcal{R}$ 加群より $\mathcal{N}$ はねじれのない $\mathcal{R}$ 加群である.よって,(2.13) から以下の短完全列が得られる:

$$0 \longrightarrow \mathrm{Ker}(q)/(x)\mathrm{Ker}(q) \longrightarrow (\mathcal{R}/(x))^{\oplus s} \xrightarrow{q} \mathcal{N}/(x)\mathcal{N} \longrightarrow 0.$$

一般の位相的中山の補題 (定理 2.27) の系 (系 2.28) と s の最小性および $\mathcal{N}/(x)\mathcal{N}$ は自由 $\mathcal{R}/(x)$ 加群であることから,$\mathrm{Ker}(q)/(x)\mathrm{Ker}(q) = 0$ となる.再度,$\mathrm{Ker}(q)$ に系 2.28 を適用して $\mathrm{Ker}(q) = 0$ を得る.よって (2.13) より $\mathcal{N}$ は自由 $\mathcal{R}$ 加群となる. ■

注意 2.35 $\mathcal{R}$ を Krull 次元が 3 以上の正則局所環とすると一般には鏡映的 $\mathcal{R}$ 加群 $\mathcal{N}$ は必ずしも有限生成自由 $\mathcal{R}$ 加群とならない.例えば,Krull 次元 3 の環 $\mathcal{R} = \mathbb{Z}_p[[T_1, T_2]]$ を考え,$\mathcal{R}$ 加群 $\mathbb{F}_p$ の射影分解

$$0 \longrightarrow \mathbb{Z}_p[[T_1, T_2]] \xrightarrow{a_1} \mathbb{Z}_p[[T_1, T_2]]^{\oplus 3} \xrightarrow{a_2} \mathbb{Z}_p[[T_1, T_2]]^{\oplus 3} \xrightarrow{a_3} \mathbb{Z}_p[[T_1, T_2]] \longrightarrow \mathbb{F}_p \longrightarrow 0$$

をとる.a_1 は $x \mapsto (xT_2, xp, -xT_1)$ なる写像,a_2 は $(x_1, x_2, x_3) \mapsto (x_1 T_1 + x_3 T_2, -x_1 p + x_2 T_2, -x_2 T_1 - x_3 p)$,$a_3$ は $(y_1, y_2, y_3) \mapsto y_1 p + y_2 T_1 + y_3 T_2$ なる写像である.$\mathcal{N} = \mathrm{Im}(a_2)$ とすると,$\mathcal{N}$ の定義より,短完全列

(2.14) $$0 \longrightarrow \mathbb{Z}_p[[T_1, T_2]] \xrightarrow{a_1} \mathbb{Z}_p[[T_1, T_2]]^{\oplus 3} \xrightarrow{a_2} \mathcal{N} \longrightarrow 0$$

がある.一方で,やはり $\mathcal{N}$ の定義より,完全列

(2.15) $\quad 0 \longrightarrow \mathcal{N} \longrightarrow \mathbb{Z}_p[[T_1,T_2]]^{\oplus 3} \xrightarrow{a_3} \mathbb{Z}_p[[T_1,T_2]] \longrightarrow \mathbb{F}_p \longrightarrow 0$

がある.先ほどの写像の定義をみると a_1 の双対写像は a_3 と同一視できるので,(2.14), (2.15)を比較することで,$\mathcal{N} \cong \mathcal{N}^*$, $\mathrm{Ext}^1_{\mathbb{Z}_p[[T_1,T_2]]}(\mathcal{N},\mathbb{F}_p) \cong \mathbb{F}_p$ が得られる.前者の事実より $\mathcal{N}$ は鏡映的 $\mathbb{Z}_p[[T_1,T_2]]$ 加群であり,後者の事実より $\mathcal{N}$ は自由 $\mathbb{Z}_p[[T_1,T_2]]$ 加群とはならない.

定理 2.36(一般的構造定理) $\mathcal{R}$ をネーター正規整域とするとき次が成り立つ.
(1) 有限生成 $\mathcal{R}$ 加群 $\mathcal{M}$ に対して,$\mathcal{M}$ の最大ねじれ $\mathcal{R}$ 部分加群を $\mathcal{M}_{\mathrm{tor}}$ で記すとき,擬同型 $a\colon \mathcal{M} \longrightarrow (\mathcal{M}/\mathcal{M}_{\mathrm{tor}}) \oplus \mathcal{M}_{\mathrm{tor}}$ で $a|_{\mathcal{M}_{\mathrm{tor}}}$ が定数倍写像となるものが存在する.
(2) ねじれのない有限生成 $\mathcal{R}$ 加群 $\mathcal{M}$ に対して,鏡映的 $\mathcal{R}$ 加群 $\mathcal{N}$ と擬同型 $b\colon \mathcal{M} \longrightarrow \mathcal{N}$ が存在する.
(3) 有限生成ねじれ $\mathcal{R}$ 加群 $\mathcal{M}$ に対して,並べ替えを除いて一意的に定まる $\mathcal{R}$ の高さ 1 の素イデアル $\mathfrak{p}_1, \cdots, \mathfrak{p}_u$ があって擬同型 $c\colon \mathcal{M} \longrightarrow \bigoplus_{i=1}^{u} \mathcal{R}/\mathfrak{p}_i^{q_i}$ が存在する(ただし,$i \neq j$ かつ $\mathfrak{p}_i = \mathfrak{p}_j$ となる重複もあり得るとし,$q_1, \cdots, q_u$ は自然数とする). □

[証明] まず,記述(1)を示す.$a_1\colon \mathcal{M} \twoheadrightarrow \mathcal{M}/\mathcal{M}_{\mathrm{tor}}$ を自然な商写像とする.今,$a = a_1 \oplus a_2\colon \mathcal{M} \longrightarrow (\mathcal{M}/\mathcal{M}_{\mathrm{tor}}) \oplus \mathcal{M}_{\mathrm{tor}}$, $x \mapsto a_1(x) \oplus a_2(x)$ が欲しい写像となるような R 線型写像 $a_2\colon \mathcal{M} \longrightarrow \mathcal{M}_{\mathrm{tor}}$ を構成したい.$\{\mathfrak{p}_1, \cdots, \mathfrak{p}_t\} = \{\mathfrak{p} \in P^1(\mathcal{R}) \mid (\mathcal{M}_{\mathrm{tor}})_{\mathfrak{p}} \neq 0\}$ とおき,乗法系 $S \subset \mathcal{R}$ を $S = \mathcal{R} - \bigcup_{i=1}^{t} \mathfrak{p}_i$ で定める.上の集合 $\{\mathfrak{p}_1, \cdots, \mathfrak{p}_t\}$ が空集合ならば,$\mathcal{M}_{\mathrm{tor}}$ は擬零 $\mathcal{R}$ 加群なので $a_2 = 0$ と定めれば証明が終わる.よって,以下 $t \geq 1$ とする.$\mathcal{R}$ が正規整域,$\{\mathfrak{p}_1, \cdots, \mathfrak{p}_t\}$ は高さ 1 であるから,局所化 $S^{-1}\mathcal{R}$ は Dedekind 整域である.有限個の素イデアルしか持たない Dedekind 整域は PID であるから,$S^{-1}\mathcal{R}$ は PID となる.PID 上の有限生成加群の構造定理による直和分解 $S^{-1}\mathcal{M} = S^{-1}\mathcal{M}/S^{-1}\mathcal{M}_{\mathrm{tor}} \oplus S^{-1}\mathcal{M}_{\mathrm{tor}}$ によって,直和分解が定める写像 $q_{\mathrm{tor}}\colon S^{-1}\mathcal{M} \longrightarrow S^{-1}\mathcal{M}_{\mathrm{tor}}$ が得られる.局所化の性質 $S^{-1}\mathrm{Hom}_{\mathcal{R}}(\mathcal{M},\mathcal{M}_{\mathrm{tor}}) = \mathrm{Hom}_{S^{-1}\mathcal{R}}(S^{-1}\mathcal{M},S^{-1}\mathcal{M}_{\mathrm{tor}})$ より,ある $\mathcal{R}$ 線型写像 $a'_2\colon \mathcal{M} \longrightarrow \mathcal{M}_{\mathrm{tor}}$ と $s \in S$ が存在して,$q_{\mathrm{tor}} = s^{-1}a'_2$ となる.また,$q_{\mathrm{tor}}|_{S^{-1}\mathcal{M}_{\mathrm{tor}}} = \mathrm{Id}_{S^{-1}\mathcal{M}_{\mathrm{tor}}}$ より,

$s' \in S$ が存在して，$s'q_{\mathrm{tor}}|_{\mathcal{M}_{\mathrm{tor}}} = s'\mathrm{Id}_{\mathcal{M}_{\mathrm{tor}}}$ となる．よって，$a_2 := s'a_2'$ と定めれば望む条件をみたす写像となる．

次に記述(2)を示す．$\mathcal{M}$ がねじれのない有限生成 $\mathcal{R}$ 加群なので，$\mathcal{N} = \mathcal{M}^{**}$ とおくと，標準的な単射 $b: \mathcal{M} \hookrightarrow \mathcal{N}$ がある．系 2.33 より，$\mathcal{N}$ は鏡映的 $\mathcal{R}$ 加群である．また，$\mathfrak{p} \in P^1(\mathcal{R})$ に対して，$\mathcal{M}$ の $\mathfrak{p}$ における局所化 $\mathcal{M}_\mathfrak{p}$ は離散付値環 $\mathcal{R}_\mathfrak{p}$ 上の階数有限の自由加群なので，$b_\mathfrak{p}$ は標準的な同型写像である．よって，b は擬同型である．

最後に記述(3)を示す．(1)の証明と同じ記号の下で，$\mathfrak{p} \in \{\mathfrak{p}_1, \cdots, \mathfrak{p}_t\}$ ごとに $\mathcal{M}_\mathfrak{p} \cong \bigoplus_{j=1}^{s} \mathcal{R}_\mathfrak{p}/\mathfrak{p}^{q_{\mathfrak{p},j}}$ となる自然数 $q_{\mathfrak{p},j}$ たちが存在する．$\mathfrak{p} \in \{\mathfrak{p}_1, \cdots, \mathfrak{p}_t\}$ が動くときのこれら $q_{\mathfrak{p},j}$ 全てを並べ替えたものを $q_1, \cdots, q_u$ とおく．この順序付けに対応して重複を許す高さ 1 の素イデアル $\mathfrak{p}_1, \cdots, \mathfrak{p}_u$ をとると，$S^{-1}\mathcal{M} \cong S^{-1}\left(\bigoplus_{i=1}^{u} \mathcal{R}/\mathfrak{p}_i^{q_i}\right)$ と書けることより，(1)と同様の議論で欲しい擬同型 c が構成される． $\blacksquare$

ネーター正規整域 $\mathcal{R}$ 上の加群に付随した不変量として次も復習しておく．

定義 2.37 $\mathcal{R}$ をネーター正規整域とする．このとき，有限生成ねじれ $\mathcal{R}$ 加群 $\mathcal{M}$ の**因子イデアル** $\mathrm{Div}_\mathcal{R}(\mathcal{M})$ を

$$\mathrm{Div}_\mathcal{R}(\mathcal{M}) = \prod_{\mathfrak{p} \in P^1(\mathcal{R})} \mathfrak{p}^{l(\mathfrak{p}, \mathcal{M})}$$

で定義する． □

定義 2.38 $\mathcal{R}$ をネーター正規整域とする．このとき，有限生成ねじれ $\mathcal{R}$ 加群 $\mathcal{M}$ に対する**特性イデアル** $\mathrm{char}_\mathcal{R}(\mathcal{M})$ を

$$\mathrm{char}_\mathcal{R}(\mathcal{M}) = \{x \in \mathcal{R} \mid \mathrm{ord}_\mathfrak{p}(x) \geqq l(\mathfrak{p}, \mathcal{M}), \forall \mathfrak{p} \in P^1(\mathcal{R})\}$$

で定義する．ただし，$\mathrm{ord}_\mathfrak{p}$ は $\mathfrak{p} \in P^1(\mathcal{R})$ から定まる正規化された加法的離散付値写像とする． □

最後に，この節の内容をより深く理解したい読者のためには，文献として [8, Chap. 7, §4], [84, Chap. V, §1] を挙げておく．

2.3.3 岩澤加群の構造定理と岩澤不変量

2.3.2項で与えた一般構造定理を $\mathcal{R} = \Lambda_\mathcal{O}$ の場合に限定すると，定理 2.36 とおよそ同様であるが少しだけ精密な構造定理が得られる．この 2.3.3 項では，その岩澤加群の構造定理(定理 2.39)を定式化した後，有限生成ねじれ $\Lambda_\mathcal{O}$ 加群に対して定まる特性イデアルや岩澤不変量を与える．

定理 2.39(岩澤加群の構造定理)　$\mathcal{M}$ を有限生成 $\mathcal{O}[[T]]$ 加群とするとき，次のような $\mathcal{O}[[T]]$ 加群の完全列がある：

(2.16)
$$0 \longrightarrow Z \longrightarrow \mathcal{M} \longrightarrow \mathcal{O}[[T]]^{\oplus r} \oplus \bigoplus_{i=1}^{s} \mathcal{O}[[T]]/(F_i(T)^{n_i}) \oplus \bigoplus_{j=1}^{t} \mathcal{O}[[T]]/(\varpi^{m_j}) \longrightarrow Z' \longrightarrow 0.$$

ただし，s, t は非負な整数，Z, Z' は有限アーベル群であり，$F_i(T)$ は既約な非単数根多項式である(ここで，$i \neq j$ かつ $F_i(T) = F_j(T)$ なる重複もあり得ることに注意)．$r = r(\mathcal{M})$ は $\mathcal{M}$ のみに依存し，しばしば有限生成 $\mathcal{O}[[T]]$ 加群 $\mathcal{M}$ の**階数**とよばれる． □

定理 2.39 は，前項 2.3.2 で証明した 定理 2.34 と定理 2.36 から導かれる．

[定理 2.39 の証明]　$\mathcal{R} = \mathcal{O}[[T]]$ とする．定理 2.36 より，鏡映的 $\mathcal{O}[[T]]$ 加群 $\mathcal{N}$ と並べ替えを除いて一意的に定まる $\mathcal{O}[[T]]$ の高さ 1 の素イデアル $\mathfrak{p}_1, \cdots, \mathfrak{p}_u$ (重複を許す)および自然数 $q_1, \cdots, q_u$ と擬同型

(2.17)
$$\mathcal{M} \longrightarrow \mathcal{N} \oplus \bigoplus_{i=1}^{u} \mathcal{R}/\mathfrak{p}_i^{q_i}$$

が存在する．注意 2.30(2) より，(2.17) の核と余核の位数は有限である．$\mathcal{O}[[T]]$ は Krull 次元 2 の正則局所環なので，定理 2.34 より鏡映的 $\mathcal{R}$ 加群 $\mathcal{N}$ は有限生成自由 $\mathcal{O}[[T]]$ 加群である．また，$\mathcal{O}[[T]]$ は正則局所環なので各高さ 1 の素イデアル $\mathfrak{p}_i$ は単項イデアルである．p 進 Weierstrass の準備定理(定理 2.13)より，$\mathfrak{p}_i$ の生成元 x_i は，$\mathcal{O}[[T]]^\times$ の元による乗法を除いて $\mathcal{O}$ の素元 ϖ または $\mathcal{O}[T]$ のある既約な非単数根多項式 $F_i(T)$ に等しい．以上で定理 2.39 の証明を終える． ■

系 2.40 $\mathcal{M}$ を有限生成 $\mathcal{O}[[T]]$ 加群,$x \in \mathcal{O}[[T]]$ を既約元とするとき,$\mathcal{M}/(x)\mathcal{M}$ が有限生成ねじれ $\mathcal{O}[[T]]/(x)$ 加群ならば,$\mathcal{M}$ は有限生成ねじれ $\mathcal{O}[[T]]$ 加群である. □

[証明] (2.16)の完全列を二つの短完全列

$$0 \longrightarrow Z \longrightarrow \mathcal{M} \longrightarrow \mathcal{M}/Z \longrightarrow 0,$$
$$0 \longrightarrow \mathcal{M}/Z \longrightarrow \mathcal{O}[[T]]^{\oplus r} \oplus \bigoplus_{i=1}^{s} \mathcal{O}[[T]]/(F_i(T)^{n_i}) \oplus \bigoplus_{j=1}^{t} \mathcal{O}[[T]]/(\varpi^{m_j}) \longrightarrow Z' \longrightarrow 0$$

に分解すると,最初の短完全列から「$\mathcal{M}/(x)\mathcal{M}$ が有限生成ねじれ $\mathcal{O}[[T]]/(x)$ 加群である」と「$(\mathcal{M}/Z)/(x)(\mathcal{M}/Z)$ が有限生成ねじれ $\mathcal{O}[[T]]/(x)$ 加群である」は同値であり,そのために次の短完全列から $r=0$ が必要であることがわかる. ■

定義 2.41 上の定理の完全系列(2.16)で現れた加群

$$\mathcal{O}[[T]]^{\oplus r} \oplus \bigoplus_{i=1}^{s} \mathcal{O}[[T]]/(F_i(T)^{n_i}) \oplus \bigoplus_{j=1}^{t} \mathcal{O}[[T]]/(\varpi^{m_j})$$

を($\mathcal{M}$ に付随する)**基本岩澤加群**(elementary module)とよぶ.基本岩澤加群は有限生成 $\mathcal{O}[[T]]$ 加群 $\mathcal{M}$ に対して,同型を除いて一意的に定まる. □

注意 2.42 基本岩澤加群に現れる各非単数根多項式 $F_i(T)$ たちに既約性の条件を入れない流儀もあるようである.この場合,$\mathcal{M}$ に付随する基本岩澤加群は同型を除いて一意とは限らない.例えば,$F(T), G(T) \in \mathcal{O}[[T]]$ が互いに素な非単数根多項式であるとき,$\mathcal{M} = \mathcal{O}[[T]]/(F(T)G(T))$ とおく.$\mathcal{M}$ に対する自明な完全列

$$0 \longrightarrow \mathcal{M} \longrightarrow \mathcal{O}[[T]]/(F(T)G(T)) \longrightarrow 0$$

の他に次の完全列

$$0 \longrightarrow \mathcal{M} \longrightarrow \mathcal{O}[[T]]/(F(T)) \bigoplus \mathcal{O}[[T]]/(G(T)) \longrightarrow \mathcal{O}[[T]]/(F(T), G(T)) \longrightarrow 0$$

もあり,$\mathcal{O}[[T]]/(F(T), G(T))$ は有限アーベル群だからである.

定義 2.43 $\mathcal{M}$ を有限生成 $\mathcal{O}[[T]]$ 加群とする.

(1) 加群 $\mathcal{M}$ の**特性イデアル** $\mathrm{char}_{\mathcal{O}[[T]]}(\mathcal{M})$ は,基本岩澤加群を用いて

$$\mathrm{char}_{\mathcal{O}[[T]]}(\mathcal{M}) = \begin{cases} \left(\prod_{i=1}^{s} F_i(T)^{n_i} \prod_{j=1}^{t} \varpi^{m_j} \right) & r = 0 \text{ のとき,} \\ 0 & r \neq 0 \text{ のとき} \end{cases}$$

で定義される(基本岩澤加群が自明のときは,$\mathrm{char}_{\mathcal{O}[[T]]}(\mathcal{M}) = \mathcal{R}$ である).
(2) $\lambda(\mathcal{M}) := \sum_{i=1}^{s} n_i \deg F_i(T)$ を $\mathcal{M}$ の**岩澤 λ 不変量**,$\mu(\mathcal{M}) := \sum_{j=1}^{t} m_j$ を $\mathcal{M}$ の**岩澤 μ 不変量**とよぶ.   □

注意 2.44 上で与えた岩澤加群の構造定理(定理 2.39),基本岩澤加群(定義 2.41),特性イデアルや岩澤不変量の定義(定義 2.43)で,非標準的同型 $\Lambda_{\mathcal{O}} \cong \mathcal{O}[[T]]$ を通して岩澤加群を $\mathcal{O}[[T]]$ 加群とみなすことは本質的でない.$\mathcal{M}$ を有限生成ねじれ $\Lambda_{\mathcal{O}}$ 加群とする.

(1) 加群 $\mathcal{M}$ の基本岩澤加群や特性イデアルを,まず非標準的な同型 $\Lambda_{\mathcal{O}} \cong \mathcal{O}[[T]]$ を介して定理 2.39,定義 2.41 によって,$\mathcal{O}[[T]]$ 加群や $\mathcal{O}[[T]]$ のイデアルとして定める.それを先の逆同型 $\mathcal{O}[[T]] \cong \Lambda_{\mathcal{O}}$ を介して $\Lambda_{\mathcal{O}}$ 加群や $\Lambda_{\mathcal{O}}$ のイデアルとしてみなせばよい.同型 $\Lambda_{\mathcal{O}} \cong \mathcal{O}[[T]]$ における位相的生成元 $\gamma \in \Gamma$ の人為的選択(定理 2.10 を参照のこと)をその逆同型で打ち消すので,かくして得られた $\Lambda_{\mathcal{O}}$ 上の基本岩澤加群と特性イデアル $\mathrm{char}_{\Lambda_{\mathcal{O}}}(\mathcal{M})$ は標準的である.

(2) 上の(1)では少し回りくどい書き方をしたが,$\mathcal{M}$ に対する因子イデアル(定義 2.37),抽象的な特性イデアル(定義 2.38),定義 2.43 を介した上の(1)による特性イデアルの三つは全て一致する.この事実は岩澤加群の構造定理(定理 2.39)を用いた演習問題程度であるが,後では本質的でないので,これ以上の説明には立ち入らない.

(3) 上の(2)に加えて,階数 $r = r(\mathcal{M})$ は有限次元 $\mathrm{Frac}(\Lambda_{\mathcal{O}})$ ベクトル空間 $\mathcal{M} \otimes_{\Lambda_{\mathcal{O}}} \mathrm{Frac}(\Lambda_{\mathcal{O}})$ の次元である.また,$r(\mathcal{M}) = 0$ のとき,$\mathcal{M} \otimes_{\mathcal{O}} \mathrm{Frac}(\mathcal{O})$ は有限次元 $\mathrm{Frac}(\mathcal{O})$ ベクトル空間であり,$\lambda(\mathcal{M})$ はその次元である.どちらも $\mathcal{O}[[T]]$ を介さない特徴付けとなる.

かくして,岩澤代数をベキ級数環として表示することは非常に普及しており,非単数根多項式によって基本岩澤加群の表示や特性イデアルの生成元が書けることから $\mathcal{O}[[T]]$ 上の定式化を用いたが,$\Lambda_{\mathcal{O}}$ 上のみの見方で全てを通すことも可能である.

最後に特性イデアルや岩澤不変量の意味や性質をまとめておきたい.

(1) $\mathcal{R}$ が Dedekind 整域であるとき,有限生成ねじれ $\mathcal{R}$ 加群 $\mathcal{M}$ は $\mathcal{M} \cong \bigoplus_{i=1}^{s} \mathcal{R}/\mathfrak{p}_i^{l_i} \mathcal{R}$ と表せ,$\mathrm{char}_{\mathcal{R}}(\mathcal{M}) = \prod_{i=1}^{s} \mathfrak{p}_i^{l_i}$ となる.ここで,$\mathfrak{p}_1, \cdots, \mathfrak{p}_s$ は $\mathcal{R}$

の重複を許す $\mathcal{R}$ の極大イデアルである．一般の環上の場合は，擬零加群による「誤差」があるぶん若干複雑ではあるが，この一般化と思える．また，$\mathcal{R} = \mathbb{Z}$ のときに $\text{char}_{\mathbb{Z}}(\mathcal{M}) = (\sharp \mathcal{M})\mathbb{Z}$ であることより顕著であるが，特性イデアルは加群の大きさを測る不変量の意味がある．

(2) $\mathcal{M}$ を有限生成ねじれ $\Lambda_{\mathcal{O}}$ 加群とする．次も構造定理を用いて簡単に示せるが，大切なので注意しておく．

   (a) $\mathcal{M}$ が $\mathcal{O}$ 加群として有限生成であることと $\mu(\mathcal{M}) = 0$ は同値．

   (b) $\mathcal{M}$ が有限アーベル群であることと $\lambda(\mathcal{M}) = \mu(\mathcal{M}) = 0$ は同値．

(3) 特性イデアル $\text{char}_{\mathcal{O}[[T]]} \mathcal{M} = \left(\prod_{i=1}^{s} F_i(T)^{n_i} \prod_{j=1}^{t} \varpi^{m_j} \right)$ の多項式部分 $\prod_{i=1}^{s} F_i(T)^{n_i}$ には行列式解釈がある．$\mathcal{O}[[\Gamma]]$ と $\mathcal{O}[[T]]$ との同型が $\gamma \mapsto 1 + T$ で与えられているとする．$V = \mathcal{M} \otimes_{\mathcal{O}} \text{Frac}(\mathcal{O})$ に Γ が連続に作用するので，$\gamma - 1$ の作用の固有多項式 $\det(xE_\lambda - (\gamma - 1); V) \in \mathcal{O}[x]$ を用いて

$$\prod_{i=1}^{s} F_i(T)^{n_i} = \det(xE_\lambda - (\gamma - 1); V)|_{x=T}$$

と表される[*21]．ただし E_λ は次数 $\lambda = \lambda(\mathcal{M})$ の単位行列とする．

(4) 上で定めた特性イデアルは Fitting イデアルと関係が深い．$\mathcal{R}$ 可換環，$\mathcal{M}$ を有限生成ねじれ $\mathcal{R}$ 加群とするとき，$\mathcal{M}$ の i 次 Fitting イデアル $\text{Fitt}_i(\mathcal{M})$ の定義を簡単に思い出したい．$\mathcal{M}$ は有限生成より階数 d の有限生成自由 $\mathcal{R}$ 加群 P_0 および自由 $\mathcal{R}$ 加群 P_1 を用いた

(2.18) $$P_1 \longrightarrow P_0 \longrightarrow \mathcal{M} \longrightarrow 0$$

なる表示がある．この写像の $d - i$ 次外ベキが引き起こす $\mathcal{R}$ 線型写像

$$\bigwedge^{d-i} P_1 \longrightarrow P_0 \cong \mathcal{R}^{\frac{d!}{(d-i)! i!}} \longrightarrow \mathcal{R} \quad (i = 0, 1, 2, \cdots)$$

を考える．ただし，最後の写像は全ての元の和をとる自然な写像である．$\mathcal{M}$ が有限表示ならば，$P_1 \longrightarrow P_0$ を定める行列の i 次部分正方行列の行列式たちで生成されるイデアルを考えていることに他ならない．この $d-$

[*21] 本書の以下の部分では特性イデアルの行列式表示は表に出さないが，第 1 章のように行列式表示を用いても円分岩澤主予想を定式化できることを思い出そう．

i 次外ベキの像として定まる $\mathcal{R}$ のイデアルは自由分解 (2.18) のとりかたに依らないことが知れられており[22]，これを $\mathcal{M}$ の i 次 **Fitting イデアル** とよび $\mathrm{Fitt}_i(\mathcal{M})$ で記す．しばしば，$\mathcal{M}$ の 0 次 Fitting イデアルを単に $\mathcal{M}$ の Fitting イデアルとよび，$\mathrm{Fitt}_{\mathcal{R}}(\mathcal{M})$ と記す．$\mathcal{R} = \Lambda_\mathcal{O}$ かつ $\mathcal{R}$ 加群 $\mathcal{M}$ が基本岩澤加群のとき，

$$\mathrm{char}_{\Lambda_\mathcal{O}}(\mathcal{M}) = \mathrm{Fitt}_{\Lambda_\mathcal{O}}(\mathcal{M})$$

が成り立つが，一般には，$\mathrm{char}_{\Lambda_\mathcal{O}}(\mathcal{M})$ と $\mathrm{Fitt}_{\Lambda_\mathcal{O}}(\mathcal{M})$ は一致するとは限らない．例えば，擬零加群 $\mathcal{M} = \Lambda_\mathcal{O}/\mathfrak{M}$ に対しては，$\mathrm{char}_{\Lambda_\mathcal{O}}(\mathcal{M}) = (1)$，$\mathrm{Fitt}_{\Lambda_\mathcal{O}}(\mathcal{M}) = \mathfrak{M}$ である．実は，一般の $\mathcal{M}$ で $\mathrm{char}_{\Lambda_\mathcal{O}}(\mathcal{M}) = \mathrm{Fitt}_{\Lambda_\mathcal{O}}(\mathcal{M})^{**}$ が成り立つことが知られている[23]．

2.3.4　岩澤加群の特殊化に関する代数的な準備

この 2.3.4 項では以下の定理 2.45 を示し，最後に若干の例や注意を与える．3.1.2 項で使われる大事な定理なので，地に足の着いた形で証明を書き下したが，若干技術的である．先を急ぐ読者は定理 2.45 の結果を認めて 3.1.2 項の議論を追うことも可能かもしれない．この 2.3.4 項を通して，固定している p 進体の整数環 $\mathcal{O}$ の剰余位数を $q = \sharp \mathcal{O}/(\varpi)$ で表す．e を p 進体 $\mathrm{Frac}(\mathcal{O})$ の絶対分岐指数とする．

定理 2.45　$\mathcal{M}$ を有限生成ねじれ $\mathcal{O}[[T]]$ 加群とする．特性イデアル $\mathrm{char}_{\mathcal{O}[[T]]}(\mathcal{M})$ は全ての自然数 n において単項イデアル $(\omega_n(T))$ と非自明な共通因子を持たないとする[24]．$\lambda = \lambda(\mathcal{M})$, $\mu = \mu(\mathcal{M})$ を $\mathcal{M}$ に付随した岩澤 λ 不変量，岩澤 μ 不変量とするとき，$\nu = \nu(\mathcal{M}) \in \mathbb{Z}$ が存在して，十分大きな n で

(2.19) $$\sharp(\mathcal{M}/\omega_n(T)\mathcal{M}) = q^{\lambda e n + \mu p^n + \nu}$$

---

[22] 本書では Fitting イデアルの理解はそれほど要求されないが，この事実の証明を含めた Fitting イデアルの基本的な理解を望む読者は [27, Chap. 20] などの教科書を参照されたい．

[23] 証明は，例えば [86, Prop. 9.6] を参照のこと．

[24] 岩澤加群の構造定理より，この仮定は「全ての自然数 n において $\sharp \mathcal{M}/\omega_n(T)\mathcal{M} < \infty$」という仮定と同値である．

が成り立つ. □

まず定理の証明に必要な補題をいくつか準備し,その後にそれらをまとめて定理 2.45 を証明する.岩澤不変量 λ, μ, ν の定め方,「十分大きな n」の具体的評価については最終的な定理 2.45 の証明を参照のこと.

補題 2.46 (1) Z が擬零 $\mathcal{O}[[T]]$ 加群であるとき,十分大きな n に対しては,$Z/\omega_n(T)Z \cong Z$ となる.

(2) $\mathcal{M}$ を有限生成ねじれ $\mathcal{O}[[T]]$ 加群,n を自然数として,$(\omega_n(T), \mathrm{char}_{\mathcal{O}[[T]]}\mathcal{M}) = 1$ であると仮定する.このとき $\mathcal{M}/\omega_n(T)\mathcal{M}$ は有限群であり,定理 2.39 で得られた基本完全列

$$0 \longrightarrow Z \longrightarrow \mathcal{M} \longrightarrow \bigoplus_{i=1}^{s} \mathcal{O}[[T]]/(F_i(T)^{n_i}) \oplus \bigoplus_{j=1}^{t} \mathcal{O}[[T]]/(\varpi^{m_j})$$
$$\longrightarrow Z' \longrightarrow 0$$

に対して,

$$\sharp(\mathcal{M}/\omega_n(T)\mathcal{M}) = \sharp(Z/\omega_n(T)Z)$$
$$\times \prod_{i=1}^{s} \sharp(\mathcal{O}[[T]]/(F_i(T)^{n_i}, \omega_n(T))) \times \prod_{j=1}^{t} \sharp(\mathcal{O}[[T]]/(\varpi^{m_j}, \omega_n(T)))$$

が成り立つ. □

[証明] (1)は明らかであるから(2)のみ証明する.有限生成ねじれ $\mathcal{O}[[T]]$ 加群 $\mathcal{M}$ に対する基本岩澤加群 $\bigoplus_{i=1}^{s} \mathcal{O}[[T]]/(F_i(T)^{n_i}) \oplus \bigoplus_{j=1}^{t} \mathcal{O}[[T]]/(\varpi^{m_j})$ を $\mathrm{Fund}(\mathcal{M})$ で記す.各自然数 n において,以下の可換図式を考えよう.ただし,図式の縦の写像 a_n, b_n, c_n, d_n は全て $\omega_n(T)$ を掛ける写像とする.

$$\begin{array}{ccccccccc} 0 & \longrightarrow & Z & \longrightarrow & \mathcal{M} & \longrightarrow & \mathrm{Fund}(\mathcal{M}) & \longrightarrow & Z' & \longrightarrow & 0 \\ & & \downarrow a_n & & \downarrow b_n & & \downarrow c_n & & \downarrow d_n & & \\ 0 & \longrightarrow & Z & \longrightarrow & \mathcal{M} & \longrightarrow & \mathrm{Fund}(\mathcal{M}) & \longrightarrow & Z' & \longrightarrow & 0. \end{array}$$

$\mathcal{M}' = \mathcal{M}/Z$ とおいて,この図式を二つに分解する.

$$(2.20) \quad \begin{array}{ccccccccc} 0 & \longrightarrow & Z & \longrightarrow & \mathcal{M} & \longrightarrow & \mathcal{M}' & \longrightarrow & 0 \\ & & \downarrow a_n & & \downarrow b_n & & \downarrow b'_n & & \\ 0 & \longrightarrow & Z & \longrightarrow & \mathcal{M} & \longrightarrow & \mathcal{M}' & \longrightarrow & 0 \end{array}$$

$$(2.21) \quad \begin{array}{ccccccccc} 0 & \longrightarrow & \mathcal{M}' & \longrightarrow & \mathrm{Fund}(\mathcal{M}) & \longrightarrow & Z' & \longrightarrow & 0 \\ & & \downarrow b'_n & & \downarrow c_n & & \downarrow d_n & & \\ 0 & \longrightarrow & \mathcal{M}' & \longrightarrow & \mathrm{Fund}(\mathcal{M}) & \longrightarrow & Z' & \longrightarrow & 0 \end{array}$$

$(\omega_n(T), \mathrm{char}_{\mathcal{O}[[T]]} \mathcal{M}) = 1$ の仮定より写像 c_n は単射である．蛇の補題を可換図式 (2.21) に適用すると，$\mathrm{Ker}(b'_n) = 0$ かつ

$$0 \longrightarrow \mathrm{Ker}(d_n) \longrightarrow \mathrm{Coker}(b'_n) \longrightarrow \mathrm{Coker}(c_n) \longrightarrow \mathrm{Coker}(d_n) \longrightarrow 0$$

を得る．$(\omega_n(T), \mathrm{char}_{\mathcal{O}[[T]]} \mathcal{M}) = 1$ の仮定より，上の完全列の全ての項は有限群であるから $\sharp \mathrm{Ker}(d_n) \sharp \mathrm{Coker}(c_n) = \sharp \mathrm{Coker}(b'_n) \sharp \mathrm{Coker}(d_n)$ を得る．Z' は有限群より可換図式 (2.21) における右端縦の列に着目することで $\sharp \mathrm{Ker}(d_n) = \sharp \mathrm{Coker}(d_n)$ が得られる．この二つを合わせて，

$$(2.22) \quad \sharp \mathrm{Coker}(b'_n) = \sharp \mathrm{Coker}(c_n)$$

が任意の自然数 n で成り立つ．可換図式 (2.20) にも蛇の補題を適用して，b'_n の単射性に気をつけて同様の考察を行うと $\sharp \mathrm{Coker}(b_n) = \sharp \mathrm{Coker}(a_n) \sharp \mathrm{Coker}(b'_n)$ となる．(2.22) と合わせることで

$$(2.23) \quad \sharp \mathrm{Coker}(b_n) = \sharp \mathrm{Coker}(c_n) \sharp \mathrm{Coker}(a_n)$$

を得る．以上で証明が終わる． ∎

補題 2.47 $F(T) \in \mathcal{O}[[T]]$ を次数 l の非単数根多項式とする．任意の $n \geqq 1$ で $(F(T), \omega_n(T)) = 1$ と仮定する．

(1) $\mathcal{O}[[T]]/(F(T), \omega_n(T))$ は有限アーベル群である．$\mathrm{Frac}(\mathcal{O})$ の勝手な有限次拡大の整数環 $\mathcal{O}'$ に対して，

$$\sharp(\mathcal{O}'[[T]]/(F(T),\omega_n(T))) = \sharp(\mathcal{O}[[T]]/(F(T),\omega_n(T)))^{[\mathcal{O}':\mathcal{O}]}$$

が成り立つ．

(2) $F(T)$ と $\mathcal{O}$ にのみ依存する定数 $\nu(F(T)) \in \mathbb{Z}$ が存在して十分大きな n に対して

(2.24) $$\sharp(\mathcal{O}[[T]]/(F(T),\omega_n(T))) = q^{len+\nu(F(T))}$$

が成り立つ． □

[証明] 記述 (1) の証明は，基本的であるので省略する．以下，記述 (2) の証明を行う．e' を $\mathrm{Frac}(\mathcal{O}')$ の $\mathbb{Q}_p$ 上の絶対分岐指数，q' を $\mathcal{O}'$ の剰余体の位数とする．$[\mathcal{O}':\mathcal{O}] = \dfrac{e'}{e} \dfrac{\log q'}{\log q}$ より

$$(q^{len+\nu(F(T))})^{[\mathcal{O}':\mathcal{O}]} = q'^{le'n+\nu(F(T))\frac{e'}{e}}$$

となる．かくして，$\mathcal{O}$ 上で (2.24) が成り立つことと $\mathcal{O}'$ 上で (2.24) が成り立つことは同値である．必要ならば，$\mathcal{O}$ を十分大きな拡大体の整数環でとりかえることによって，以下では $\mathcal{O}$ は $F(T)$ の全ての根を含むと仮定する．$\alpha \in \mathcal{O}$ を $F(T)$ の根の一つとして $F(T) = G(T)(T-\alpha)$ と分解する．$G(T), (T-\alpha)$ はまた非単数根多項式である．可換図式：

$$\begin{array}{ccccccccc}
0 & \longrightarrow & \Lambda_\mathcal{O}/(G(T)) & \longrightarrow & \Lambda_\mathcal{O}/(F(T)) & \longrightarrow & \Lambda_\mathcal{O}/(T-\alpha) & \longrightarrow & 0 \\
& & \downarrow \times \omega_n(T) & & \downarrow \times \omega_n(T) & & \downarrow \times \omega_n(T) & & \\
0 & \longrightarrow & \Lambda_\mathcal{O}/(G(T)) & \longrightarrow & \Lambda_\mathcal{O}/(F(T)) & \longrightarrow & \Lambda_\mathcal{O}/(T-\alpha) & \longrightarrow & 0
\end{array}$$

を考える．この図式に蛇の補題を適用して，

$$\sharp(\mathcal{O}[[T]]/(F(T),\omega_n(T)))$$
$$= \sharp(\mathcal{O}[[T]]/(G(T),\omega_n(T))) \cdot \sharp(\mathcal{O}[[T]]/(T-\alpha,\omega_n(T)))$$

が得られる．よって，$F(T)$ に対する記述 (2) の証明は $G(T)$ と $T-\alpha$ に対する記述 (2) の証明に帰着された．この議論を繰り返して，記述 (2) の証明は 1 次式 $F(T) = (T-\alpha)$ の場合に帰着される．今，

(2.25) $\quad \mathcal{O}[[T]]/(T-\alpha, \omega_n(T)) \cong (\mathbb{Z}_p[[T]] \otimes_{\mathbb{Z}_p} \mathcal{O})/(T-\alpha, \omega_n(T))$

なる同型を観察する．今，$\Phi_{p^i}(T)$ を ζ_{p^i} の $\mathbb{Q}_p$ 上の最小多項式とすると，$\omega_n(T) = \prod_{i=0}^{n} \Phi_{p^i}(T+1)$ と書ける．よって，各非負整数 i に対する 1 の原始 p^i 乗根 ζ_{p^i} たちを選ぶと，自然な単射：

$$\mathbb{Z}_p[[T]]/(\omega_n(T)) \longrightarrow \prod_{i=0}^{n} \mathbb{Z}_p[\zeta_{p^i}], \quad T \mapsto \{\zeta_{p^i} - 1\}_{0 \leq i \leq n}$$

を引き起こす．この余核は有限アーベル群である．その有限群を Z_n とおく．函手 $\otimes_{\mathbb{Z}_p} \mathcal{O}$ を施すことで短完全列

$$0 \longrightarrow \mathbb{Z}_p[[T]] \otimes_{\mathbb{Z}_p} \mathcal{O}/(\omega_n(T)) \longrightarrow \prod_{i=0}^{n} \mathbb{Z}_p[\zeta_{p^i}] \otimes_{\mathbb{Z}_p} \mathcal{O} \longrightarrow Z_n \otimes_{\mathbb{Z}_p} \mathcal{O} \longrightarrow 0$$

を得る．上の短完全列の $\mathbb{Z}_p[[T]] \otimes_{\mathbb{Z}_p} \mathcal{O}$ での $T-\alpha$ 倍写像は $\prod_{i=0}^{n} \mathbb{Z}_p[\zeta_{p^i}] \otimes_{\mathbb{Z}_p} \mathcal{O}$ での $\prod_{i=0}^{n} ((\zeta_{p^i} - 1) - \alpha)$ 倍写像に等しい．よって次の可換図式がある：

$$\begin{array}{ccccccccc}
0 & \longrightarrow & \mathbb{Z}_p[[T]]_{\mathcal{O}}/(\omega_n(T)) & \longrightarrow & \prod_{i=0}^{n} \mathbb{Z}_p[\zeta_{p^i}]_{\mathcal{O}} & \longrightarrow & (Z_n)_{\mathcal{O}} & \longrightarrow & 0 \\
& & \downarrow {\scriptstyle \times (T-\alpha)} & & \downarrow {\scriptstyle \times ((\zeta_{p^i}-1)-\alpha)_i} & & \downarrow & & \\
0 & \longrightarrow & \mathbb{Z}_p[[T]]_{\mathcal{O}}/(\omega_n(T)) & \longrightarrow & \prod_{i=0}^{n} \mathbb{Z}_p[\zeta_{p^i}]_{\mathcal{O}} & \longrightarrow & (Z_n)_{\mathcal{O}} & \longrightarrow & 0.
\end{array}$$

ただし，$(\ ) \otimes_{\mathbb{Z}_p} \mathcal{O}$ を $(\ )_{\mathcal{O}}$ で表している．上の図式の真ん中の項における $((\zeta_{p^i} - 1) - \alpha)_i$ による乗法は単射である．また，$Z_n \otimes_{\mathbb{Z}_p} \mathcal{O}$ は有限アーベル群であるから，右端の縦の射においては核と余核の位数は等しい．蛇の補題によって

(2.26)
$$\sharp(\mathbb{Z}_p[[T]] \otimes_{\mathbb{Z}_p} \mathcal{O}/(T-\alpha, \omega_n(T))) = \prod_{i=0}^{n} \sharp(\mathbb{Z}_p[\zeta_{p^i}] \otimes_{\mathbb{Z}_p} \mathcal{O}/((\zeta_{p^i} - 1) - \alpha))$$

を得る．また，p 進体に関する基本事項である以下の補題を思い出したい．

補題 2.48 $m(\alpha)$ を $\mathrm{ord}_p(\zeta_{p^m} - 1) = \dfrac{1}{(p-1)p^{m-1}} \geqq \mathrm{ord}_p(\alpha)$ をみたす自然数 m たちのうち最大のものとする．そのような自然数 m がないときは

$m(\alpha) = 0$ とおく.このとき,$i > m(\alpha)$ をみたす勝手な自然数 i に対して,

$$\sharp(\mathbb{Z}_p[\zeta_{p^i}] \otimes_{\mathbb{Z}_p} \mathcal{O})/((\zeta_{p^i} - 1) - \alpha) = \sharp(\mathbb{F}_p \otimes_{\mathbb{Z}_p} \mathcal{O}) = q^e$$

が成り立つ. □

[証明] (2.25),(2.26),補題 2.48 より,$n > m(\alpha)$ のとき,$\mathcal{O}[[T]]/(T - \alpha, \omega_n(T))$ の位数は

$$q^{e(n-m(\alpha))} \cdot \sharp\left(\mathbb{Z}_p[[T]] \otimes_{\mathbb{Z}_p} \mathcal{O}/(T - \alpha, \omega_{m(\alpha)}(T))\right)$$

である.$\nu(F(T)) = \mathrm{ord}_q\left(\sharp\left(\mathbb{Z}_p[[T]] \otimes_{\mathbb{Z}_p} \mathcal{O}/(T - \alpha, \omega_{m(\alpha)}(T))\right)\right) - em(\alpha)$ とおけば,補題 2.47 の (2) の証明を終える. ■

μ 不変量に関係する部分の振る舞いは比較的簡単である.

$$\mathcal{O}[[T]]/(\varpi, \omega_n(T)) \cong (\mathcal{O}/\varpi)[[T]]/(\omega_n(T)) \cong (\mathcal{O}/\varpi)[[T]]/(T^{p^n}) \cong (\mathcal{O}/\varpi)^{\oplus p^n}$$

より,以下が成り立つ.

補題 2.49 勝手な自然数 n に対して

$$(2.27) \qquad \sharp(\mathcal{O}[[T]]/(\varpi, \omega_n(T))) = q^{p^n}$$

が成り立つ. □

今までの結果を繋げると定理 2.45 がただちに従う.

[定理 2.45 の証明] 補題 2.46,補題 2.47,補題 2.49 より主張はただちに従う.ここでは現れる岩澤不変量たちの定め方などを確認したい.定理 2.39 で得られた基本完全列

$$0 \longrightarrow Z \longrightarrow \mathcal{M} \longrightarrow \bigoplus_{i=1}^{s} \mathcal{O}[[T]]/(F_i(T)^{n_i}) \oplus \bigoplus_{j=1}^{t} \mathcal{O}[[T]]/(\varpi^{m_j}) \longrightarrow Z' \longrightarrow 0$$

に対して,定義より $\lambda = \sum_{i=1}^{s} n_i \deg F_i(T)$,$\mu = \sum_{j=1}^{t} m_j$ となる.また,

$$m'(\mathcal{M}) = \mathrm{Max}\{m(\alpha) \mid \alpha \text{ は } \prod_{i=1}^{s} F_i(T) \text{ の根をわたる }\},$$

$$m''(\mathcal{M}) = \mathrm{Min}\{m \in \mathbb{N} \mid \omega_m(T)Z = 0\}$$

とおいて，これを用いることで $m(\mathcal{M}) = \mathrm{Max}\,(m'(\mathcal{M}), m''(\mathcal{M}))$ と定める．また，$\nu(\mathcal{M}) = \sum_{i=1}^{s} n_i \nu(F_i(T)) + \mathrm{ord}_q(\sharp Z)$ とおく．このとき，$n > m(\mathcal{M})$ ならば，$\sharp(\mathcal{M}/\omega_n(T)\mathcal{M}) = q^{\lambda e n + \mu p^n + \nu}$ が成り立つ． ∎

注意 2.50 $\mathcal{M}$ を有限生成ねじれ $\mathcal{O}[[T]]$ 加群，$f(T) \in \mathcal{O}[[T]]$ をある自然数 n_0 で $\omega_{n_0}(T)$ を割り切る多項式とする．今，勝手な自然数 $n \geq n_0$ に対して特性イデアル $\mathrm{char}_{\mathcal{O}[[T]]}(\mathcal{M})$ は $(\omega_n(T)/f(T))$ と非自明な共通因子を持たないとする．このとき，証明は繰り返さないが，ある $\nu \in \mathbb{Z}$ が存在して，十分大きな n で

(2.28) $$\sharp(\mathcal{M}/(\omega_n(T)/f(T))\mathcal{M}) = q^{\lambda(\mathcal{M})en + \mu(\mathcal{M})p^n + \nu}$$

が成り立つことも，定理 2.45 の証明の議論によってわかる．$f(T) = 1$ のときが定理に他ならない．

最後に具体例を与えたい．

(1) $\mathcal{M} = \mathbb{Z}_p[[T]]/(T - p^a)$ $(a \geq 1)$ とする．

$$\lambda(\mathcal{M}) = 1,\quad \mu(\mathcal{M}) = 0,\quad \nu(\mathcal{M}) = a$$

とすると，全ての非負整数 $n \geq 0$ に対して，(2.19) が成り立つ．

(2) $\mathcal{M}' = \mathbb{Z}_p[[T]]/(T^{a'} - p)$ $(a' \geq 1)$ とする．証明で現れた $m(\mathcal{M}')$ は $m \leq 1 + \log_p a' - \log_p(p-1)$ をみたす最大の自然数 m である．

$$\lambda(\mathcal{M}') = a',\ \mu(\mathcal{M}') = 0,\ \nu(\mathcal{M}') = \mathrm{ord}_p(\sharp \mathcal{M}'/\omega_{m(\mathcal{M}')}\mathcal{M}') - a'm(\mathcal{M}')$$

とすると，$n > m(\mathcal{M}')$ をみたす自然数 n で (2.19) が成り立つ．$a' > 1$ ならば $\nu(\mathcal{M}') < 0$ であり，$a' \to \infty$ のとき $\nu(\mathcal{M}') \to -\infty$ となる．

3 イデアル類群の円分岩澤理論

3.1 代数的側面(Selmer群)

この節のイデアル類群の岩澤理論における代数的な結果たちは勝手な有限次代数体 K と K の勝手な $\mathbb{Z}_p$ 拡大 K_∞/K に対して成り立つ.一方で,3.2節や3.3節で論じられる解析的な結果たちは,しばしば総実代数体など限られた有限次代数体 K 上の円分 $\mathbb{Z}_p$ 拡大など特別な $\mathbb{Z}_p$ 拡大のみで成り立つ結果が多い.

この3.1節では計算に根気のいる部分もあるが,議論を追うのに必要な環論および代数的整数論の道具立ては,今まで出てきた道具立ての範囲内である.

3.1.1 岩澤類数公式

本書の序章でも述べたように体の族に対して成り立つようなイデアル類群の一般的な振る舞いはあまり知られていない.1959年に出版された岩澤健吉の論文[49]で与えられた次の定理は,イデアル類群を $\mathbb{Z}_p$ 拡大と絡めて研究することの面白さと大事さを示している.

定理3.1(岩澤類数公式) K を勝手な有限次代数体,K_∞/K を勝手な $\mathbb{Z}_p$ 拡大とする.自然数 n に依らない非負整数 $\lambda = \lambda(K_\infty)$, $\mu = \mu(K_\infty)$ と,整数 $\nu = \nu(K_\infty)$ が存在して,十分大きな n で,第 n 中間体 $K_n = (K_\infty)^{\Gamma^{p^n}}$ [*1]の類数の p 部分は

[*1] K_n は K 上 p^n 次の K_∞/K の中間体であり,これらが K_∞/K の中間体の全てを尽くしている.

$$\sharp \mathrm{Cl}(K_n)[p^\infty] = p^{\lambda n + \mu p^n + \nu}$$

をみたす.ただし,本書を通して,勝手なアーベル群 A に対して,$A[p^\infty]$ は p ベキで零化される部分群 $\varinjlim_m A[p^m]$ を表すとする. □

岩澤の原論文[49]の証明は離散的な Γ 加群を直接調べる方法であったが,本書では現代的な観点から岩澤加群(コンパクトな Γ 加群)の一般論を用いる方法をとる.この方法による証明は技術的にも非常に有用である.2.3.4 項で得られた環論の技術的結果を用いて 3.1.2 項で定理 3.1 を証明する.この節の残りでは,岩澤類数公式の周辺の主要概念や主要結果を復習しておく.

K を勝手な有限次代数体,K_∞ を勝手な $\mathbb{Z}_p$ 拡大,$\Gamma = \mathrm{Gal}(K_\infty/K)$ とする.L_∞ を至る所不分岐な K_∞ 上の最大アーベル p ベキ拡大とする.

補題 3.2 L_∞ は K 上のガロワ拡大である. □

[証明] もし L_∞/K がガロワ拡大でなかったとすると $\overline{\mathbb{Q}}$ の K 上の自己同型 σ が存在して $\sigma(L_\infty) \neq L_\infty$ となる.合成体 $\sigma(L_\infty)L_\infty$ は K_∞ 上でアーベルかつ不分岐であるから L_∞ の最大性に矛盾する. ■

コンパクト $\mathbb{Z}_p$ 加群 $\mathrm{Gal}(L_\infty/K_\infty)$ を X_{K_∞} で表すとき,次が成り立つ.

補題 3.3 X_{K_∞} は自然な連続 Γ 作用を持つ. □

[証明] 定義から,完全列

$$\{1\} \longrightarrow X_{K_\infty} \longrightarrow \mathrm{Gal}(L_\infty/K) \longrightarrow \Gamma \longrightarrow \{1\}$$

がある.$g \in \Gamma$ が与えられたとき,$\widetilde{g} \in \mathrm{Gal}(L_\infty/K)$ に持ち上げる.このとき,$x \in X_{K_\infty}$ への g の作用を $g \cdot x := \widetilde{g} x \widetilde{g}^{-1}$ で定める.$X_{K_\infty} \subset \mathrm{Gal}(L_\infty/K)$ は正規部分群より,$\widetilde{g} x \widetilde{g}^{-1} \in X_{K_\infty}$ である.g の持ち上げ $\widetilde{g}$ のとり方は一意ではないが,別の持ち上げ $\widetilde{g}'$ に対して $y := \widetilde{g}^{-1}\widetilde{g}' \in X_{K_\infty}$ とおくと,X_{K_∞} はアーベル群より,$\widetilde{g}' x (\widetilde{g}')^{-1} = \widetilde{g} y x y^{-1} \widetilde{g}^{-1} = \widetilde{g} y y^{-1} x \widetilde{g}^{-1} = \widetilde{g} x \widetilde{g}^{-1}$ となる.かくして作用 $g \cdot x$ は持ち上げ $\widetilde{g}$ の取り方によらず well-defined である.作用の連続性については省略する. ■

X_{K_∞} は連続な Γ 作用を持つコンパクトな位相的 $\mathbb{Z}_p$ 加群であるから,補題 2.23 より,自然に $\Lambda = \mathbb{Z}_p[[\Gamma]]$ 上の加群とみなせる.次の定理は岩澤類数公

式またはその証明の簡単な系である.

定理 3.4 K を勝手な有限次代数体, K_∞/K を勝手な $\mathbb{Z}_p$ 拡大とするとき, X_{K_∞} は有限生成ねじれ Λ 加群となる. □

定理 3.4 の証明も 3.1.2 項の最後で与えられる.

注意 3.5 定理 3.1 に関していくつか注意をしておきたい. 後で与える [一般の場合での定理 3.1 の証明] を追うとわかるように, 記述に現れる「十分大きな n」の具体的な評価と ν 不変量は, (ステップ 1 のような全ての分岐素点が完全分岐する中間体まで上げる操作を除いては) 岩澤加群 X_{K_∞} に定理 2.39 によって一意に付随する擬零部分加群 Z や非単数根多項式 $F_i(T)$ の情報から具体的かつ明示的に定まる.

「十分大きな n」は, γ^{p^n} が Z に自明に作用し, かつ全ての $F_i(T)$ の全ての根の p 進付値よりも $\zeta_{p^n} - 1$ の p 進付値のほうが小さくなる n である. また, ν は擬零 Λ 部分加群 Z の位数と $F_i(T)$ の全ての根の p 進付値から定まる. 一方で, 定理 2.39 の完全列の最後の項である擬零 Λ 商加群 Z' は, 岩澤類数公式にはまったく影響を及ぼさない. これらのことは, 2.3.4 項の定理 2.45 の証明と定理 3.1 の証明を追跡することでわかる.

3.1.2 岩澤類数公式の証明

固定された素数 p と有限次代数体 K および $\mathbb{Z}_p$ 拡大 K_∞/K に関する次の条件を考える.

(3.1) K の素点で p の上にあるものは唯一つである.

この条件の下で, さらに次の条件を考える:

(3.2) K における唯一つの p 上の素点は K_∞/K において完全分岐する.

岩澤類数公式の証明は, (3.1), (3.2) を仮定すると特に筋が見えやすい. したがって, 二度手間にはなるが, まず (3.1), (3.2) の下で岩澤類数公式を証明し, 後で再度一般の場合の証明を与える.

例えば, $K = \mathbb{Q}(\mu_p)$, 円分 $\mathbb{Z}_p$ 拡大 K_∞^{cyc}/K に対しては (3.1), (3.2) はともに成り立つことに注意したい. K が一般の有限次代数体のとき, (3.1) をみたす素数 p のうち K の絶対判別式 D_K を割らないものに対して, 円分 $\mathbb{Z}_p$ 拡大 K_∞^{cyc}/K は常に (3.2) をみたす.

各自然数 n に対して, $K_n = (K_\infty)^{\Gamma^{p^n}}$ とおく. L_n を K_n 上の至る所不分岐な最大アーベル p ベキ拡大とする. 補題 3.2 と同じ議論で L_n は L_∞ に含まれる K_n 上のガロワ拡大となることに注意する.

命題 3.6 条件 (3.1), (3.2) を仮定する. γ を Γ の位相的な生成元とするとき,

$$X_{K_\infty}/(\gamma^{p^n}-1)X_{K_\infty} \cong \mathrm{Gal}(L_n/K_n) \cong \mathrm{Cl}(K_n)[p^\infty]$$

が成り立つ. □

[証明] $G_n = \mathrm{Gal}(L_\infty/K_n)$, $[G_n, G_n]$ を G_n の交換子群, $\overline{[G_n, G_n]}$ を $[G_n, G_n]$ の位相的閉包とするとき, 次が成り立つ:

(3.3) $$(\gamma^{p^n}-1)X_{K_\infty} \cong \overline{[G_n, G_n]}.$$

L'_n, L''_n をそれぞれ $(\gamma^{p^n}-1)X_{K_\infty}$, $\overline{[G_n, G_n]}$ による L_∞ の固定体とするとき, $L'_n = L''_n$ を示せば (3.3) が導かれる.

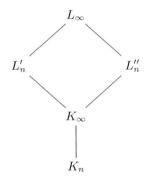

実際, 定義より L''_n は K_n 上アーベルとなる最大のものである. 一方で, L'_n は, L_∞/K_n の中間体のうちでアーベル拡大 $\mathrm{Gal}(L'_n/K_\infty)$ への γ^{p^n} の共役作用が自明になる最大のものである. よって L'_n も L_∞/K_n の中間体のうちで K_n 上アーベルであるような最大のものである. 以上より, (3.3) が示された.

さて, 条件 (3.1) より, K の素点で (p) の上にあるものは唯一つである. その素点を $\mathfrak{p}$ と記す. n を勝手な自然数とするとき, 条件 (3.2) より, 拡大 K_n/K は $\mathfrak{p}$ で完全分岐である. $I_n \subset G_n$ で $\mathfrak{p}$ 上にある K_n の一意な素点での

G_n の惰性部分群とする．このとき，まず，L_∞ は K_∞ の上で到る所不分岐であるから $\mathrm{Gal}(L_\infty/K)$ の部分群として $I_n \bigcap X_{K_\infty} = \{\mathbf{1}\}$ となる．一方で，K_∞/K は $\mathfrak{p}$ の上で完全分岐であるから，$I_n \longrightarrow G_n/X_{K_\infty}$ は全射である．かくして，$G_n \cong I_n \ltimes X_{K_\infty}$ となる．このとき

$$\mathrm{Gal}(L_n/K_n) \cong G_n/I_n\overline{[G_n, G_n]}$$
$$\cong I_n X_{K_\infty}/I_n(\gamma^{p^n}-1)X_{K_\infty} \cong X_{K_\infty}/(\gamma^{p^n}-1)X_{K_\infty}$$

となる．実際，最初の同型は L_n が L_n''/K_n の中間体のうち K_n 上不分岐な最大のものであることから従い，二番目の同型は(3.3)より従う．類体論より $\mathrm{Cl}(K_n)[p^\infty] \cong \mathrm{Gal}(L_n/K_n)$ であるから証明が完了する． ∎

[条件(3.1)，(3.2)の下での定理3.4の証明]　$\mathrm{Cl}(K)[p^\infty]$ は有限アーベル群であるから，有限生成ねじれ $\mathbb{Z}_p$ 加群である．したがって，命題3.6より $X_{K_\infty}/(\gamma-1)X_{K_\infty}$ は有限生成ねじれ $\mathbb{Z}_p$ 加群である．よって，系2.40より X_{K_∞} は有限生成ねじれ Λ 加群となる． ∎

[条件(3.1)，(3.2)の下での定理3.1の証明]　条件(3.1)，(3.2)の下，定理3.4より X_{K_∞} は有限生成ねじれ Λ 加群である．定理2.45を $\mathcal{M} = X_{K_\infty}$，$\lambda = \lambda(\mathcal{M})$，$\mu = \mu(\mathcal{M})$ として適用すると，$\nu = \nu(\mathcal{M}) \in \mathbb{Z}$ が存在して，

$$\sharp X_{K_\infty}/(\gamma^{p^n}-1)X_{K_\infty} = p^{\lambda n + \mu p^n + \nu}$$

が十分大きな n で成り立つ．一方で，命題3.6より，勝手な自然数 n で同型 $X_{K_\infty}/(\gamma^{p^n}-1)X_{K_\infty} \cong \mathrm{Cl}(K_n)[p^\infty]$ が成り立つ．かくして証明が完了する． ∎

系 3.7　条件(3.1)，(3.2)の下で，定理3.1の不変量 $\lambda(K_\infty)$，$\mu(K_\infty)$ と定義2.43の岩澤不変量 $\lambda(X_{K_\infty})$，$\mu(X_{K_\infty})$ に関して

$$\lambda(K_\infty) = \lambda(X_{K_\infty}), \quad \mu(K_\infty) = \mu(X_{K_\infty})$$

が成り立つ． ∎

[一般の場合の定理3.1の証明]

(**Step 1**)　与えられた $\mathbb{Z}_p$ 拡大 K_∞/K の十分大きな n_0 での中間体 K_{n_0} を

とすると，K_∞/K_{n_0} において，K_{n_0} の分岐する全ての素点 $\mathfrak{p}_1,\cdots,\mathfrak{p}_s$ は全て完全分岐する．K_∞/K_{n_0} に対して岩澤類数公式が成り立てば，元の拡大 K_∞/K に対しても岩澤類数公式が成り立つ[*2]．よって，必要ならば，K を十分大きな中間体 K_{n_0} で置き換えて，以下，K の分岐する素点 $\mathfrak{p}_1,\cdots,\mathfrak{p}_s$ は全て完全分岐すると仮定する．

(**Step 2**) 分岐素点が全て完全分岐するという仮定より，各 $\mathfrak{p}_j$ の惰性部分群 $I_{\mathfrak{p}_j} \subset \mathrm{Gal}(L_\infty/K)$ は $\mathrm{Gal}(L_\infty/K) \twoheadrightarrow \varGamma$ を通して $\varGamma$ と同型である．$\gamma \in \varGamma$ を固定された位相的生成元とし，各 $j=1,\cdots,s$ に対して $\gamma_j \in I_{\mathfrak{p}_j}$ を $\gamma \in \varGamma$ の逆像とする．また，必要ならば位相的生成元 γ を取り直すことで，以下 $\gamma = \gamma_1$ と仮定する．$(\gamma-1)X_{K_\infty},\gamma_2\gamma_1^{-1},\cdots,\gamma_s\gamma_1^{-1}$ で生成される X_{K_∞} の部分群の位相的閉包

$$Y_{K_\infty} = \overline{\langle (\gamma-1)X_{K_\infty},\gamma_2\gamma_1^{-1},\cdots,\gamma_s\gamma_1^{-1}\rangle}$$

を考え，

$$(3.4) \qquad \mathrm{Cl}(K_n)[p^\infty] \cong \mathrm{Gal}(L_n/K_n) \cong X_{K_\infty}\Big/\frac{\gamma^{p^n}-1}{\gamma-1}Y_{K_\infty}$$

が成り立つことを示したい．(3.4)の最初の同型は不分岐大域類体論に他ならないので，以下では二番目の同型を示す．(3.3)より，$X_{K_\infty}/(\gamma^{p^n}-1)X_{K_\infty}$ は $\mathrm{Gal}(L_\infty/K_n)$ の最大アーベル商 $\mathrm{Gal}(L_\infty/K_n)^{\mathrm{ab}}$ と同型である[*3]．$\mathrm{Gal}(L_n/K_n)$ は $\mathrm{Gal}(L_\infty/K_n)^{\mathrm{ab}}$ の全ての分岐素点での惰性部分群を含む最小の正規閉部分群による商である．今，各 j において，$\mathfrak{p}_j$ の上にある一意的な K_n の素点における $\mathrm{Gal}(L_\infty/K_n)^{\mathrm{ab}}$ の惰性部分群は $\gamma_j^{p^n} \in \mathrm{Gal}(L_\infty/K)$ で生成されるので，

$$\begin{aligned}
\mathrm{Gal}(L_n/K_n) &\cong (X_{K_\infty}/(\gamma^{p^n}-1)X_{K_\infty})\Big/\overline{\langle \gamma_1^{p^n},\cdots,\gamma_s^{p^n}\rangle}\\
&\cong X_{K_\infty}\big/\overline{\langle(\gamma^{p^n}-1)X_{K_\infty},\gamma_1^{p^n},\cdots,\gamma_s^{p^n}\rangle} \cap X_{K_\infty}\\
&\cong X_{K_\infty}\big/\overline{\langle(\gamma^{p^n}-1)X_{K_\infty},\gamma_2^{p^n}\gamma_1^{-p^n},\cdots,\gamma_s^{p^n}\gamma_1^{-p^n}\rangle}
\end{aligned}$$

[*2] 十分大きな n で $\lambda(K)(n+n_0)+\mu(K)p^{n+n_0}+\mu(K) = \lambda(K_{n_0})n+\mu(K_{n_0})p^n+\mu(K_{n_0})$ が成り立つので，$\lambda(K_{n_0})=\lambda(K),\ \mu(K_{n_0})=p^{n_0}\mu(K),\ \nu(K_{n_0})=\nu(K)+\lambda(K)n_0$ ととれる．

[*3] (3.3)は(3.1),(3.2)をまったく仮定せずに示されていることに気をつける．

となる．また，

$$\gamma_j^{p^n} = (\gamma_j\gamma_1^{-1})(\gamma_1 \cdot \gamma_j\gamma_1^{-1} \cdot \gamma_1^{-1})(\gamma_1^2 \cdot \gamma_j\gamma_1^{-1} \cdot \gamma_1^{-2}) \cdots (\gamma_1^{p^n-1} \cdot \gamma_j\gamma_1^{-1} \cdot \gamma_1^{-(p^n-1)})\gamma_1^{p^n}$$

が成り立つが，Γ は X_{K_∞} に共役で作用するので $\gamma_j^{p^n}\gamma_1^{-p^n} = (\gamma_j\gamma_1^{-1})\frac{\gamma^{p^n}-1}{\gamma-1}$ が得られ，かくして(3.4)が示された．

(**Step 3**) $\sharp\mathrm{Cl}(K_n)[p^\infty] = \sharp(X_{K_\infty}/Y_{K_\infty}) \cdot \sharp(Y_{K_\infty}/\frac{\gamma^{p^n}-1}{\gamma-1}Y_{K_\infty})$ より，$p^{\nu''} = \sharp(X_{K_\infty}/Y_{K_\infty}) = \sharp\mathrm{Cl}(K_0)[p^\infty]$ とおき，$\nu' \in \mathbb{Z}$ が存在して，十分大きな n で $\sharp(Y_{K_\infty}/\frac{\gamma^{p^n}-1}{\gamma-1}Y_{K_\infty}) = p^{\lambda n+\mu p^n+\nu'}$ が成り立つことを示せば，$\nu = \nu' + \nu''$ として欲しい λ, μ, ν が得られる．定理 2.45 と注意 2.50 を $\mathcal{M} = Y_{K_\infty}, f(T) = T$ で適用することで証明が完了する． ∎

上の証明で論じたことを用いると次が従う．

[一般の場合の定理 3.4 の証明] 勝手な自然数 n で $\mathrm{Cl}(K_n)[p^\infty]$ は有限アーベル群である．したがって，上の証明の(Step 3)より，勝手な自然数 n と $\frac{\gamma^{p^n}-1}{\gamma-1} \in \mathbb{Z}_p[[\Gamma]] = \Lambda$ の勝手な既約因子 $x \in \Lambda$ に対して $Y_{K_\infty}/xY_{K_\infty}$ はねじれ $\Lambda/(x)$ 加群となる．定理 2.40 より，Y_{K_∞} は有限生成ねじれ Λ 加群となる．上の証明の(Step 3)より Y_{K_∞} は X_{K_∞} の指数有限部分群であるから X_{K_∞} も有限生成ねじれ Λ 加群となる． ∎

注意 3.8 条件(3.1), (3.2)を仮定しないときには，$X_{K_\infty}/(\gamma^{p^n}-1)X_{K_\infty}$ が無限群となることもある．つまり，一般には X_{K_∞} の特性イデアルと $(\gamma^{p^n}-1)$ は素であるとは限らない．例えば，K が CM 体であるとし，K^+ をその最大総実部分体とする．K/K^+ で分解する K^+ の p 上の素点の個数 s が $s > 0$ をみたすならば

$$1 \leqq \dim_{\mathbb{Q}_p}(X_{K_\infty}/(\gamma-1)X_{K_\infty}) \otimes_{\mathbb{Z}_p} \mathbb{Q}_p \leqq s$$

が成り立つことが，Greenberg の論文[35]において示されている．特に，この場合 $X_{K_\infty}/(\gamma-1)X_{K_\infty}$ は無限群である[*4]．

[*4] このような現象は，後で登場する p 進 L 函数における「自明零点の現象」(phenomenon of trivial zero)と関係する．

3.1.3 イデアル類群の構造の補足

この3.1.3項では，今までの項よりもう少し限定された状況で，よく知られたイデアル類群の構造(定理3.15)を紹介する．結果を定式化するためにCM体の言葉が必要である．本書の先の部分でもCM体はしばしば登場するので，この節でCM体の定義や基本的な例を説明しておく．

定義 3.9 K を代数体とする．次の同値な条件(i), (ii)のいずれかが成り立つとき，K を **CM体**(CM field)とよぶ[*5]．

(i) ある総実代数体 K^+ があって K は K^+ の総虚な2次拡大である．

(ii) (a) $J:\mathbb{C}\longrightarrow\mathbb{C}$ を複素共役とする．勝手な埋め込み $\tau:K\hookrightarrow\mathbb{C}$ に対して $J(\tau(K))=\tau(K)$ が成り立ち，K の自己同型 $J_\tau=\tau^{-1}\circ J\circ\tau$ が τ の選び方に依らない(以下，この τ に依らない J_τ を J と記し，K の複素共役とよぶ)．

(b) $J:K\longrightarrow K$ が K 上の非自明な自己同型となる．

また，CM体 K に対して複素共役 J による固定体 K^J を K^+ と記す．しばしば，上の定義(ii)の(a)をみたす体(つまり，総実代数体またはCM体)を **J体**(J-field)とよぶ．　□

J体に関する基本事項をいくつか思い出しておく．

(1) K が総実代数体であることと K がJ体で $J:K\longrightarrow K$ が自明であることは同値である．

(2) $\overline{\mathbb{Q}}$ の中のJ体 K, K' の合成体 KK' はまたJ体となる．

(3) K をJ体とする．部分体 $K'\subset K$ が $K'=J(K')$ をみたすとき，K' はJ体になる．

例 3.10 (1) 円分体 $\mathbb{Q}(\mu_m)=\mathbb{Q}(\zeta_m)$ はCM体となる．実際，$\mathbb{Q}(\mu_m)$ は総虚な有限次代数体であり，$\mathbb{Q}(\zeta_m+\zeta_m^{-1})$ は総実かつ指数2の部分体である．また，複素共役 J は $\mathrm{Gal}(\mathbb{Q}(\mu_m)/\mathbb{Q})\cong(\mathbb{Z}/m\mathbb{Z})^\times$ の中心に入るので，$\mathbb{Q}(\mu_m)/\mathbb{Q}$ の勝手な中間体はJ体となる．Kronecker-Weberの定理より $\mathbb{Q}$ 上アーベルな代数体 K は全てJ体となる．

[*5] CM は complex multiplication(虚数乗法)の略である．虚数乗法を持つアーベル多様体の自己準同型環にこのような体(の整環)が現れるため，この名称が与えられている．

(2) 一般には $\mathbb{Q}$ 上アーベルでない CM 体や $\mathbb{Q}$ 上ガロワ拡大でない CM 体も沢山ある．3次既約多項式 $f(x) = x^3 - 4x + 1 \in \mathbb{Q}[x]$ を考える．判別式 $D_f = -4(-4)^3 - 27 = 229 > 0$ より，$f(x)$ は相異なる3つの実根を持つ．よって $\mathbb{Q}[x]/(f(x))$ は総実な有限次代数体である．$D_f \notin (\mathbb{Q}^\times)^2$ より f の分解体は $\mathbb{Q}$ 上総実な S_3 拡大となる．特に $\mathbb{Q}[x]/(f(x))$ は非ガロワな3次拡大である．E を勝手な虚2次体とする．$K^+ = \mathbb{Q}[x]/(f(x))$ とすると，$K = K^+ E$ は $\mathbb{Q}$ 上非ガロワな CM 体である．また，実2次体 $K^+ = \mathbb{Q}(\sqrt{2})$ の2次拡大 $K = K^+(\sqrt{\sqrt{2} - 3})$ を考える．K は総実代数体 K^+ の総虚な2次拡大となるので CM 体であるが，虚2次体と総実代数体との合成ではない． □

CM 体の単数群の構造や円分 $\mathbb{Z}_p$ 拡大におけるイデアル類群の単項化についてまとめておく．

命題 3.11 K を CM 体とする．K に含まれる1のベキ根たちのなす群を μ_K とすると，$\mathfrak{r}_{K^+}^\times \mu_K \subset \mathfrak{r}_K^\times$ は高々指数2の部分群である． □

[命題 3.11 の証明] 次のよく知られた補題を証明なしで[*6]思い出そう．

補題 3.12 $x \in \overline{\mathbb{Q}}$ を代数的整数とする．勝手な埋め込み $\tau: \overline{\mathbb{Q}} \hookrightarrow \mathbb{C}$ に対して $|\tau(x)|_\infty = 1$ であるならば，x は1のベキ根である． □

一方で，$\mathbb{C}$ における複素共役を J と記し，$e \in \mathfrak{r}_K^\times$ とすると，$|\tau(e^{1-J})|_\infty = |\tau(e)^{1-J}|_\infty = \dfrac{|\tau(e)|_\infty}{|\tau(e)^J|_\infty} = 1$ となる（J と τ の入れ替えで K が CM 体である仮定を用いている）．上の補題より，$e^{1-J} \in \mu_K$ となり以下の完全列を得る．

$$(3.5) \qquad \{1\} \longrightarrow \mathfrak{r}_{K^+}^\times \longrightarrow \mathfrak{r}_K^\times \xrightarrow{e \mapsto e^{1-J}} \mu_K.$$

$x \in \mu_K$ のときは，$x^J = x^{-1}$ より $x^{1-J} = x^2$ となる．よって，$\mu_K \subset \mathfrak{r}_K^\times$ の e^{1-J} による像は μ_K^2 を含む．$[\mu_K : \mu_K^2] = 2$ より結論が従う． ■

補題 3.13 K を勝手な有限次代数体，n を勝手な非負整数とする．このとき，$N: (K_{n+1}^{\mathrm{cyc}})^\times \longrightarrow (K_n^{\mathrm{cyc}})^\times$ をノルム写像とすると，$N(\zeta) = 1$ なる勝手な

[*6] 実際は，x を d 次の代数的整数とすると x^n の最小多項式の係数となる有理整数の絶対値は n に依らない値で上から抑えられることより，n が動くとき x^n がとりうる値の可能性は有限個しかないという論法で示すことができる．

元 $\zeta \in \mu_{K_{n+1}^{\text{cyc}}}$ に対して,$\zeta' \in K_{n+1}^{\text{cyc}}$ が存在して $\zeta = \zeta'^{g-1}$ と表せる(ここで,g は $\text{Gal}(K_{n+1}^{\text{cyc}}/K_n^{\text{cyc}})$ の生成元)[*7]. □

[証明] $\zeta_p \notin K$ のとき,$\mu_{p^\infty} \cap \mu_{K_{n+1}^{\text{cyc}}} = \{1\}$ となる.よって,$N(\zeta) = \zeta^p$ となる.$N(\zeta) = 1$ の仮定より $\zeta = 1$ となる.よって,$\zeta' = 1$ ととればよい.

$\zeta_p \in K$ のとき,$\zeta_{p^i} \in K$ なる最大の自然数 i をとると,p と素な自然数 t が存在して $\mu_{K_{n+1}^{\text{cyc}}} \cong \mu_{p^{n+i+1}} \times \mu_t$ となる.よって,勝手な $\zeta \in K_{n+1}^{\text{cyc}}$ に対して $a, b \in \mathbb{Z}$ が存在して $\zeta = \zeta_{p^{n+i+1}}^a \zeta_t^b$ と書ける.この場合も $N(\zeta) = \zeta^p$ であるから,$N(\zeta) = 1$ であることと ζ が 1 の p 乗根であることは同値である.一方で,$\zeta_{p^{n+i+1}}^{g-1}$ も p 乗根である.よって,$N(\zeta) = 1$ ならば $c \in \mathbb{Z}$ を適当に選んで $\zeta' = \zeta_{p^{n+i}}^c$ とおけば $\zeta = \zeta'^{g-1}$ と表せることが示された. ■

命題 3.14 有限次代数体 K が CM 体であるとする.このとき,任意の非負整数 n に対して $i_{n,n+1} : \text{Cl}(K_n^{\text{cyc}})[p^\infty]^- \longrightarrow \text{Cl}(K_{n+1}^{\text{cyc}})[p^\infty]^-$ は単射となる.ただし,$\text{Cl}(K_n^{\text{cyc}})[p^\infty]^-$ は CM 体 K の複素共役 J が -1 倍で作用する $\text{Cl}(K_n^{\text{cyc}})[p^\infty]$ の部分群を表す. □

[証明] $[\mathfrak{A}] \in \text{Cl}(K_n^{\text{cyc}})[p^\infty]^-$ をとり,$\mathfrak{A}$ は K_{n+1}^{cyc} において単項イデアルになるとする.$\mathfrak{A}$ は K_n^{cyc} の分数イデアルより,$\mathfrak{A}\mathfrak{r}_{K_{n+1}^{\text{cyc}}} = (a)$ なる $a \in K_{n+1}^{\text{cyc}}$ と生成元 $g \in \text{Gal}(K_{n+1}^{\text{cyc}}/K_n^{\text{cyc}})$ に対して $(a^g) = (a)$ となる.よって,$u := a^{g-1} \in K_{n+1}^{\text{cyc}}$ とおくと $u \in (\mathfrak{r}_{K_{n+1}^{\text{cyc}}})^\times$ となる.一方で,複素共役 J は $\mathfrak{A}$ に -1 倍で作用するという仮定より,$\mathfrak{A}^{J+1}$ は K_n^{cyc} の単項イデアルである.$\mathfrak{A}^{J+1} = (a')$ なる $a' \in K_n^{\text{cyc}}$ があるので $u' := \dfrac{a^{1+J}}{a'} \in K_{n+1}^{\text{cyc}}$ とおくと $u' \in (\mathfrak{r}_{K_{n+1}^{\text{cyc}}})^\times$ となる.$\alpha := \dfrac{a^2}{u'} \in \mathfrak{r}_{K_{n+1}^{\text{cyc}}}$,$\varepsilon := \alpha^{g-1} \in K_{n+1}^{\text{cyc}}$ とおくと $\varepsilon = \dfrac{u^2}{(u')^{g-1}} \in (\mathfrak{r}_{K_{n+1}^{\text{cyc}}})^\times$ となる.

$$\varepsilon^{1+J} = (\alpha^{1+J})^{g-1} = \left(\dfrac{a^{2(1+J)}}{u'^{1+J}}\right)^{g-1} = \dfrac{(a'u')^{2(g-1)}}{(u'^{1+J})^{g-1}} = (u'^{g-1})^{1-J}$$

と計算され,命題 3.11 の証明の中の議論より,単数に $1-J$ を施した元は 1 のベキ根となるから,$\varepsilon^{1+J} \in \mu_{K_{n+1}^{\text{cyc}}}$ がわかる.$N : (K_{n+1}^{\text{cyc}})^\times \longrightarrow (K_n^{\text{cyc}})^\times$ を

[*7] 群コホモロジーの言葉を用いれば,補題の結果は $H^1(K_{n+1}^{\text{cyc}}/K_n^{\text{cyc}}, \mu_{K_{n+1}^{\text{cyc}}}) = 0$ が成り立つことに他ならない.

ノルム写像とすると，$N(\varepsilon) = N(\alpha^{g-1}) = 1$ である．補題 3.13 より $\varepsilon' \in \mu_{K_{n+1}^{\mathrm{cyc}}}$ が存在して $\varepsilon = \varepsilon'^{g-1}$ となる．よって，$\alpha^{g-1} = \varepsilon'^{g-1}$ より，$\alpha^g/\varepsilon'^g = \alpha/\varepsilon'$ となり，$\alpha/\varepsilon' \in K_n^{\mathrm{cyc}}$ となる．K_{n+1}^{cyc} における分数イデアルの等式：

$$(\alpha/\varepsilon') = (\alpha) = (a^2/u') = (a^2) = \mathfrak{A}^2$$

の左端のイデアル (α/ε') が K_n^{cyc} 上の単項イデアルであるから，$\mathfrak{A}^2$ は K_n^{cyc} において既に単項イデアルである．$p \neq 2$ より $[\mathfrak{A}] = 0$ となり証明が終わる．■

以下，本書を通して，有限次代数体 K に対して，岩澤代数 $\mathbb{Z}_p[[\Gamma_{\mathrm{cyc},K}]]$ を $\Lambda_{\mathrm{cyc},K}$ とおく．K が CM 体のとき，$X_{K_\infty^{\mathrm{cyc}}}$ は複素共役 J の作用の固有分解によって $X_{K_\infty^{\mathrm{cyc}}} = X_{K_\infty^{\mathrm{cyc}}}^+ \oplus X_{K_\infty^{\mathrm{cyc}}}^-$ と書ける．$\Lambda_{\mathrm{cyc},K}$ 加群 $X_{K_\infty^{\mathrm{cyc}}}$ について，以下が知られている．

定理 3.15 有限次代数体 K が CM 体であるとする．このとき，$X_{K_\infty^{\mathrm{cyc}}}^-$ は非自明な擬零部分 $\Lambda_{\mathrm{cyc},K}$ 加群を持たない． □

注意 3.16 $X_{K_\infty^{\mathrm{cyc}}}^+$ は擬零 $\Lambda_{\mathrm{cyc},K}$ 加群であると思われているが，具体例を調べるとすぐわかるように一般には自明ではない(次節の予想 3.25 も参照のこと)．

[定理 3.15 の証明] $X_{K_\infty^{\mathrm{cyc}}}^-$ が非自明な擬零部分 $\Lambda_{\mathrm{cyc},K}$ 加群を持つとして矛盾を導く．$X_{K_\infty^{\mathrm{cyc}}}^-$ が非自明な擬零部分 $\Lambda_{\mathrm{cyc},K}$ 加群を持つならば必ず位数がちょうど p の元を持つ．$x \in X_{K_\infty^{\mathrm{cyc}}}^-$ を位数 p の元とする．各自然数 n で自然な射影 $p_n: X_{K_\infty^{\mathrm{cyc}}}^- \longrightarrow \mathrm{Cl}(K_n^{\mathrm{cyc}})[p^\infty]^-$ を考えると，十分大きな n で $p_n(x) \in \mathrm{Cl}(K_n^{\mathrm{cyc}})[p^\infty]^-$ は位数がちょうど p である．十分小さな開部分群 $U \subset \Gamma_{\mathrm{cyc},K}$ は x に自明に作用することより，必要ならば n を大きくとりかえて $(\Gamma_{\mathrm{cyc}})^{p^n}$ が $p_n(x)$ に自明に作用すると仮定してよい．$N_{n+1,n}: \mathrm{Cl}(K_{n+1}^{\mathrm{cyc}})[p^\infty]^- \longrightarrow \mathrm{Cl}(K_n^{\mathrm{cyc}})[p^\infty]^-$ をノルム写像，$i_{n,n+1}$ を埋め込み $K_n^{\mathrm{cyc}} \hookrightarrow K_{n+1}^{\mathrm{cyc}}$ が引き起こす自然な写像 $\mathrm{Cl}(K_n^{\mathrm{cyc}})[p^\infty]^- \longrightarrow \mathrm{Cl}(K_{n+1}^{\mathrm{cyc}})[p^\infty]^-$ とすると，

$$i_{n,n+1} \circ p_n(x) = i_{n,n+1} \circ N_{n+1,n} \circ p_{n+1}(x) = \sum_{g \in \Gamma_{\mathrm{cyc}}^{p^n}/\Gamma_{\mathrm{cyc}}^{p^{n+1}}} p_{n+1}(x)^g$$

である．仮定より $(\Gamma_{\mathrm{cyc}})^{p^n}$ は $p_{n+1}(x)$ に自明に作用するから $i_{n,n+1} \circ p_n(x) = p_{n+1}(px) = 0$ となる．命題 3.14 より，任意の非負整数 n に対して $i_{n,n+1}: \mathrm{Cl}(K_n^{\mathrm{cyc}})[p^\infty]^- \longrightarrow \mathrm{Cl}(K_{n+1}^{\mathrm{cyc}})[p^\infty]^-$ は単射であるから $p_n(x) = 0$ となり矛盾

が生じる．

3.1.4 イデアル類群に関して知られた結果や予想*

この 3.1.4 項は，単なる紹介となる部分も多いが，岩澤不変量に関する知られている結果や予想を述べたい．

序章 1.3 節で述べたように，整数論では「代数体と有限体上の 1 変数代数函数体の類似の哲学」が大切である．また，標数 p の有限体 $\mathbb{F}_q$ 上の 1 変数代数函数体 K では対応する代数曲線 $C = C_K/\mathbb{F}_q$ の因子類群 $\mathrm{Cl}_C(\mathbb{F}_q)$ がイデアル類群の対応物である．定数体の拡大 $\mathbb{F}/\mathbb{F}_q$ を動かすとき，固定した素数 $l \neq p$ による因子類群の l ベキ部分 $\mathrm{Cl}_C(\mathbb{F})[l^\infty]$ の振る舞いを考えよう．代数閉包 $\overline{\mathbb{F}}_q$ まで上がると，種数 $g = g(C)$ を用いて $\mathrm{Cl}_C(\overline{\mathbb{F}}_q)[l^\infty] \cong (\mathbb{Q}_l/\mathbb{Z}_l)^{\oplus 2g}$ ときれいに書ける．簡単のため，必要ならば定数体 $\mathbb{F}_q$ を適当な有限次拡大で取り替えて，$\mathrm{Cl}_C(\mathbb{F}_q)[l] = \mathrm{Cl}_C(\overline{\mathbb{F}}_q)[l] \cong (\mathbb{Z}/l\mathbb{Z})^{\oplus 2g}$ と仮定する．また，$\mathrm{Gal}(\overline{\mathbb{F}}_q/\mathbb{F}_q) \cong \mathbb{Z}_l \times \prod_{l' \neq l} \mathbb{Z}_{l'}$ を思い出そう．このとき，証明は省略するが次のことが言える*8．

(1) $\mathbb{F}_q$ の素数 $l' \neq l$ での $\mathbb{Z}_{l'}$ 拡大の勝手な中間体 $\mathbb{F}$ で $\mathrm{Cl}_C(\mathbb{F})[l^\infty]$ は $\mathrm{Cl}_C(\mathbb{F}_q)[l^\infty]$ と同型である．

(2) ある定数 $\nu \in \mathbb{Z}$ が存在して，$\mathbb{F}_q$ の $\mathbb{Z}_l$ 拡大の勝手な自然数 n に対する n 次中間体 k_n において，$\sharp \mathrm{Cl}_C(k_n)[l^\infty] = l^{2gn+\nu}$ が成り立つ．

このように，函数体の因子類群の場合には，μ 不変量は現れないが，(以下の注意 3.18 の例のように) 代数体では一般に μ 不変量が現れることもある．

代数体には定数体がないので，$\mathbb{Z}_p$ 拡大は函数体のように定数体の拡大とはみなせない．しかしながら，函数体における定数体の $\mathbb{Z}_l$ 拡大を 1 のベキ根を付け加える拡大と捉え直すならば，有限次代数体 K の円分 $\mathbb{Z}_p$ 拡大 $K_\infty^{\mathrm{cyc}}/K$ が函数体における定数体の拡大の「正当な」類似と思うこともできる．

かくして，代数体と函数体の類似の哲学から以下の予想が現れる．

予想 3.17(岩澤) K を勝手な有限次代数体とする．このとき，円分 $\mathbb{Z}_p$ 拡大 $K_\infty^{\mathrm{cyc}}/K$ に対して，$\mu(K_\infty^{\mathrm{cyc}}) = 0$ となるだろう． □

---

*8 前節の岩澤類数公式において $\gamma \in \Gamma$ が果たす役割を有限体の絶対ガロワ群のフロベニウス元で置き換えて，同じ証明を行えばよい．

3.1 代数的側面(Selmer 群)   63

注意 3.18 一般の $\mathbb{Z}_p$ 拡大を考えるならば，任意に大きな $\mu(K'_\infty)$ を持つ有限次代数体 K' と $\mathbb{Z}_p$ 拡大 K'_∞/K' の例が岩澤[54]で構成されている．例えば，K を虚2次体とする．任意の n での中間体 K_n^{ac} が $\mathbb{Q}$ 上ガロワで $\mathrm{Gal}(K_n^{\mathrm{ac}}/\mathbb{Q})$ が二面体群に同型になる一意な $\mathbb{Z}_p$ 拡大 K_∞^{ac}/K をとる (K の反円分 $\mathbb{Z}_p$ 拡大 (anti-cyclotomic $\mathbb{Z}_p$-extension) と呼ばれる)．簡単な議論により，$K/\mathbb{Q}$ で分解しない不分岐素数 $l \ne p$ は，K_∞^{ac}/K で完全分解する(詳細は[54]を参照のこと)．$l_1,\cdots,l_{m+3}$ を不分岐素数とし，積 $a = l_1 \cdots l_{m+3}$ を考える．また，$K' = K(\sqrt[p]{a})$，$K'_n = K' K_n^{\mathrm{ac}}$ とおく．p 次拡大 K'_n/K_n^{ac} では，$l_1,\cdots,l_{m+3}$ の上にある $p^n(m+3)$ 個の素点が全て分岐している．種の理論によって $p^{mn}\sharp\mathrm{Cl}(K_n^{\mathrm{ac}})[p^\infty] \mid \sharp\mathrm{Cl}(K'_n)[p^\infty]$ が得られ，$\mu(K'_\infty) \geqq m$ となる．

予想 3.17 は，K が有理数体の p 次巡回拡大ならば岩澤([54, Theorem 3])が代数的整数論の手法で証明しているが，一般には以下が現在知られている最も強い結果であろう．

定理 3.19 (Ferrero-Washington の定理) K が $\mathbb{Q}$ の有限次アーベル拡大であるとき，$\mu(K_\infty^{\mathrm{cyc}}) = 0$ が成り立つ． □

この定理は Ferrero-Washington の論文[29]で証明されている．彼らの手法は，本書の先の部分でも紹介する「解析的類数公式の原理」(定理 3.71 を参照)によって，定理 3.19 は岩澤理論の解析的側面における p 進 L 函数に対する μ 不変量の消滅と同値であることから，p 進 L 函数に対する同値な記述を示すという寸法である(定理 3.57 参照)．

標数 p の有限体 $\mathbb{F}_q$ 上の1変数函数体に付随した $\mathbb{F}_q$ 上の代数曲線の因子類群への絶対ガロワ群 $G_{\mathbb{F}_q}$ の l 進ガロワ表現 ($l \ne p$) は半単純である．あるいはもっと一般に，数論的代数幾何学においては，素体上の有限生成体 k 上の完備非特異代数多様体からくる l 進エタールコホモロジーは絶対ガロワ群 G_k 上の加群として半単純であると予想されている (Tate 予想)．このことの類似として，次の予想も提唱者は不明であるが自然に期待されているようである．

予想 3.20 (半単純性予想) K を有限次代数体，$K_\infty^{\mathrm{cyc}}/K$ を円分 $\mathbb{Z}_p$ 拡大とする．このとき，$\Gamma_{\mathrm{cyc},K}$ の有限次元 $\mathbb{Q}_p$ ベクトル空間 $X_{K_\infty^{\mathrm{cyc}}} \otimes_{\mathbb{Z}_p} \mathbb{Q}_p$ への作用は半単純であろう． □

注意 3.21 (円分でない)一般の $\mathbb{Z}_p$ 拡大 K_∞/K に対しては上の半単純性予想の類似は正しくなく，反例が知られている．

$K/\mathbb{Q}$ がアーベル体のとき次のような予想 3.22 も考えられ，予想 3.22 は予想 3.20 を導くことが直ちにわかる[*9]．

予想 3.22(重複度 1 予想)　K を有限次代数体，$K_\infty^{\mathrm{cyc}}/K$ を円分 $\mathbb{Z}_p$ 拡大とする．また，$K/\mathbb{Q}$ はアーベル拡大と仮定する．このとき，$\mathrm{Gal}(K/\mathbb{Q})$ の指標 η ごとに，$\Gamma_{\mathrm{cyc},K}$ の $(X_{K_\infty^{\mathrm{cyc}}} \otimes_{\mathbb{Z}_p} \mathbb{Q}_p)^\eta$ への作用の固有多項式は重根を持たない． □

さて，代数体のイデアル類群から定まる岩澤 λ 不変量は，正標数の函数体のモデルである代数曲線の種数の類似物である．この類似を意識して，代数曲線の研究で種数に関して知られている結果の類似を，イデアル類群の岩澤 λ 不変量で探し求めることは面白い問題である．例えば，代数曲線の間の射 $C' \twoheadrightarrow C$ があるときに，種数 $g(C)$, $g(C')$ の間の関係を記述する Riemann-Hurwitz の公式はよく知られている[*10]．体の p ベキ次拡大 K'/K があるとき，代数曲線の Riemann-Hurwitz の公式の岩澤理論的な類似として $(-)$ 部分の λ 不変量の変化を記述する以下の公式が得られており，やはり **Riemann-Hurwitz の公式**(あるいは木田の公式)とよばれている．

定理 3.23(Riemann-Hurwitz の公式)　有限次代数体 K が CM 体であるとする．また，K の有限次拡大 K' を $[K':K]$ が p ベキであるような CM 体とする．

(1) $\mu(K_\infty^{\mathrm{cyc}}) = 0$ であるための必要十分条件は $\mu(K_\infty^{'\mathrm{cyc}}) = 0$ となることである．

(2) $\mu(K_\infty^{\mathrm{cyc}}) = 0$ を仮定するとき

$$2\lambda(X_{K_\infty^{'\mathrm{cyc}}}^-) - 2\delta_{K'}$$
$$= [K_\infty^{'\mathrm{cyc}} : K_\infty^{\mathrm{cyc}}] \left(2\lambda(X_{K_\infty^{\mathrm{cyc}}}^-) - 2\delta_K\right) + \sum_{\substack{v' \nmid p \\ v'_+:\ \text{split at}\ K_\infty^{'\mathrm{cyc}}}} (e(v'/v) - 1)$$

が成り立つ．ただし，上の式において，$K_\infty^{'\mathrm{cyc}}$ の素点 v' に対して v'_+, v

---

[*9] 予想 3.22 は計算されている限りは常に正しいが予想 3.20 よりも根拠が弱いことも確かである．

[*10] 被覆次数 $[C':C]$ が定義体の標数と素と仮定すると，Riemann-Hurwitz の公式は，各点 $x \in C'$ における分岐指数 e_x によって $2g(C') - 2 = [C':C](2g(C) - 2) + \sum_{x \in C'}(e_x - 1)$ となる．

はそれぞれ $(K'^{\mathrm{cyc}}_\infty)^+$, K^{cyc}_∞ への制限であり，$e(v'/v)$ は分岐指数である．また $\delta_{K'}$ (resp. δ_K) は $\zeta_p \in K'$ (resp. $\zeta_p \in K$) ならば 1 であると定め，そうでなければ 0 とする[*11]．　□

この定理は，木田[66]によって最初に得られた．木田の証明は，種の理論を用いて $\sharp\mathrm{Cl}(K'^{\mathrm{cyc}}_n)^-[p^\infty]$ と $\sharp\mathrm{Cl}(K^{\mathrm{cyc}}_n)^-[p^\infty]$ の違いを直接計算し，n が増えるときのこれらの位数の漸近挙動の振る舞いによって，$\lambda(X^-_{K'^{\mathrm{cyc}}_\infty})$ と $\lambda(X^-_{K^{\mathrm{cyc}}_\infty})$ の関係を得るものである(系 3.7 を参照のこと)．その後，岩澤[56]によって $\mathrm{Gal}(K'^{\mathrm{cyc}}_\infty/K^{\mathrm{cyc}}_\infty)$ 上の加群 $X^-_{K'^{\mathrm{cyc}}_\infty}$ を有限群の線型表現の手法で調べる別証明が得られた．Kuz'min[72]も[56]に近い手法で独立に類似の結果を得ているようである．また，K, K' がアーベル体のときには，後述の岩澤主予想(定理 3.63 を参照)を介して，上述の木田の公式は K の p 進 L 函数と K' の p 進 L 函数の不変量を比較する「p 進 L 函数に対する木田の公式」へ同値な命題として翻訳される．実際，Gras, Sinnott らは，この p 進 L 函数に対する木田の公式を証明することで特別な場合の解析的別証明を与えている．

今まで函数体との類似の観点から期待されることを眺めてきた．一方で，函数体における対応する類似が見当たらない予想たちもある．

予想 3.24(Vandiver 予想)　$K = \mathbb{Q}(\zeta_p)^+$ のとき，$X_{K^{\mathrm{cyc}}_\infty} = 0$ であろう．　□

Vandiver 予想は非常に強いが，数値計算以外の根拠に乏しい．成立する期待に関しては意見が分かれる予想である．少し一般の状況で，似た予想として次もよく知られている：

予想 3.25(Greenberg 予想)　総実代数体 K に対して $\lambda(K^{\mathrm{cyc}}_\infty) = \mu(K^{\mathrm{cyc}}_\infty) = 0$ が成り立つ．言いかえると，$X_{K^{\mathrm{cyc}}_\infty}$ の位数は有限であろう．　□

この予想は，岩澤の論文[55]の §11 の最後にも論じられているが，総実代数体の場合に λ 不変量が正になる実例の存在を問う岩澤の「問題」であった．当時，博士課程の学生として岩澤の指導を仰いでいた Greenberg に博士論文の課題として与えられ，博士論文でもあった論文[36]の最初の頁にも論じられた後，現在は彼の名前による予想として知られるようになった．実 2 次体の場合などを中心に，計算可能な判定条件や実例を与える研究は様々な研究者

[*11] K'/K は p ベキ次拡大であるから $\delta_{K'} = \delta_K$ が成り立つ．

によって盛んに行われている．しかしながら解決はまだ遠いようである．

3.2 解析的側面(p 進 L 函数)

今まで通り，$\Gamma_{\mathrm{cyc}} = \mathrm{Gal}(\mathbb{Q}_\infty/\mathbb{Q})$ として，ある $\mathbb{Q}_p$ の有限次拡大の整数環 $\mathcal{O}$ を係数環とする岩澤代数 $\mathcal{O}[[\Gamma_{\mathrm{cyc}}]]$ を，以後，本書を通して $\Lambda_{\mathrm{cyc},\mathcal{O}}$ と記す ($\Lambda_{\mathrm{cyc},\mathbb{Z}_p}$ は Λ_{cyc} に他ならない)．$\Lambda_{\mathrm{cyc},\mathcal{O}}$ の中に，Dirichlet の L 函数の負の整数点での値を p 進補間する p 進 L 函数の構成(定理 3.29 を参照)がこの 3.2 節の主題である．定理 3.29 は大事な結果であるので，Stickelberger 元を用いた岩澤構成(3.2.3 項)と円単数を用いた Coleman 構成(3.2.4 項)という 2 通りの証明を与える．

3.2.1 解析的 p 進 L 函数の存在定理

定義 3.26

(1) M を自然数とする．写像 $\eta : \mathbb{Z} \longrightarrow \mathbb{C}$ が M を法とする **Dirichlet 指標** であるとは次が成り立つことをいう：

  (a) $a \equiv b \bmod M$ ならば，$\eta(a) = \eta(b)$ となる．

  (b) $\forall a, b \in \mathbb{Z}$ に対して，$\eta(ab) = \eta(a)\eta(b)$ となる．

  (c) $\eta(a) \neq 0$ となるための必要十分条件は $(a, M) = 1$ となることである．

(2) $N|M$ とし，η' を N を法とする Dirichlet 指標とすると，

$$\eta(a) = \begin{cases} \eta'(a) & (a, M) = 1 \text{ のとき，} \\ 0 & (a, M) \neq 1 \text{ のとき} \end{cases}$$

と定めると η は M を法とする Dirichlet 指標となる．このとき，η' は η を誘導するという．

(3) M を法とする Dirichlet 指標 η が他の Dirichlet 指標から誘導されないとき，η は**原始的な Dirichlet 指標**といい，M を η の導手という．η が M を法とする非原始的な Dirichlet 指標のときは，η を誘導する原始的な Dirichlet 指標 η' が一意的に存在する．η' の導手 $N|M$ のことを η の**導手**という．

(4) **1** によって $\forall a \in \mathbb{Z}$ に対して $\mathbf{1}(a) = 1$ で定まる自明な Dirichlet 指標を表す. □

注意 3.27 命題 2.1 では, $M = p^n$ のときのみ証明したが, 自然数 M に対して標準同型 $\mathrm{Gal}(\mathbb{Q}(\mu_M)/\mathbb{Q}) \xrightarrow{\sim} (\mathbb{Z}/M\mathbb{Z})^\times$ がある(注意 2.2 も参照のこと). この同型を通して, 自然な同一視:

$\{M$ を法とする Dirichlet 指標 $\} \xleftrightarrow{\sim} \{\mathrm{Gal}\,(\mathbb{Q}\,(\mu_M)/\mathbb{Q})$ の $\mathbb{C}^\times$ に値を持つ指標 $\}$

がある.

M, M' を異なる自然数, η, η' をそれぞれ M, M' を法とする Dirichlet 指標とする. 以下ではしばしばこのような η, η' の「積」を考えたい. η, η' から誘導された $\mathrm{LCM}(M, M')$ を法とする Dirichlet 指標を考えて, これらの「積」を考えることはできる. しかしながら, 次のような異なる問題もある. 例えば, 導手 M の原始的 Dirichlet 指標 η と $\eta^{-1}(a) = \begin{cases} \eta(a)^{-1} & \eta(a) \neq 0 \text{ のとき}, \\ 0 & \eta(a) = 0 \text{ のとき} \end{cases}$ なる逆指標 η^{-1} の積 $\eta\eta^{-1}$ を素朴に考えると, 積 $\eta\eta^{-1}$ は原始的でなく, 自明な Dirichlet 指標 **1** を法 M に誘導したものになる. 原始的 Dirichlet 指標全体を積で群とみなしたいが, 素朴に考えると積に関しての群法則がくずれてしまうのである. 次の結果を思い出そう.

補題 3.28 (1) η_1, η_2 がそれぞれ M_1, M_2 を法とする Dirichlet 指標であり, $M_1 | M$ かつ $M_2 | M$ なる M へ誘導された Dirichlet 指標が一致するならば, $\mathrm{GCD}(M_1, M_2)$ を法とする Dirichlet 指標 η_0 が存在して η_1, η_2 はともに η_0 から誘導された Dirichlet 指標である.

(2) η, η' を必ずしも導手が等しくない原始的 Dirichlet 指標とするとき, それらを誘導することで等しい法を持つ Dirichlet 指標とみなして素朴な意味での積をとり, さらにその積に付随した原始的な Dirichlet 指標を $\eta\eta'$ と記す. このとき, 全ての原始的な Dirichlet 指標全体に自然なアーベル群の構造が入る. □

補題の証明は略するが, 記述 (2) は記述 (1) から従う. また, 記述 (1) の証明に関しては例えば [65, §6.1 (VII)] を参照のこと.

以下では, 基本的に原始的な Dirichlet 指標のみを考え, 原始的な Dirichlet

指標同士の積は補題 3.28 (2) の意味でとることにする. η を原始的 Dirichlet 指標とするとき, Dirichlet の L 函数 $L(\eta, s)$ を

$$L(\eta, s) = \sum_{n=1}^{\infty} \frac{\eta(n)}{n^s} = \prod (1 - \eta(l) l^{-s})^{-1}$$

で定義する[*12]. この級数は $\mathrm{Re}(s) > 1$ で絶対収束し, さらに $\eta \neq \mathbf{1}$ ならば $\mathrm{Re}(s) > 0$ で(条件)収束する. また, $L(\eta, s)$ は全複素平面に有理型に接続される[*13]. $\eta \neq \mathbf{1}$ ならば全複素平面で正則となる. $\eta = \mathbf{1}$ ならば, $L(\mathbf{1}, s)$ は Riemann のゼータ函数 $\zeta(s)$ と一致し, $s = 1$ で 1 位の極を持ち $s \neq 1$ では正則である. また, 後で紹介する定理 3.35 より, 勝手な Dirichlet 指標 η と $j \leqq 0$ なる勝手な整数 j に対して $L(\eta, j) \in \overline{\mathbb{Q}}$ が成り立つ.

以後, 本書を通して, ψ を Dirichlet 指標とするとき, $\mathbb{Z}_p$ に ψ の値を付け加えて得られる $\overline{\mathbb{Q}_p}$ の部分環を $\mathbb{Z}_p[\psi]$ と記す. 環 $\mathbb{Z}_p[\psi]$ は $\mathbb{Q}_p$ に ψ の値を付け加えて得られる $\mathbb{Q}_p$ の有限次拡大 $\mathbb{Q}_p(\psi)$ の整数環である. 岩澤代数 $\mathbb{Z}_p[\psi][[\Gamma_{\mathrm{cyc}}]]$ を $\Lambda_{\mathrm{cyc}, \psi}$ と記す ($\Lambda_{\mathrm{cyc}, \mathbf{1}}$ は Λ_{cyc} に他ならない). 久保田-Leopoldt, 岩澤, Coleman らによって独立に次の結果が得られた[*14].

定理 3.29 (久保田-Leopoldt, 岩澤, Coleman 他) ψ を導手が $N p^e$ (N は p と素な自然数, $e = 0$ または $e = 1$) で, $\psi(-1) = 1$ なる原始的 Dirichlet 指標とする[*15]. このとき,

$$L_p(\psi) \in \begin{cases} \Lambda_{\mathrm{cyc}, \psi} & \psi \neq \mathbf{1} \text{ のとき}, \\ \dfrac{1}{\gamma - \kappa_{\mathrm{cyc}}(\gamma)} \Lambda_{\mathrm{cyc}} & \psi = \mathbf{1} \text{ のとき} \end{cases}$$

[*12] 実際は, M を法とする原始的でない Dirichlet 指標 η に対しても $L(\eta, s)$ はまったく同様に定義できるが, η_0 を η に付随する M_0 を導手とする原始的 Dirichlet 指標とするとき, $L(\eta, s)$ は $L(\eta_0, s)$ から M を割って M_0 を割らない素数での Euler 因子を抜いただけの違いである. かくして, 原始的な Dirichlet 指標の場合のみを考えれば十分である.

[*13] 例えば [83, Chap. VII 定理 (2.8)] など, 多くの教科書に証明が記載されている.

[*14] 久保田-Leopoldt の結果が最も古いが, 以下のような群環の元ではないため, 以下の定理の記述のうち整数 r は補間できるが有限指標 ϕ は補間できない. 注意 3.32 も参照のこと.

[*15] $\psi(-1) = -1$ の場合は, 以下の補間性質をみたす $L_p(\psi)$ は, すぐ後で述べる注意 3.34, 定理 3.35 と以前に紹介した一致の定理 (命題 2.21) によって 0 となる. また, ψ の導手が p^2 で割れる場合は, そうでない場合の構成を修正すれば得られるので除外しても差し支えない.

が一意に存在して，任意の整数 $r \geqq 1$ と $\overline{\mathbb{Q}}_p^\times$ に値を持つ Γ_{cyc} の任意の有限指標 ϕ に対して，$\overline{\mathbb{Q}}_p$ における等式：

$$\kappa_{\mathrm{cyc}}^{1-r}\phi(L_p(\psi)) = \left(1 - \frac{(\psi\omega^{-r}\phi^{-1})(p)}{p^{1-r}}\right) L(\psi\omega^{-r}\phi^{-1}, 1-r)$$

をみたす．ただし，γ は Γ_{cyc} の位相的生成元であり[*16]，$\psi = \mathbf{1}$ のときは $r \neq 1$ または $\phi \neq \mathbf{1}$ と仮定する．また，上の ϕ^{-1} は十分大きな n が存在して $\mathrm{Gal}(\mathbb{Q}(\mu_{p^n})/\mathbb{Q})$ の指標とみなせるので，類体論を介して自然に Dirichlet 指標とみなしていることにも注意する． □

3.2 節のはじめに述べたように，定理 3.29 は必要な準備の後に 3.2.3 項の最後に証明され，3.2.4 項の最後にも別証明が与えられる．3.2.1 項の残りでは，p 進 L 函数の存在と特殊値の間の合同の存在の関係への大事な注意を与えたい．

注意 3.30 上の位相的生成元 γ として特に $\kappa_{\mathrm{cyc}}(\gamma) = 1 + p$ なる γ をとり，$\Lambda_{\mathrm{cyc},\psi} \xrightarrow{\sim} \mathbb{Z}_p[\psi][[T]]$，$\gamma \mapsto 1 + T$ を固定するとき，次の可換図式がある：

$$\begin{array}{ccc} \Lambda_{\mathrm{cyc},\psi} & \xrightarrow{\gamma \mapsto \kappa_{\mathrm{cyc}}^r(\gamma)} & \mathbb{Z}_p[\psi] \\ \downarrow & & \| \\ \mathbb{Z}_p[\psi][[T]] & \xrightarrow[T \mapsto (1+p)^r - 1]{} & \mathbb{Z}_p[\psi]. \end{array}$$

補題 3.31 勝手な元 $A(T) \in \mathbb{Z}_p[\psi][[T]]$ をとる．$r \equiv r' \bmod p^n$ とすると

$$A(T)|_{T=(1+p)^r-1} \equiv A(T)|_{T=(1+p)^{r'}-1} \mod p^{n+1}$$

が成り立つ． □

$A(T)$ の級数展開と代入する $T = (1+p)^r - 1$ の 2 項展開の計算からただちにわかるので，補題の証明は省略する．

定理 3.29 で与えられた p 進 L 函数の補間性質と注意 3.30 および補題 3.31 の帰結として，$r \equiv r' \bmod p^n$ なる正の整数 r, r' に対して

$$\left(1 - \frac{(\psi\omega^{-r})(p)}{p^{1-r}}\right) L(\psi\omega^{-r}, 1-r)$$

[*16] 加群 $\dfrac{1}{\gamma - \kappa_{\mathrm{cyc}}(\gamma)} \Lambda_{\mathrm{cyc}}$ は位相的生成元 γ の取り方に依らない．

$$\equiv \left(1 - \frac{(\psi\omega^{-r'})(p)}{p^{1-r'}}\right) L(\psi\omega^{-r'}, 1-r') \mod p^{n+1}$$

が成り立つ．

注意 3.32

(1) 以下の定理 3.35 で紹介されるように Dirichlet の L 函数の特殊値は一般 Bernoulli 数で表される．かくして，補題 3.31 で得られたような Dirichlet の L 函数の特殊値の間の p ベキの合同は，Bernoulli 数の間の p ベキの合同に他ならない．このような Bernoulli 数の合同は Kummer に遡る．実は，逆に Bernoulli 数の p ベキの合同があると p 進 L 函数が得られる．このようなことを実行して，最初に Dirichlet の L 函数の特殊値を補間する p 進 L 函数を得たのが久保田-Leopoldt であり，論文[68]である．ただ[68]で得られている函数は定理 3.29 の形のものではなく，「指標 ϕ ごとに（適当な領域内の）$s \in \mathbb{C}_p$ を変数とするある種の解析函数 $f(\psi\phi, s)$ があって，

$$f(\psi\phi, 1-r) = \left(1 - \frac{(\psi\phi\omega^{-r})(p)}{p^{1-r}}\right) L(\psi\phi\omega^{-r}, 1-r)$$

が成り立つ」という結果である．ここで与えられている定理 3.29 における $L_p(\psi) \in \Lambda_{\mathrm{cyc}, \psi}$ の存在を認めると，ϕ ごとに $f(\psi\phi, s) = \chi_{\mathrm{cyc}}^s \phi^{-1}(L_p(\psi))$ $(s \in \mathbb{Z}_p)$ と定めることで，久保田-Leopoldt の結果が得られる．しかしながら逆方向はただちには得られず，その意味で定理 3.29 は久保田-Leopoldt の結果より強い主張であると言える．

(2) 岩澤主予想を述べるためには，定理 3.29 のような岩澤代数の元としての構成が便利であるし，本書第III部のガロワ変形の岩澤理論でもこの構成のほうが記述がすっきりする．また，全ての有限指標 ϕ も込めた完全な補間性質を書いた文献が少ないこともあり，レファレンスとしてもこのほうが存在価値があるように思われる．以上の理由から，本書では，久保田-Leopoldt の論文[68]のような p 進領域上のある種の p 進解析的な函数としての表し方はとらず，岩澤代数の定式化のみで一貫させる．

(3) 定理 3.29 において $\psi = \mathbf{1}$ のときは，$(\gamma - \kappa_{\mathrm{cyc}}(\gamma))L_p(\mathbf{1}) \in \Lambda_{\mathrm{cyc}}^\times$ となる．このことは，定理 3.29 の補間性質を $r = 1, \phi = \mathbf{1}$ で適用すれば確かめられる．実際，このときの補間値は $\mathbf{1}(L_p(\mathbf{1})) = L(\omega^{-1}, 0)$ である．$L(\omega^{-1}, 0) = \frac{1}{p} \sum_{a=1}^{p} \omega^{-1}(a) a$ の分子は p 進単数なので

$$|\mathbf{1}(L_p(\mathbf{1}))|_p = |L(\omega^{-1}, 0)|_p = \left|\frac{1}{p}\right|_p$$

であり，一方で

$$|\mathbf{1}(\gamma - \kappa_{\mathrm{cyc}}(\gamma))|_p = |1 - \kappa_{\mathrm{cyc}}(\gamma)|_p = |p|_p$$

であるから欲しい結論が従う．

3.2.2　Bernoulli 数と Dirichlet の L 函数の特殊値

Bernoulli 数(Bernoulli number)と Dirichlet の L 函数の特殊値に関していくつか基本事項を思い出しておきたい．

定義 3.33　Bernoulli 数 B_r を
$$\frac{z}{e^z - 1} = \sum_{r=0}^{\infty} B_r \frac{z^r}{r!}$$
をみたす数として定める．また，導手 N の Dirichlet 指標 η に対して一般 Bernoulli 数 $B_{r,\eta}$ を

(3.6) $$f_\eta(z) := \sum_{i=1}^{N} \frac{\eta(i) z e^{iz}}{e^{Nz} - 1} = \sum_{r=0}^{\infty} B_{r,\eta} \frac{z^r}{r!}$$

をみたす数として定める．　□

注意 3.34
(1) η が自明な Dirichlet 指標 $\mathbf{1}$ であるとき，
$$\sum_{i=1}^{N} \frac{\eta(i) z e^{iz}}{e^{Nz} - 1} = \frac{z e^z}{e^z - 1} = \frac{z}{e^z - 1} + z$$
である．よって $r \geqq 2$ ならば，$B_{r,\mathbf{1}} = B_r$ が成り立つので一般 Bernoulli 数は通常の Bernoulli 数の自然な一般化である．
(2) $r > 1$ として，$(-1)^r \neq \eta(-1)$ のとき $B_{r,\eta} = 0$ となる．

以下の定理は非常に大切であり，p 進 L 函数の構成の要所で使われる．

定理 3.35　任意の自然数 $r \geqq 1$ と $\eta(-1) = (-1)^r$ をみたす任意の Dirichlet 指標 η に対して，$L(\eta, 1 - r) = -\dfrac{B_{r,\eta}}{r}$ となる．　□

[証明]　$\mathbb{C}$ を $\mathbb{R}_{>0}$ で切除して $\log z$ の枝をとり，$z \in \mathbb{C}$ が動く経路 S_ε を

P_ε^+: 上の枝 $z = \exp(\log z)$ に沿った経路 (∞, ε)

$\longrightarrow C_\varepsilon$: 原点 $z = 0$ を中心，半径 ε の円の反時計周りの経路

$\longrightarrow P_\varepsilon^-$: 下の枝 $z = \exp(\log z + 2\pi\sqrt{-1})$ に沿った経路 (ε, ∞)

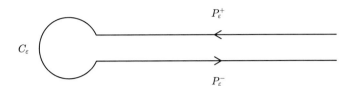

とする.

s を複素数とし, 一時的に $\mathrm{Re}(s)>1$ と仮定する. この s に対して $\lim_{\varepsilon\to 0}\int_{C_\varepsilon}f_\eta(z)z^{s-2}dz=0$ より, $\lim_{\varepsilon\to 0}\int_{S_\varepsilon}f_\eta(z)z^{s-2}dz=\lim_{\varepsilon\to 0}\int_{P_\varepsilon^++P_\varepsilon^-}f_\eta(z)z^{s-2}dz$ が成り立つ. よって,

$$\lim_{\varepsilon\to 0}\int_{S_\varepsilon}f_\eta(z)z^{s-2}dz=(e^{2\pi\sqrt{-1}s}-1)\int_0^\infty\sum_{i=1}^N\frac{\eta(i)z^{s-1}e^{iz}}{e^{Nz}-1}dz$$

$$=(-1)^r(e^{2\pi\sqrt{-1}s}-1)\int_0^\infty\sum_{i=1}^N\sum_{n=1}^\infty\eta(-i)z^{s-1}e^{-(Nn-i)z}dz$$

$$=(-1)^r(e^{2\pi\sqrt{-1}s}-1)\Gamma(s)L(\eta,s)$$

を得る[*17]. 先に紹介したように $L(\eta,s)$ は全複素平面に有理型接続されるので, 一致の定理により,

$$(3.7)\quad \lim_{\varepsilon\to 0}\int_{S_\varepsilon}f_\eta(z)z^{s-2}dz=(-1)^r(e^{2\pi\sqrt{-1}s}-1)\Gamma(s)L(\eta,s)\quad(\forall s\in\mathbb{C})$$

が得られた. ここで, $s=1-r$ ($r\geqq 1$ は自然数) とする. このとき, $e^{2\pi\sqrt{-1}s}=1$ より $\lim_{\varepsilon\to 0}\int_{S_\varepsilon}f_\eta(z)z^{s-2}dz=\lim_{\varepsilon\to 0}\int_{C_\varepsilon}f_\eta(z)z^{s-2}dz$ が成り立つ. 留数計算によって,

$$(3.8)\quad \int_{C_\varepsilon}f_\eta(z)z^{1-r-2}dz=\frac{B_{r,\eta}}{r!}\times 2\pi\sqrt{-1}$$

が得られる. さらに, $\Gamma(s)$ の性質より

$$(3.9)\quad \lim_{s\to 1-r}(e^{2\pi\sqrt{-1}s}-1)\Gamma(s)=(-1)^{r-1}\frac{2\pi\sqrt{-1}}{(r-1)!}$$

であったことを思い出そう. (3.7), (3.8), (3.9) を組み合わせて証明が終わ

[*17] $\int_0^\infty z^{s-1}e^{-nz}dz=\frac{1}{n^s}\int_0^\infty(nz)^{s-1}e^{-nz}d(nz)=\Gamma(s)\frac{1}{n^s}$ に注意して計算すればよい.

る.

後で用いるために，今までの結果をまとめておく．

系 3.36 任意の自然数 $r \geqq 1$ と $\eta(-1) = (-1)^r$ をみたす任意の Dirichlet 指標 η に対して

$$L(\eta, 1-r) = -\frac{1}{r}\left(\frac{d}{dz}\right)^r f_\eta(z)\bigg|_{z=0}$$

が成り立つ．ただし，f_η は (3.6) の左辺で定義されたベキ級数とする． □

[証明]　(3.6) の式より $\left(\dfrac{d}{dz}\right)^r f_\eta(z)\bigg|_{z=0} = B_{r,\eta}$ となる．よって，欲しい式は定理 3.35 よりただちに従う． ■

3.2.3　岩澤による p 進 L 函数の構成

岩澤は，**Stickelberger 元**[*18]を用いて定理 3.29 の p 進 L 函数の非常に明快な構成を与えた(岩澤構成)．これは，もともと岩澤の論文 [52] で示され，岩澤の教科書 [53] でも解説されている．

N を $(N,p) = 1$ なる自然数とする．また，3.2.3項を通して，$\Gamma_n = \Gamma_{\mathrm{cyc}}/(\Gamma_{\mathrm{cyc}})^{p^n}$, $q_n = Np^{n+1}$, $c = 1 + Np$ とおく．以下，ψ は導手 Np^e ($e=0$ または $e=1$) の原始的 Dirichlet 指標とする．

定義 3.37　$\Xi_n(\psi) \in \mathbb{Q}_p[\psi][\Gamma_n]$ を

$$\Xi_n(\psi) = -\frac{1}{q_n} \sum_{\substack{0 < i < q_n \\ (i, Np) = 1}} \langle i \rangle \psi(i) \gamma_n(i)^{-1}$$

$$= -\frac{1}{q_n} \sum_{\substack{0 < i < q_n \\ (i, Np) = 1}} i\psi\omega^{-1}(i)\gamma_n(i)^{-1}$$

で定める[*19]．ここで，$\langle\ \rangle$ は pro-p 射影 $\langle\ \rangle : \mathbb{Z}_p^\times \twoheadrightarrow 1 + p\mathbb{Z}_p$ であり，$\gamma_n(i) \in \Gamma_n$ は $\chi_{\mathrm{cyc},n} : \mathrm{Gal}(\mathbb{Q}(\mu_{p^n})/\mathbb{Q}) \xrightarrow{\sim} (\mathbb{Z}/p^n\mathbb{Z})^\times$ を p-Sylow 部分群へ制限した同

[*18]　以下の定義 3.37 に現れる元 $\Xi_n(\psi)$ を Stickelberger 元とよぶ．
[*19]　本書では，簡単のため p は奇素数と仮定している．$p=2$ のときの岩澤構成については，[53], [118, §7.2] を参照されたい．

型 $\kappa_{\mathrm{cyc},n} : \Gamma_n \xrightarrow{\sim} (1+p\mathbb{Z}_p)/(1+p^n\mathbb{Z}_p)$ による $\langle i \rangle \bmod p^n \in (1+p\mathbb{Z}_p)/(1+p^n\mathbb{Z}_p)$ の逆像である. □

$\Xi_n(\psi)$ は,代数体 $\mathbb{Q}[\psi\omega^{-1}]$ 係数の群環 $\mathbb{Q}[\psi\omega^{-1}][\Gamma_n] \subset \mathbb{Q}_p[\psi][\Gamma_n]$ の元とみなせるので,岩澤構成の途中までは p 進体でなく代数体を係数として話をすすめる.

補題 3.38 導手 Np^e ($e=0$ または $e=1$)原始的 Dirichlet 指標 ψ を考える.

(1) $(\gamma_n(c) - \langle c \rangle)\Xi_n(\psi) \in \mathbb{Z}[\psi\omega^{-1}][\Gamma_n]$ が成り立つ.

(2) $\psi \neq \mathbf{1}$ のとき,$\Xi_n(\psi) \in \mathbb{Z}_p[\psi\omega^{-1}][\Gamma_n]$ が成り立つ.

(3) $\psi(-1) = 1$ のとき,自然な商写像 $\Gamma_{n+1} \twoheadrightarrow \Gamma_n$ が引き起こす環準同型 $\mathbb{Q}[\psi\omega^{-1}][\Gamma_{n+1}] \longrightarrow \mathbb{Q}[\psi\omega^{-1}][\Gamma_n]$ によって $\Xi_{n+1}(\psi)$ は $\Xi_n(\psi)$ に写される. □

[証明] (1) $\gamma_n(c) \in \mathbb{Z}[\psi\omega^{-1}][\Gamma_n]^\times$ より,

$$(3.10) \qquad (1 - c\gamma_n(c)^{-1}) \cdot \Xi_n(\psi) \in \mathbb{Z}[\psi\omega^{-1}][\Gamma_n]$$

を示せばよい.

以下,(3.10)を示す計算を行う.$0 < i < q_n$, $(i, Np) = 1$ なる整数 i に対して,ic の q_n による商や余りを考えれば,$ic = s_i^{(n)} + q_n t_i^{(n)}$ と $0 < s_i^{(n)} < q_n$ および $(s_i^{(n)}, Np) = 1$ をみたす整数 $s_i^{(n)}, t_i^{(n)}$ が一意に存在する.また,対応 $i \mapsto s_i^{(n)}$ は,全単射対応:

$$\{0 < i < q_n \,|\, (i, Np) = 1\} \longrightarrow \left\{0 < s_i^{(n)} < q_n \,\Big|\, (s_i^{(n)}, Np) = 1\right\}$$

を与えていたので,定義 3.37 と簡単な計算により,

$$(3.11) \qquad (1 - c\gamma_n(c)^{-1}) \cdot \Xi_n(\psi) = \sum_{\substack{0 < i < q_n \\ (i,Np)=1}} t_i^{(n)} \psi\omega^{-1}(ic) \gamma_n(ic)^{-1}$$

を得る.これは明らかに $\mathbb{Z}[\psi\omega^{-1}][\Gamma_n]$ の元であるから(1)の証明が終わる.

(2) $\Delta_{Np} = (\mathbb{Z}/Np\mathbb{Z})^\times$ とおくとき,$(\mathbb{Z}/q_n\mathbb{Z})^\times \cong \Delta_{Np} \times \Gamma_n$ である.$(i, Np) = 1$ なる整数 i に対して,$\delta(i) \in \Delta_{Np}$ を自然な射影とする.また,$0 < i, i' < q_n$ なる i, i' に対して,「Γ_n において $\gamma_n(i) = \gamma_n(i')$」であるための必要十分条

3.2 解析的側面(p 進 L 函数)　75

件が「$\mathbb{Z}_p$ において $\langle i \rangle \equiv \langle i' \rangle \mod q_n$」となることに注意する．$\psi$ の導手は $Np^e(e=0$ または $e=1)$ であることより，

$$q_n \Xi_n(\psi) = - \sum_{\substack{0<i<q_n \\ (i,Np)=1}} \langle i \rangle \psi(i) \gamma_n(i)^{-1}$$

$$\equiv - \left(\sum_{\gamma \in \Gamma_n} \sum_{\substack{0<i<q_n \\ \gamma_n(i)=\gamma}} \psi(i) \right) \left(\sum_{\delta \in \Delta_{Np}} \sum_{\substack{0<i<q_n \\ \delta(i)=\delta}} \langle i \rangle \gamma_n(i)^{-1} \right) \mod q_n$$

となる．$\psi \neq \mathbf{1}$ より $\sum_{\substack{0<i<q_n \\ \gamma_n(i)=\gamma}} \psi(i) = 0$ となり，$\Xi_n(\psi) \in \mathbb{Z}_p[\psi\omega^{-1}][\Gamma_n]$ が証明された．

(3) $\Gamma_{n+1} \twoheadrightarrow \Gamma_n$ において $\gamma_n(i) \in \Gamma_n$ の逆像は，$\{\gamma_{n+1}(i+jq_n)\}_{0 \leq j \leq p-1}$ である．よって，$\Xi_{n+1}(\psi)$ の $\mathbb{Q}[\psi\omega^{-1}][\Gamma_{n+1}] \twoheadrightarrow \mathbb{Q}[\psi\omega^{-1}][\Gamma_n]$ による像は

$$-\frac{1}{q_{n+1}} \sum_{j=0}^{p-1} \sum_{\substack{0<i<q_n \\ (i,Np)=1}} (i+jq_n)\psi\omega^{-1}(i)\gamma_n(i)^{-1}$$

$$= \Xi_n(\psi) - \frac{1}{q_{n+1}} \sum_{j=0}^{p-1} \sum_{\substack{0<i<q_n \\ (i,Np)=1}} jq_n \psi\omega^{-1}(i)\gamma_n(i)^{-1}$$

$$= \Xi_n(\psi) - \frac{1}{p} \frac{p(p-1)}{2} \sum_{\substack{0<i<q_n \\ (i,Np)=1}} \psi\omega^{-1}(i)\gamma_n(i)^{-1}$$

最後の式の第2項は0となる．実際，ψ が偶指標であるという条件より $(\psi\omega^{-1})(i) = -(\psi\omega^{-1})(q_n-i)$ であり，$\gamma_n(i) = \gamma_n(q_n-i)$ であるから，和が打ち消し合って0となる．かくして(3)の証明を終える．　∎

最後に，Bernoulli 数の基本性質から次が知られている．

補題 3.39　r を自然数，η を $\eta(-1) = (-1)^r$ なる原始的 Dirichlet 指標とする．η の導手を Np^s (N は p と素な自然数，s は非負整数)と表すとき，$\mathbb{Q}_p[\eta]$ において

$$\lim_{n \to \infty} \frac{1}{q_n} \sum_{\substack{0<i<q_n \\ (i,Np)=1}} \eta(i) i^r = (1-\eta(p)p^{r-1}) B_{r,\eta}$$

が成り立つ．　∎

[証明] 証明するべき等式は p 進体における極限の計算であるが,証明の最後に極限をとる以外は,途中で考える等式や合同式は有限次代数体 $\mathbb{Q}[\eta]$ の中で意味を持つ.よって,最後の p 進極限以外は $\mathbb{Q}[\eta]$ で考えることに注意したい.

Bernoulli 多項式 $B_r(X)$ を

$$(3.12) \qquad \frac{ze^{Xz}}{e^z - 1} = \sum_{r=0}^{\infty} B_r(X) \frac{z^r}{r!}$$

をみたす多項式として定めるとき,η の導手 N が自然数 M を割り切るならば

$$(3.13) \qquad B_{r,\eta} = M^{r-1} \sum_{i=1}^{M} \eta(i) B_r\left(\frac{i}{M}\right)$$

が成り立つ.実際,(3.12) の両辺に $X = \dfrac{i}{M}, z = Mz$ を代入して $\eta(i)$ を掛けて足し合わせると

$$\sum_{i=1}^{M} \frac{\eta(i) z e^{iz}}{e^{Mz} - 1} = \sum_{r=0}^{\infty} \sum_{i=1}^{M} \eta(i) B_r\left(\frac{i}{M}\right) \frac{M^{r-1} z^r}{r!}$$

が得られる.$\sum_{i=1}^{N} \dfrac{\eta(i) z e^{iz}}{e^{Nz} - 1}$ における $\dfrac{z^r}{r!}$ の係数が $B_{r,\eta}$ であることと形式的な計算より上式の左辺における $\dfrac{z^r}{r!}$ の係数は $B_{r,\eta}$ となる.上式の両辺の係数を比較して,(3.13) が得られる.また,(3.12) の左辺において $\dfrac{z}{e^z - 1} = \sum_{r=0}^{\infty} B_r \dfrac{z^r}{r!}, e^{Xz} = \sum_{r=0}^{\infty} X^r \dfrac{z^r}{r!}$ であるから,(3.12) の両辺で $\dfrac{z^r}{r!}$ の係数を比較することで

$$(3.14) \qquad B_r(X) = \sum_{s=0}^{r} \binom{r}{s} B_s X^{r-s}$$

を得る.(3.13), (3.14) より

$$B_{r,\eta} = M^{r-1} \sum_{i=1}^{M} \eta(i) \left(\frac{i^r}{M^r} B_0 + r \frac{i^{r-1}}{M^{r-1}} B_1 + \frac{r(r-1)}{2} \frac{i^{r-2}}{M^{r-2}} B_2 + \cdots \right)$$

となる.$B_0 = 1, B_1 = -\dfrac{1}{2}$ および 1.2 節で紹介した von Staudt-Clausen の定理[20] より,$\mathrm{Cond}(\eta) = Np^s$ なる $s, n \geqq s$ なる自然数に対して,$q_n := M = Np^{n+1}$ とするとき

---

[20] Bernoulli 数の分母はどんな素数でも高々 1 回しか割れないことを主張する定理である.

3.2 解析的側面(p 進 L 函数)   77

$$(3.15) \quad B_{r,\eta} \equiv \sum_{i=1}^{q_n} \eta(i)\left(\frac{i^r}{q_n} - \frac{r}{2}i^{r-1}\right) \mod \frac{q_n}{p}$$

となる．$\eta(-1) = (-1)^r$ より，

$$\eta(i)i^{r-1} \equiv -\eta(q_n - i)(q_n - i)^{r-1} \mod q_n$$

である．(3.15)の第 2 項の寄与が消えるので

$$B_{r,\eta} \equiv \frac{1}{q_n}\sum_{i=1}^{q_n}\eta(i)i^r \mod \frac{q_n}{p}$$

が示された．これに形式的な計算を行って

$$(3.16)$$
$$(1 - \eta(p)p^{r-1})B_{r,\eta} \equiv \frac{1}{q_n}\left(\sum_{i=1}^{q_n}\eta(i)i^r - \sum_{i=1}^{q_{n-1}}\eta(pi)(pi)^r\right) \mod \frac{q_n}{p}$$

を得る．$\mathbb{Q}_p[\eta]$ において n に関する極限をとることで望む等式が得られる． ■

[定理 3.29 の証明] $L_p(\psi) = \varprojlim_n \varXi_n(\psi)$ と定義すると，補題 3.38 より

$$L_p(\psi) \in \begin{cases} \Lambda_{\mathrm{cyc},\psi} & \psi \neq \mathbf{1} \text{ のとき}, \\ \dfrac{1}{\gamma - \kappa_{\mathrm{cyc}}(\gamma)}\Lambda_{\mathrm{cyc}} & \psi = \mathbf{1} \text{ のとき} \end{cases}$$

となる．この $L_p(\psi)$ が，望む補間性質をみたすことを言いたい．ϕ を $\varGamma_{\mathrm{cyc}}$ の有限指標とし，$r = 1$ かつ $\psi = \mathbf{1}$ のときには，$\phi \neq \mathbf{1}$ と仮定する．このとき，$(\kappa_{\mathrm{cyc}}^{1-r}\phi)(L_p(\psi))$ を計算する．

補題 3.38 の証明で現れた記号 $s_i^{(n)}$, $t_i^{(n)}$ を用いると，直前の $L_p(\psi)$ の定義と式(3.11)より，$\gamma(c) = \varprojlim_n \gamma_n(c)$ とすると，

$$(3.17) \quad \kappa_{\mathrm{cyc}}^{1-r}\phi\big((1 - c\gamma(c)^{-1})L_p(\psi)\big)$$
$$\equiv \sum_{\substack{0 < i < q_n \\ (i, Np) = 1}} t_i^{(n)}\psi\omega^{-r}\phi^{-1}(ic)(ic)^{r-1} \mod q_n$$

を得る．一方で，$0 < i < q_n$ かつ $(i, Np) = 1$ なる勝手な i に対して

$$(3.18) \quad (ic)^r = (s_i^{(n)} + t_i^{(n)} q_n)^r \equiv (s_i^{(n)})^r + r(ic)^{r-1} t_i^{(n)} q_n \mod q_n^2$$

であるから

$$\kappa_{\mathrm{cyc}}^{1-r} \phi \left(rq_n(1 - c\gamma(c)^{-1}) L_p(\psi) \right)$$

$$\equiv \sum_{\substack{0 < i < q_n \\ (i, Np) = 1}} r(ic)^{r-1} t_i^{(n)} q_n \psi \omega^{-r} \phi^{-1}(ic) \mod q_n^2$$

$$\equiv \sum_{\substack{0 < i < q_n \\ (i, Np) = 1}} \left((ic)^r - (s_i^{(n)})^r \right) \psi \omega^{-r} \phi^{-1}(ic) \mod q_n^2$$

$$\equiv \psi \omega^{-r} \phi^{-1}(c) c^r \sum_{\substack{0 < i < q_n \\ (i, Np) = 1}} \psi \omega^{-r} \phi^{-1}(i) i^r$$

$$- \sum_{\substack{0 < i < q_n \\ (i, Np) = 1}} \psi \omega^{-r} \phi^{-1}(s_i^{(n)}) (s_i^{(n)})^r \mod q_n^2$$

$$\equiv -(1 - \psi \omega^{-r} \phi^{-1}(c) c^r) \sum_{\substack{0 < i < q_n \\ (i, Np) = 1}} \psi \omega^{-r} \phi^{-1}(i) i^r \mod q_n^2$$

となる．ここで，最初の合同式は(3.17)の式の両辺に rq_n を掛けたものに他ならない．二番目の合同式は(3.18)から従い，三番目の合同式は，$ic \equiv s_i^{(n)}$ mod q_n より $\psi \omega^{-r} \phi^{-1}(ic) = \psi \omega^{-r} \phi^{-1}(s_i^{(n)})$ が成り立つことによる．また，最後の合同式は，対応 $i \mapsto s_i^{(n)}$ が 1 以上 q_n 以下の Np と素な自然数のなす集合上での全単射対応を与えることによる．

上で得られた合同式の両辺を $rq_n(1 - c\psi\omega^{-1}(c)\gamma(c)^{-1})$ を $\kappa_{\mathrm{cyc}}^{1-r} \phi$ で送った値 $rq_n(1 - \psi\omega^{-r}\phi^{-1}(c)c^r)$ で割ると[*21]，

$$(\kappa_{\mathrm{cyc}}^{1-r}\phi)(L_p(\psi)) \equiv -\frac{1}{r}\frac{1}{q_n} \sum_{\substack{0 < i < q_n \\ (i, Np) = 1}} \psi \omega^{-r} \phi^{-1}(i) i^r \mod \frac{q_n}{r}$$

なる合同式がでる．極限 $n \longrightarrow \infty$ をとると，任意の自然数 $r \geqq 1$ と任意の Γ_{cyc} の有限指標 ϕ に対して，$\overline{\mathbb{Q}}_p$ における等式：

[*21] $c = 1 + Np$ より $\psi(c) = 1$ かつ $\omega(c) = 1$ であることに注意．

$$(\kappa_{\mathrm{cyc}}^{1-r}\phi)(L_p(\psi)) = -(1 - \psi\omega^{-r}\phi^{-1}(p)p^{r-1})\frac{1}{r}B_{r,\psi\omega^{-r}\phi^{-1}}$$
$$= (1 - \psi\omega^{-r}\phi^{-1}(p)p^{r-1})L(\psi\omega^{-r}\phi^{-1}, 1-r)$$

が得られる．ここで最初の等号は補題 3.39 を $\eta = \psi\omega^{-r}\phi^{-1}$ で適用して得られ，2 番目の等式は定理 3.35 を同じ η で用いればよい．かくして証明を終える． ∎

3.2.4 Coleman 写像による p 進 L 函数の構成

この 3.2.4 項で得られる Coleman 写像の理論に円単数 (の Euler 系) を適用することで，p 進 L 函数 $L_p(\psi)$ の前節とまったく異なる別構成が得られる．この方法は，Euler 系による岩澤主予想の証明 (3.3.3 項を参照のこと) へと繋がることもあり，とても大事である．また本書後半で論じるガロワ変形の岩澤主予想に対しても，しばしばこの Coleman 写像の方法の一般化が有効である．

N は $(N, p) = 1$ なる自然数とする．$\Delta_N = \mathrm{Gal}(\mathbb{Q}(\zeta_N)/\mathbb{Q})$ とし，かつ，$\Delta_p = \mathrm{Gal}(\mathbb{Q}(\zeta_p)/\mathbb{Q})$ とすると $\mathrm{Gal}(\mathbb{Q}(\zeta_{Np^{n+1}})/\mathbb{Q}) \cong \Delta_N \times \Delta_p \times \Gamma_{\mathrm{cyc}}/(\Gamma_{\mathrm{cyc}})^{p^n}$ である．以下の環同型：

$$(3.19) \qquad \mathbb{Z}[\zeta_N] \otimes_{\mathbb{Z}} \mathbb{Z}_p \cong \prod_{\mathfrak{p} \mid (p)} \widehat{\mathbb{Z}[\zeta_N]}_{\mathfrak{p}}$$

がある．ただし，$\mathfrak{p}$ は $\mathbb{Z}[\zeta_N]$ の p 上の素点をわたり，$\widehat{\mathbb{Z}[\zeta_N]}_{\mathfrak{p}}$ は $\mathbb{Z}[\zeta_N]$ の $\mathfrak{p}$ における完備化を表す．(3.19) は両辺への自然な Δ_N の作用を保ち，両辺は階数 1 の自由 $\mathbb{Z}_p[\Delta_N]$ 加群である．一方で，以下の環同型：

$$(3.20) \qquad \mathbb{Z}[\zeta_{p^{n+1}}] \otimes_{\mathbb{Z}} \mathbb{Z}_p \cong \mathbb{Z}_p[\zeta_{p^{n+1}}]$$

も $\Delta_p \times \Gamma_{\mathrm{cyc}}/(\Gamma_{\mathrm{cyc}})^{p^n}$ の作用を保つが，両辺が自由 $\mathbb{Z}_p[\Delta_p \times \Gamma_{\mathrm{cyc}}/(\Gamma_{\mathrm{cyc}})^{p^n}]$ 加群となるのは (馴分岐な) $n = 0$ のときのみである．$G_{\mathrm{cyc}} := \Delta_p \times \Gamma_{\mathrm{cyc}}$ とする．ここで，大事な作用素を導入しておく[*22].

[*22] より一般の状況においては，Coleman による論文 [15] を参照のこと．

定義 3.40 (1) $a \in \mathbb{Z}_p$ に対して, $[a]: \prod_{\mathfrak{p}|(p)} \widehat{\mathbb{Z}[\zeta_N]}_{\mathfrak{p}}[[Z]] \longrightarrow \prod_{\mathfrak{p}|(p)} \widehat{\mathbb{Z}[\zeta_N]}_{\mathfrak{p}}[[Z]]$ を, $(1+Z) \mapsto (1+Z)^a$ によって引き起こされ, 係数環では自明な単射環準同型とする[23].

(2) σ を, $\mathbb{Z}[\zeta_N] \otimes_{\mathbb{Z}} \mathbb{Z}_p \cong \prod_{\mathfrak{p}|(p)} \widehat{\mathbb{Z}[\zeta_N]}_{\mathfrak{p}}$ における Δ_N の p 乗フロベニウスとするとき, $\varphi: \prod_{\mathfrak{p}|(p)} \widehat{\mathbb{Z}[\zeta_N]}_{\mathfrak{p}}[[Z]] \longrightarrow \prod_{\mathfrak{p}|(p)} \widehat{\mathbb{Z}[\zeta_N]}_{\mathfrak{p}}[[Z]]$ を $\varphi = \sigma \circ [p] = [p] \circ \sigma$ で定める[24].

(3) $(1+Z)$ への $g \in G_{\mathrm{cyc}}$ の作用を $g \cdot (1+Z) = (1+Z)^{\chi_{\mathrm{cyc}}(g)}$ で定めることにより $\prod_{\mathfrak{p}|(p)} \widehat{\mathbb{Z}[\zeta_N]}_{\mathfrak{p}}[[Z]]$ 上に $\Delta_N \times G_{\mathrm{cyc}} = \Delta_{Np} \times \Gamma_{\mathrm{cyc}}$ が作用する. □

命題 3.41 $G(Z) \in \prod_{\mathfrak{p}|(p)} \widehat{\mathbb{Z}[\zeta_N]}_{\mathfrak{p}}[[Z]]$ とする. このとき, ベキ級数 $H(Z) \in \prod_{\mathfrak{p}|(p)} \widehat{\mathbb{Z}[\zeta_N]}_{\mathfrak{p}}[[Z]]$ が存在して $G(Z) = [p](H(Z))$ となるための必要十分条件は $\forall \zeta \in \mu_p$ に対して $G(Z) = G(\zeta(1+Z) - 1)$ が成り立つことである[25]. □

［証明］ 必要性は明らかなので, 十分性を示す. $\omega_n(Z) = (1+Z)^{p^n} - 1$ とすると

(3.21) $$\prod_{\mathfrak{p}|(p)} \widehat{\mathbb{Z}[\zeta_N]}_{\mathfrak{p}}[[Z]]/(\omega_n(Z)) = \prod_{\mathfrak{p}|(p)} \widehat{\mathbb{Z}[\zeta_N]}_{\mathfrak{p}}[C_{p^n}]$$

となる. ただし, C_{p^n} は $1 + \overline{Z}$ ($\overline{Z} := Z \bmod \omega_n(Z)$) を生成元に持つ位数 p^n の巡回群とする. $[p]$ は, $\prod_{\mathfrak{p}|(p)} \widehat{\mathbb{Z}[\zeta_N]}_{\mathfrak{p}}[C_{p^n}]$ 上に, C_{p^n} の p 乗自己群準同型 $x \mapsto x^p$ ($\forall x \in C_{p^n}$) が定める環の自己準同型 $[p]_n$ を引き起こす.

与えられた $G(Z)$ に対して, 各自然数 n で $\overline{G}_n(\overline{Z}) = G(Z) \bmod \omega_n(Z)$ とおく. 簡単な計算により, $\overline{G}_n(\overline{Z}) = \sum_{i=0}^{p^n-1} a_i (1+\overline{Z})^i \in \prod_{\mathfrak{p}|(p)} \widehat{\mathbb{Z}[\zeta_N]}_{\mathfrak{p}}[C_{p^n}]$ が $[p]_n$ の像に入るための必要十分条件は $p \nmid i$ なる任意の i で $a_i = 0$ となることである. これは, さらに $\overline{G}_n(\overline{Z}) = \overline{G}_n(\zeta(1+\overline{Z})-1)$ が勝手な $\zeta \in \mu_p$ で成り立つ

---

[23] 位数 p^n の巡回群 C_{p^n} によって $\prod_{\mathfrak{p}|(p)} \widehat{\mathbb{Z}[\zeta_N]}_{\mathfrak{p}}[[Z]]/(\omega_n(Z)) \cong \prod_{\mathfrak{p}|(p)} \widehat{\mathbb{Z}[\zeta_N]}_{\mathfrak{p}}[C_{p^n}]$ とかくことで $[a] \bmod \omega_n(Z)$ が well-defined である (ω_n については定理 2.10 の証明を参照のこと). 極限をとることで $[a]$ が定まる.

[24] $[p]$ と σ が互いに可換なことは定義より明らかである.

[25] 以後, $G(\zeta(1+Z)-1)$ を考える際は, 一時的に拡大環 $\prod_{\mathfrak{p}|(p)} \widehat{\mathbb{Z}[\zeta_N]}_{\mathfrak{p}}[\zeta_p][[Z]]$ の元とみなすが, 実際は $G(\zeta(1+Z)-1)$ が $\prod_{\mathfrak{p}|(p)} \widehat{\mathbb{Z}[\zeta_N]}_{\mathfrak{p}}[[Z]] \subset \prod_{\mathfrak{p}|(p)} \widehat{\mathbb{Z}[\zeta_N]}_{\mathfrak{p}}[\zeta_p][[Z]]$ に入る場合しか考えていない.

ことに同値である．今，$G(Z) = G(\zeta(1+Z)-1)$ が勝手な $\zeta \in \mu_p$ で成り立つと仮定する．上の議論より，任意の n で $\overline{H}_n(\overline{Z}) \in \prod_{\mathfrak{p}|(p)} \widehat{\mathbb{Z}[\zeta_N]}_\mathfrak{p}[[Z]]/(\omega_n(Z))$ が存在して，$\overline{G}_n(\overline{Z}) = [p]_n(\overline{H}_n(\overline{Z}))$ となる．$\overline{G}_n(\overline{Z})$ の $\prod_{\mathfrak{p}|(p)} \widehat{\mathbb{Z}[\zeta_N]}_\mathfrak{p}[[Z]]$ への持ち上げは $G(Z)$ に収束する Cauchy 列であるから $[p_n](\overline{H}_n(\overline{Z}))$ の $\prod_{\mathfrak{p}|(p)} \widehat{\mathbb{Z}[\zeta_N]}_\mathfrak{p}[[Z]]$ への持ち上げも Cauchy 列となり，$H(Z) := \varprojlim_{n} \overline{H}_n(\overline{Z})$ は $G(Z) = [p](H(Z))$ をみたす．以上で証明が完了する． □

命題 3.42 (1) 連続乗法的写像 $\mathrm{Nr}\colon \prod_{\mathfrak{p}|(p)} \widehat{\mathbb{Z}[\zeta_N]}_\mathfrak{p}[[Z]] \longrightarrow \prod_{\mathfrak{p}|(p)} \widehat{\mathbb{Z}[\zeta_N]}_\mathfrak{p}[[Z]]$ で

$$([p] \circ \mathrm{Nr})(F(Z)) = \prod_{\zeta \in \mu_p} F(\zeta(1+Z)-1)$$

をみたすものが存在して，上の等式で一意的に特徴づけられる．

(2) 連続加法的写像 $\mathrm{Tr}\colon \prod_{\mathfrak{p}|(p)} \widehat{\mathbb{Z}[\zeta_N]}_\mathfrak{p}[[Z]] \longrightarrow \prod_{\mathfrak{p}|(p)} \widehat{\mathbb{Z}[\zeta_N]}_\mathfrak{p}[[Z]]$ で

$$([p] \circ \mathrm{Tr})(F(Z)) = \sum_{\zeta \in \mu_p} F(\zeta(1+Z)-1)$$

をみたすものが存在して，上の等式で一意的に特徴づけられる． □

命題 3.42 は，命題 3.41 の証明で本質的に示されているので省略する．命題 3.41 の証明の議論の中でみたように，$\prod_{\mathfrak{p}|(p)} \widehat{\mathbb{Z}[\zeta_N]}_\mathfrak{p}[[Z]]$ は $\mathrm{Im}([p])$ 上の階数 p の自由加群である．よって，Nr, Tr はこの p 次拡大のノルムとトレースに他ならない．

定義 3.43 $\prod_{\mathfrak{p}|(p)} \widehat{\mathbb{Z}[\zeta_N]}_\mathfrak{p}[[Z]]$ 上の作用素 $\mathcal{N}, \mathcal{T}$ を $\mathcal{N} = \sigma^{-1} \circ \mathrm{Nr} = \mathrm{Nr} \circ \sigma^{-1}$，$\mathcal{T} = \sigma^{-1} \circ \mathrm{Tr} = \mathrm{Tr} \circ \sigma^{-1}$ で定める． □

命題 3.42 と同様に，$F(Z) \in \prod_{\mathfrak{p}|(p)} \widehat{\mathbb{Z}[\zeta_N]}_\mathfrak{p}[[Z]]$ に対して，

$$(\varphi \circ \mathcal{N})(F(Z)) = \prod_{\zeta \in \mu_p} F(\zeta(1+Z)-1),$$

$$(\varphi \circ \mathcal{T})(F(Z)) = \sum_{\zeta \in \mu_p} F(\zeta(1+Z)-1)$$

なる特徴づけがある．

各自然数 n での自然なノルム写像 $\prod_{\mathfrak{p}|(p)} \widehat{\mathbb{Z}[\zeta_N]}_{\mathfrak{p}}[\zeta_{p^{n+2}}] \longrightarrow \prod_{\mathfrak{p}|(p)} \widehat{\mathbb{Z}[\zeta_N]}_{\mathfrak{p}}[\zeta_{p^{n+1}}]$ を $\mathrm{Nr}_{n+1,n}$ と記す.この節を通して,1 の原始 p^{n+1} 乗根の系 $(\zeta_{p^{n+1}})_{n \geq 0}$ で,各 $k \geq 0$ で $\zeta_{p^{k+2}}^p = \zeta_{p^{k+1}}$ となるものを固定する.

一般に,$u_n \in \prod_{\mathfrak{p}|(p)} \widehat{\mathbb{Z}[\zeta_N]}_{\mathfrak{p}}[\zeta_{p^{n+1}}]^\times$ なる元の系 $(u_n)_{n \geq 0}$ で,各 $k \geq 0$ で関係式 $\mathrm{Nr}_{k+1,k}(u_{k+1}) = u_k$ をみたすもの,つまりノルム写像に関する逆極限の群 $\varprojlim_n \prod_{\mathfrak{p}|(p)} \widehat{\mathbb{Z}[\zeta_N]}_{\mathfrak{p}}[\zeta_{p^{n+1}}]^\times$ の元のことをノルム系とよぶ.例えば,$(u_n)_{n \geq 0} = (\zeta_{p^{n+1}})_{n \geq 0}$ はノルム系である.

Coleman による以下の結果はノルム系を測度に結びつける役割を果たす.

定理 3.44(Coleman) $\Delta_N \times G_{\mathrm{cyc}}$ の作用を保つ群同型:

$$\mathrm{Col}: \varprojlim_n \prod_{\mathfrak{p}|(p)} \widehat{\mathbb{Z}[\zeta_N]}_{\mathfrak{p}}[\zeta_{p^{n+1}}]^\times \xrightarrow{\sim} (\prod_{\mathfrak{p}|(p)} \widehat{\mathbb{Z}[\zeta_N]}_{\mathfrak{p}}[[Z]]^\times)^{\mathrm{Nr}=\sigma}, \quad \mathbf{u} \mapsto F_{\mathbf{u}}(Z)$$

で,$\mathbf{u} = (u_n)_{n \geq 0} \in \varprojlim_n \prod_{\mathfrak{p}|(p)} \widehat{\mathbb{Z}[\zeta_N]}_{\mathfrak{p}}[\zeta_{p^{n+1}}]^\times$ に対して,任意の $k \geq 0$ において性質 $F_{\mathbf{u}}^{\sigma^{-k}}(\zeta_{p^{k+1}} - 1) = u_k$ で $F_{\mathbf{u}}(Z)$ を特徴づけるものが一意に存在する. □

[証明] 各自然数 k で,全射環同型

$$\prod_{\mathfrak{p}|(p)} \widehat{\mathbb{Z}[\zeta_N]}_{\mathfrak{p}}[[Z]] \twoheadrightarrow \prod_{\mathfrak{p}|(p)} \widehat{\mathbb{Z}[\zeta_N]}_{\mathfrak{p}}[\zeta_{p^{k+1}}], \quad F(Z) \mapsto F^{\sigma^{-k}}(\zeta_{p^{k+1}} - 1)$$

があり,核は $\Psi_{p^{k+1}}(Z) := \omega_{k+1}(Z)/\omega_k(Z)$ で生成される単項イデアルである.各自然数 k において,$G_k(Z) \mapsto u_k$ となる p^{k+1} 次の多項式 $G_k(Z) \in \prod_{\mathfrak{p}|(p)} \widehat{\mathbb{Z}[\zeta_N]}_{\mathfrak{p}}[[Z]]$ をとり,$F_k(Z) = \mathcal{N}^k(G_{2k}(Z))$ とおく.多項式 $G_k(Z)$ の取り方には不定性があるが,u_k が単数であることから,$G_k(Z)$ は常に $\prod_{\mathfrak{p}|(p)} \widehat{\mathbb{Z}[\zeta_N]}_{\mathfrak{p}}[[Z]]$ の単数となることに注意する.まず,定義より

$$F_k^{\sigma^{-k}}(\zeta_{p^{k+1}} - 1) = \mathrm{Nr}^k(G_{2k}^{\sigma^{-2k}})((\zeta_{p^{2k+1}})^{p^k} - 1)$$

$$= \prod_{\zeta^{p^k}=1} G_{2k}^{\sigma^{-2k}}(\zeta\zeta_{p^{2k+1}} - 1) = \mathrm{Nr}_{2k,k}(u_{2k}) = u_k$$

である.また,

$$[p]\left(\frac{\mathcal{N}(G_{2k}(Z))}{G_{2k}(Z)}\right) = \frac{\prod_{\zeta \in \mu_p} G_{2k}^{\sigma^{-1}}(\zeta(1+Z)-1)}{G_{2k}((1+Z)^p - 1)} \equiv \frac{(G_{2k}^{\sigma^{-1}}(Z))^p}{G_{2k}(Z^p)} \mod (\zeta_p - 1)$$

かつ $(\zeta_p - 1) \cap \prod_{\mathfrak{p} \mid (p)} \widehat{\mathbb{Z}[\zeta_N]}_{\mathfrak{p}} = (p) \prod_{\mathfrak{p} \mid (p)} \widehat{\mathbb{Z}[\zeta_N]}_{\mathfrak{p}}$ より,

$$[p]\left(\frac{\mathcal{N}(G_{2k}(Z))}{G_{2k}(Z)}\right) \equiv \frac{(G_{2k}^{\sigma^{-1}}(Z))^p}{G_{2k}(Z^p)} \equiv 1 \mod p$$

を得る. $[p]$ は $\prod_{\mathfrak{p} \mid (p)} \widehat{\mathbb{Z}[\zeta_N]}_{\mathfrak{p}}[[Z]]/(p)$ 上で単射を引き起こすから,

(3.22) $$\frac{\mathcal{N}(G_{2k})}{G_{2k}} \equiv 1 \mod p$$

が成り立つ.

$n \leqq k$ なる非負整数 n を一時的に固定すると, まったく同様な議論で $\frac{\mathcal{N}^{i+1}(G_{2k})}{\mathcal{N}^i(G_{2k})} \equiv 1 \mod p$ $(i = 1, \cdots, k-n-1)$ となる. $\frac{\mathcal{N}^{i+1}(G_{2k})}{\mathcal{N}^i(G_{2k})}$ らを掛け合わせると,

(3.23) $$\frac{\mathcal{N}^{k-n}(G_{2k})}{G_{2k}} \equiv 1 \mod p$$

が成り立つ. 一般に, $l \geqq 1$ とし, 与えられた $H(Z) \in \prod_{\mathfrak{p} \mid (p)} \widehat{\mathbb{Z}[\zeta_N]}_{\mathfrak{p}}[[Z]]$ が $H(Z) \equiv 1 \mod p^l$ をみたすとき,

$$[p](\mathcal{N}(H(Z))) = \prod_{\zeta \in \mu_p} H^{\sigma^{-1}}(\zeta(1+Z)-1) \equiv 1 \mod (\zeta_p - 1) p^l$$

かつ $(\zeta_p - 1)p^l \cap \prod_{\mathfrak{p} \mid (p)} \widehat{\mathbb{Z}[\zeta_N]}_{\mathfrak{p}} = (p^{l+1}) \prod_{\mathfrak{p} \mid (p)} \widehat{\mathbb{Z}[\zeta_N]}_{\mathfrak{p}}$ より, $[p](\mathcal{N}(H(Z))) \equiv 1 \mod p^{l+1}$ を得る. $[p]$ は $\prod_{\mathfrak{p} \mid (p)} \widehat{\mathbb{Z}[\zeta_N]}_{\mathfrak{p}}[[Z]]/(p^{l+1})$ 上で単射を引き起こすから,

(3.24) $\quad H(Z) \equiv 1 \mod p^l$ ならば $\mathcal{N}(H(Z)) \equiv 1 \mod p^{l+1}$

が成り立つ. (3.23), (3.24) より,

(3.25) $$\frac{\mathcal{N}^{2k-n}(G_{2k})}{\mathcal{N}^k(G_{2k})} \equiv 1 \mod p^{k+1}$$

が示された. $u_n = \mathrm{Nr}_{2k,n}(u_{2k}) = \mathrm{Nr}^{2k-n}(G_{2k}^{\sigma^{-2k}})(\zeta_{p^{n+1}} - 1)$ であるから, $n \leqq k$ なる勝手な自然数 n に対して,

$$(3.26) \qquad F_k^{\sigma^{-n}}(\zeta_{p^{n+1}} - 1) \equiv u_n \bmod p^{k+1}$$

となる.ここで,$F_k(Z) - F_{k-1}(Z)$ の割り算

$$(3.27) \qquad F_k(Z) - F_{k-1}(Z) = Q_k(Z)\Psi_{p^k}(Z) + R_k(Z)$$

を考える.(3.26) を $n = k-1$ で用いると

$$F_k^{\sigma^{-(k-1)}}(\zeta_{p^k} - 1) - F_{k-1}^{\sigma^{-(k-1)}}(\zeta_{p^k} - 1) \equiv 0 \bmod p^k$$

が成り立つ.よって,(3.27) と $\Psi_{p^k}(\zeta_{p^k} - 1) = 0$ より,$R_k(\zeta_{p^k} - 1) \equiv 0 \bmod p^k$ となる.$R_k(Z)$ の次数は $\zeta_{p^k} - 1$ の最小多項式 $\Psi_{p^k}(Z)$ の次数より小さいので,$p^k | R_k(Z)$ もわかる.次に,$Q_k(Z)$ を $\Psi_{p^{k-1}}(Z)$ で割ることで,

$$(3.28) \qquad Q_k(Z) = Q_{k-1}(Z)\Psi_{p^{k-1}}(Z) + R_{k-1}(Z)$$

を得る.(3.26) を $n = k-2$ で用いると,

$$F_k(\zeta_{p^{k-1}} - 1) - F_{k-1}(\zeta_{p^{k-1}} - 1) \equiv 0 \bmod p^k$$

が成り立つ.よって,(3.27) より,

$$Q_k(\zeta_{p^{k-1}} - 1)\Psi_{p^k}(\zeta_{p^{k-1}} - 1) = F_k(\zeta_{p^{k-1}} - 1) - F_{k-1}(\zeta_{p^{k-1}} - 1) - R_k(\zeta_{p^{k-1}} - 1)$$

は p^k で割り切れる.$\Psi_{p^k}(\zeta_{p^{k-1}} - 1)$ は p でちょうど 1 回割り切れるので,$R_{k-1}(\zeta_{p^{k-1}} - 1) = Q(\zeta_{p^{k-1}} - 1)$ は p^{k-1} で割り切れる.$R_{k-1}(Z)$ の次数は $\zeta_{p^{k-1}} - 1$ の最小多項式 $\Psi_{p^{k-1}}(Z)$ の次数より小さいので,$p^{k-1} | R_{k-1}(Z)$ もわかる.(3.27) に (3.28) を代入して,

$$(3.29)$$
$$F_k(Z) - F_{k-1}(Z) = (Q_{k-1}(Z)\Psi_{p^{k-1}}(Z) + R_{k-1}(Z))\Psi_{p^k}(Z) + R_k(Z)$$

を得る.(3.29) の 2 項目 $R_{k-1}(Z)\Psi_{p^k}(Z)$,3 項目 $R_k(Z)$ はともに $(p, Z)^k$ に入る.1 項目の $Q_{k-1}(Z)\Psi_{p^{k-1}}(Z)\Psi_{p^k}(Z)$ に対しては $Q_{k-1}(Z)\Psi_{p^{k-1}}(Z)\Psi_{p^k}(Z) \in (p, Z)^3$ がわかる.以下,帰納的に

3.2 解析的側面(p 進 L 函数)　85

(3.30) $$Q_n(Z) = Q_{n-1}(Z)\Psi_{p^{n-1}}(Z) + R_{n-1}(Z)$$

なる割り算を考え，同様の議論を繰り返すことで，$F_k(Z) - F_{k-1}(Z)$ は $(p,Z)^k$ に入る元の k 個の和で表され，$F_k(Z)$ は，(p,Z) が定める位相に関して Cauchy 列をなすことがわかる．その極限を $F_\mathbf{u}(Z)$ と定めると，(3.26) より欲しい補間性質をみたすことも明らかである．かくして求める写像 Col が構成され，一致の定理から Col の単射性が従う．

一方で，勝手な $F(Z) \in (\prod_{\mathfrak{p}|(p)} \widehat{\mathbb{Z}[\zeta_N]}_\mathfrak{p}[[Z]]^\times)^{\mathrm{Nr}=\sigma}$ をとる．ベキ級数に対するノルム作用素 Nr と円分拡大におけるノルム $N_{k+1,k}$ の計算*26を比べることで，$v_k := F^{\sigma^{-k}}(\zeta_{p^{k+1}} - 1)$ はノルム系をなすことがわかる．よって，Col^{-1} が定まり Col の全射性も示された．以上で証明を終える*27．■

ノルム系 $\mathbf{u}$ に付随した上述のベキ級数 $F_\mathbf{u}(Z)$ は **Coleman ベキ級数**(Coleman power series)とよばれ，後で p 進 L 函数 $L_p(\psi)$ の構成にも関係する．

注意 3.45　[118, Thm. 13.38]をはじめとした多くの基本文献で，古典的岩澤代数のコンパクト性を用いて無限個の元の列の中から収束する部分列をとることで Coleman ベキ級数の存在を証明している．確かに $\prod_{\mathfrak{p}|(p)} \widehat{\mathbb{Z}[\zeta_N]}_\mathfrak{p}[[Z]]$ はコンパクトであるが，上の証明では，構成した多項式の列が Cauchy 列であることを具体的な評価で示しており，コンパクト性に頼らずに $\prod_{\mathfrak{p}|(p)} \widehat{\mathbb{Z}[\zeta_N]}_\mathfrak{p}[[Z]]$ の完備性のみを用いる証明を試みた．よって，本書の下巻の第 6 章で，剰余体が $\overline{\mathbb{F}}_p$ である完備離散付値環 $\widehat{\mathbb{Z}}_p^{\mathrm{ur}}$ 上の Coleman ベキ級数の理論が紹介されるが，まったく同じ証明で得られる．このようなコンパクトでない岩澤代数での Coleman ベキ級数の定理は，モジュラー形式の円分岩澤主予想の Euler 系による証明で大事な役割を演じるのである．

$\varprojlim_n \prod_{\mathfrak{p}|(p)} \widehat{\mathbb{Z}[\zeta_N]}_\mathfrak{p}[\zeta_{p^{n+1}}]^\times$ のノルム系の具体例とその Coleman ベキ級数を与えよう．

補題 3.46　$N \geqq 1$ を $(N,p) = 1$ なる自然数とする．

(1) $N = 1$ のとき，$(p,a) = 1$ かつ $a \not\equiv 1 \bmod p$ なる自然数 a を選ぶ．このとき，次が成り立つ．

---

*26 すぐ後の補題 3.46 の証明も参照のこと．
*27 混標数の局所体の問題を正標数の局所体の問題に帰着するノルム体の理論[31]による Coleman ベキ級数の存在証明の別証明もある([89]を参照のこと)．

(ⅰ) $u_n(a) = \dfrac{\zeta_{p^{n+1}}^a - 1}{\zeta_{p^{n+1}} - 1}$ は $\mathbb{Z}_p[\zeta_{p^{n+1}}]$ の単数である.

(ⅱ) $\mathbf{u}(a) = (u_n(a))_{n \geq 0}$ はノルム系をなす.

(ⅲ) $F_{\mathbf{u}(a)}(Z) = \dfrac{(1+Z)^a - 1}{(1+Z) - 1}$ である.

(2) $N > 1$ のとき,1 の原始 N 乗根 $\zeta_N \in \overline{\mathbb{Q}}$ を固定し,$\prod_{\mathfrak{p}\,|(p)} \widehat{\mathbb{Z}[\zeta_N]}_{\mathfrak{p}}$ に対角的に埋め込む.このとき,次が成り立つ.

(ⅰ) $u_{(N),n} = (\zeta_N)^{\sigma^{-n}} \zeta_{p^{n+1}} - 1$ は $\prod_{\mathfrak{p}\,|(p)} \widehat{\mathbb{Z}[\zeta_N]}_{\mathfrak{p}}[\zeta_{p^{n+1}}]$ の単数である.

(ⅱ) $\mathbf{u}_{(N)} = (u_{(N),n})_{n \geq 0}$ はノルム系をなす.

(ⅲ) $F_{\mathbf{u}_{(N)}}(Z) = \zeta_N(1+Z) - 1$ である. □

[証明] 記述 (ⅰ) を示す.$N = 1$ のとき,$\zeta_{p^{n+1}} - 1$,$\zeta_{p^{n+1}}^a - 1$ は完備離散付値環 $\mathbb{Z}_p[\zeta_{p^{n+1}}]$ の素元である.よって,$\dfrac{\zeta_{p^{n+1}}^a - 1}{\zeta_{p^{n+1}} - 1}$ は $\mathbb{Z}_p[\zeta_{p^{n+1}}]$ の単元である.$N > 1$ のとき,仮定より $\zeta_N^{p^{-n}}$ は非自明な 1 のベキ根である.p の上にある $\mathbb{Z}[\zeta_N]$ の各素点 $\mathfrak{p}$ において,$\widehat{\mathbb{Z}[\zeta_N]}_{\mathfrak{p}}[\zeta_{p^{n+1}}]$ の素元 $\zeta_{p^{n+1}} - 1$ で法をとると $\zeta_N^{p^{-n}} \zeta_{p^{n+1}} - 1$ は剰余体の単元に写される.かくして,$\zeta_N^{p^{-n}} \zeta_{p^{n+1}} - 1$ は完備離散付値環 $\widehat{\mathbb{Z}[\zeta_N]}_{\mathfrak{p}}[\zeta_{p^{n+1}}]$ の単元である.

記述 (ⅱ) は $\zeta_{p^{n+1}}^a$ の $\mathbb{Z}[\zeta_N][\zeta_{p^n}]$ 上の共役元が $\{\zeta_{p^{n+1}}^{a+ip^n}\}_{0 \leq i \leq p-1}$ であることを用いて計算すれば明らかである.

記述 (ⅲ) を示す.まず命題 3.42 より

$$([p] \circ \mathrm{Nr})(F_{\mathbf{u}(a)}(Z)) = ([p] \circ \sigma)(F_{\mathbf{u}(a)}(Z)),$$
$$(\text{resp. } ([p] \circ \mathrm{Nr})(F_{\mathbf{u}_{(N)}}(Z)) = ([p] \circ \sigma)(F_{\mathbf{u}_{(N)}}(Z)))$$

がわかる.$[p]$ の単射性より,$\mathrm{Nr}(F_{\mathbf{u}(a)}(Z)) = F_{\mathbf{u}(a)}^{\sigma}(Z)$ (resp. $\mathrm{Nr}(F_{\mathbf{u}_{(N)}}(Z)) = F_{\mathbf{u}_{(N)}}^{\sigma}(Z)$) が従うので,各 $n \geq 0$ で $F_{\mathbf{u}(a)}^{\sigma^{-n}}(\zeta_{p^{n+1}} - 1) = u_n(a)$ (resp. $F_{\mathbf{u}_{(N)}}^{\sigma^{-n}}(\zeta_{p^{n+1}} - 1) = u_n$) がみたされる.以上で証明が終わる.■

補題 3.47 勝手な $F(Z) \in (\prod_{\mathfrak{p}\,|(p)} \widehat{\mathbb{Z}[\zeta_N]}_{\mathfrak{p}}[[Z]]^{\times})^{\mathrm{Nr}=\sigma}$ に対して,

$$\left(1 - \dfrac{\varphi}{p}\right) \log(F(Z)) \in (\prod_{\mathfrak{p}\,|(p)} \widehat{\mathbb{Z}[\zeta_N]}_{\mathfrak{p}}[[Z]])^{\mathrm{Tr}=0}$$

が成り立つ. □

3.2 解析的側面(p 進 L 函数)   87

注意 3.48 $F(Z) \in \prod_{\mathfrak{p}|(p)} \widehat{\mathbb{Z}[\zeta_N]}_{\mathfrak{p}}[[Z]]^{\times}$ に対して, $F(Z) = u(1+ZG(Z))$ なる $u \in (\prod_{\mathfrak{p}|(p)} \widehat{\mathbb{Z}[\zeta_N]}_{\mathfrak{p}})^{\times}$, $G(Z) \in \prod_{\mathfrak{p}|(p)} \widehat{\mathbb{Z}[\zeta_N]}_{\mathfrak{p}}[[Z]]$ が存在するので, $\widehat{\mathbb{Q}(\zeta_N)}_{\mathfrak{p}}$ で $\mathbb{Q}(\zeta_N)$ の $\mathfrak{p}$ での完備化を表すとき,

$$\log(F(Z)) = \log_p(u) + \sum_{n=1}^{\infty} \frac{(-1)^{n-1} Z^n G(Z)^n}{n}$$

は $\prod_{\mathfrak{p}|(p)} \widehat{\mathbb{Q}(\zeta_N)}_{\mathfrak{p}}[[Z]]$ の元として well-defined に定まる(ただし, $\log_p$ は p 進対数とする[*28]).

[証明] $F(Z)^p \equiv \varphi(F(Z)) \mod p$ より, ある $G(Z) \in \prod_{\mathfrak{p}|(p)} \widehat{\mathbb{Z}[\zeta_N]}_{\mathfrak{p}}[[Z]]$ が存在して, $\frac{F(Z)^p}{\varphi(F(Z))} = 1 + pG(Z)$ と書ける. 展開

$$\log\left(\frac{F(Z)^p}{\varphi(F(Z))}\right) = p \sum_{n=1}^{\infty} \frac{(-1)^{n-1} p^{n-1} G(Z)^n}{n}$$

において, $\frac{p^{n-1}}{n} \in \prod_{\mathfrak{p}|(p)} \widehat{\mathbb{Q}(\zeta_N)}_{\mathfrak{p}}$ は任意の n で $\prod_{\mathfrak{p}|(p)} \widehat{\mathbb{Z}[\zeta_N]}_{\mathfrak{p}}$ に入り, $n \to \infty$ のとき 0 に収束する. よって,

$$\left(1 - \frac{\varphi}{p}\right) \log(F(Z)) = \frac{1}{p} \log\left(\frac{F(Z)^p}{\varphi(F(Z))}\right) \in \prod_{\mathfrak{p}|(p)} \widehat{\mathbb{Z}[\zeta_N]}_{\mathfrak{p}}[[Z]]$$

となる. 命題 3.42 より, $\left(1 - \frac{\varphi}{p}\right) \log(F(Z)) \in \prod_{\mathfrak{p}|(p)} \widehat{\mathbb{Z}[\zeta_N]}_{\mathfrak{p}}[[Z]]^{\mathrm{Tr}=0}$ を示すには

$$\sum_{\zeta \in \mu_p} \log(F(\zeta(1+Z)-1)) = \frac{1}{p} \sum_{\zeta \in \mu_p} \log(\varphi(F)(\zeta(1+Z)-1))$$

を言えばよい. 今, $\mathcal{N}(F(Z)) = F(Z)$ の仮定と定義 3.43 の直後の注意によって, $\log(\varphi(F)(Z)) = \log(\varphi \circ \mathcal{N}(F)(Z)) = \sum_{\zeta \in \mu_p} \log(F(\zeta(1+Z)-1))$ であるから証明が終わる. ∎

可換環 R に対して, μ_R で R の 1 のベキ根のなす群を表すとき, 次が成り立つ.

補題 3.49 $\mathbf{u} = \{u_n\}_{n \geq 0} \in \varprojlim_n \prod_{\mathfrak{p}|(p)} \widehat{\mathbb{Z}[\zeta_N]}_{\mathfrak{p}}[\zeta_{p^{n+1}}]^{\times}$ とする. このとき, $F(Z) = F_{\mathbf{u}}(Z) \in (\prod_{\mathfrak{p}|(p)} \widehat{\mathbb{Z}[\zeta_N]}_{\mathfrak{p}}[[Z]]^{\times})^{\mathrm{Nr}=\sigma}$ に対して, $\left(1 - \frac{\varphi}{p}\right) \log(F_{\mathbf{u}}(Z)) = 0$ となるための必要十分条件は $F_{\mathbf{u}}(Z)$ が部分群 $\prod_{\mathfrak{p}|(p)} \mu_{\widehat{\mathbb{Z}[\zeta_N]}_{\mathfrak{p}}} \times \prod_{\mathfrak{p}|(p)} (1+Z)^{\mathbb{Z}_p}$

[*28] $\log_p$ は定義 3.58 でも復習する.

に入ること，つまり

$$\mathbf{u} \in \prod_{\mathfrak{p}\,|(p)} \mu_{\widehat{\mathbb{Z}[\zeta_N]}_{\mathfrak{p}}} \times \prod_{\mathfrak{p}\,|(p)} \mathbb{Z}_p(1) \subset \varprojlim_{n} \prod_{\mathfrak{p}\,|(p)} \widehat{\mathbb{Z}[\zeta_N]}_{\mathfrak{p}}[\zeta_{p^{n+1}}]^{\times}$$

となることである（ただし，$\mathbb{Z}_p(1) := \varprojlim_{n} \mu_{p^n}$ とする）． □

［証明］ 一般に，log のベキ級数展開の公式より，$G(Z)|_{Z=0} \equiv 1 \bmod p$ なる $G(Z) \in \prod_{\mathfrak{p}\,|(p)} \widehat{\mathbb{Z}[\zeta_N]}_{\mathfrak{p}}[[Z]]$ に対して，$\log(G(Z)) = 0$ となるための必要十分条件は $G(Z) = 1$ が成り立つことである．今，$\left(1 - \dfrac{\varphi}{p}\right)\log(F_{\mathbf{u}}(Z)) = \dfrac{1}{p}\log\left(\dfrac{F_{\mathbf{u}}(Z)^p}{\varphi(F_{\mathbf{u}}(Z))}\right)$ に注意する．$\dfrac{F_{\mathbf{u}}(Z)^p}{\varphi(F_{\mathbf{u}}(Z))}\bigg|_{Z=0} \equiv 1 \bmod p$ なので，$\left(1 - \dfrac{\varphi}{p}\right)\log(F_{\mathbf{u}}(Z)) = 0$ となるための必要十分条件は $\dfrac{F_{\mathbf{u}}(Z)^p}{\varphi(F_{\mathbf{u}}(Z))} = 1$ となることである．よって，$\dfrac{F_{\mathbf{u}}(Z)^p}{\varphi(F_{\mathbf{u}}(Z))} = 1$ となるための必要十分条件が $F_{\mathbf{u}}(Z)$ の各 $\mathfrak{p}$ 成分が $\mu_{\widehat{\mathbb{Z}[\zeta_N]}_{\mathfrak{p}}} \times (1+Z)^{\mathbb{Z}_p}$ に入ることを示せばよい．十分性は明らかであるので，以下必要性を示す．$F_{\mathbf{u}}(Z)^p = \varphi(F_{\mathbf{u}}(Z))$ と仮定する．定理 3.44 で記述された性質を合わせると

$$(F_{\mathbf{u}}^{\sigma^{-(n+1)}}(\zeta_{p^{n+2}} - 1))^p = u_{n+1}^p,$$

$$\varphi(F_{\mathbf{u}}^{\sigma^{-(n+1)}})(\zeta_{p^{n+2}} - 1) = F_{\mathbf{u}}^{\sigma^{-n}}(\zeta_{p^{n+1}} - 1) = u_n$$

となるので，勝手な自然数 n に対して $u_{n+1}^p = u_n$ が成り立つ．また，定数項 $F_{\mathbf{u}}(0) \in \prod_{\mathfrak{p}\,|(p)} \widehat{\mathbb{Z}[\zeta_N]}_{\mathfrak{p}}$ は $F_{\mathbf{u}}(0)^p = F_{\mathbf{u}}(0)^{\sigma}$ をみたすので，$F_{\mathbf{u}}(0) \in \prod_{\mathfrak{p}\,|(p)} \mu_{\widehat{\mathbb{Z}[\zeta_N]}_{\mathfrak{p}}}$ となる．かくして，$\mathbf{u} \in \prod_{\mathfrak{p}\,|(p)} \mu_{\widehat{\mathbb{Z}[\zeta_N]}_{\mathfrak{p}}} \times \prod_{\mathfrak{p}\,|(p)} \mathbb{Z}_p(1) \subset \varprojlim_{n} \prod_{\mathfrak{p}\,|(p)} \widehat{\mathbb{Z}[\zeta_N]}_{\mathfrak{p}}[\zeta_{p^{n+1}}]^{\times}$ が従い，証明が完了する． ■

$D: \prod_{\mathfrak{p}\,|(p)} \widehat{\mathbb{Z}[\zeta_N]}_{\mathfrak{p}}[[Z]] \longrightarrow \prod_{\mathfrak{p}\,|(p)} \widehat{\mathbb{Z}[\zeta_N]}_{\mathfrak{p}}[[Z]]$ を $F(Z) \mapsto (1+Z)\dfrac{d}{dZ}F(Z)$ で定まる $\prod_{\mathfrak{p}\,|(p)} \widehat{\mathbb{Z}[\zeta_N]}_{\mathfrak{p}}$ 加群の準同型写像とする．

命題 3.50 $\mathbb{Z}_p[\Delta_N]$ 加群の完全列

3.2 解析的側面(p 進 L 函数)　89

$$0 \longrightarrow \prod_{\mathfrak{p}\,|(p)} \mu_{\widehat{\mathbb{Z}[\zeta_N]}_\mathfrak{p}} \times \prod_{\mathfrak{p}\,|(p)} \mathbb{Z}_p(1) \xrightarrow{\alpha} (\prod_{\mathfrak{p}\,|(p)} \widehat{\mathbb{Z}[\zeta_N]}_\mathfrak{p}[[Z]]^\times)^{\mathrm{Nr}=\sigma}$$

$$\xrightarrow{(1-\frac{\varphi}{p})\circ\log} (\prod_{\mathfrak{p}\,|(p)} \widehat{\mathbb{Z}[\zeta_N]}_\mathfrak{p}[[Z]])^{\mathrm{Tr}=0} \xrightarrow{\beta} \prod_{\mathfrak{p}\,|(p)} \widehat{\mathbb{Z}[\zeta_N]}_\mathfrak{p}/(\sigma-1) \longrightarrow 0$$

がある.ただし,写像 α は $\prod_{\mathfrak{p}\,|(p)} x_\mathfrak{p} \in \prod_{\mathfrak{p}\,|(p)} \mu_{\widehat{\mathbb{Z}[\zeta_N]}_\mathfrak{p}}$, $\prod_{\mathfrak{p}\,|(p)} (\varprojlim_n \zeta_{p^n})^{a_\mathfrak{p}} \in \prod_{\mathfrak{p}\,|(p)} \mathbb{Z}_p(1)$
(ここで,$a_\mathfrak{p} \in \mathbb{Z}_p$ とする)に対して,

$$\alpha(\prod_{\mathfrak{p}\,|(p)} x_\mathfrak{p} \times \prod_{\mathfrak{p}\,|(p)} (\varprojlim_n \zeta_{p^n})^{a_\mathfrak{p}}) = \prod_{\mathfrak{p}\,|(p)} x_\mathfrak{p}(1+Z)^{a_\mathfrak{p}}$$

なる自然な埋め込みであり,写像 β は,$\beta(F(Z)) \equiv D(F(Z))|_{Z=0} \bmod \sigma - 1$ で定まる写像である. □

[証明] 第 1 項における完全性(つまり,α の単射性)は定義より明らかであり,補題 3.49 より第 2 項での完全性もよい.また,勝手な $a \in \prod_{\mathfrak{p}\,|(p)} \widehat{\mathbb{Z}[\zeta_N]}_\mathfrak{p}$ に対して $a(1+Z) \in \prod_{\mathfrak{p}\,|(p)} \widehat{\mathbb{Z}[\zeta_N]}_\mathfrak{p}[[Z]]$ とおくと $\mathrm{Tr}(a(1+Z)) = 0$ かつ $\beta(a(1+Z)) \equiv a \bmod \sigma - 1$ であるから,第 4 項における完全性(つまり,β の全射性)もわかる.よって,第 3 項における完全性が問題であるが,定義により

(3.31)
$$\beta \circ \left(\left(1-\frac{\varphi}{p}\right) \circ \log\right)(F(Z))$$
$$\equiv \left(D(\log(F(Z))) - \frac{1}{p} D(\log(F^\sigma((1+Z)^p-1)))\right)\bigg|_{Z=0} \bmod \sigma - 1$$

となる.一般に,対数微分の計算により,$G(Z) \in \prod_{\mathfrak{p}\,|(p)} \widehat{\mathbb{Z}[\zeta_N]}_\mathfrak{p}[[Z]]^\times$ に対して,$D(\log(G(Z))) = (1+Z)\frac{G'(Z)}{G(Z)}$ となることを思い出そう.ただし,$G'(Z)$ は $G(Z)$ の変数 Z に関する微分とする.この計算によって,$F(Z) = a_0 + a_1 Z + a_2 Z^2 + \cdots$ とすると,

$$\left(D(\log(F(Z))) - \frac{1}{p} D(\log(F^\sigma((1+Z)^p-1)))\right)\bigg|_{Z=0} = \frac{a_1}{a_0} - \left(\frac{a_1}{a_0}\right)^\sigma$$

が得られる.これと (3.31) を合わせることで $\left(1-\frac{\varphi}{p}\right) \circ \log$ と β との合成は零写像であることが示された.

以下，$\mathrm{Ker}(\beta) \subset \mathrm{Im}\left(\left(1 - \dfrac{\varphi}{p}\right) \circ \log\right)$ を証明する．$\prod_{\mathfrak{p}\mid(p)} \widehat{\mathbb{Z}[\zeta_N]}_{\mathfrak{p}}[[Z]]$ 部分加群 $\mathcal{P} \subset \prod_{\mathfrak{p}\mid(p)} \widehat{\mathbb{Q}(\zeta_N)}_{\mathfrak{p}}[[Z]]$ を

$$\mathcal{P} = \left\{ G(Z) = a_0 + a_1 Z + \cdots \in \prod_{\mathfrak{p}\mid(p)} \widehat{\mathbb{Q}(\zeta_N)}_{\mathfrak{p}}[[Z]] \;\middle|\; na_n \in \prod_{\mathfrak{p}\mid(p)} \widehat{\mathbb{Z}[\zeta_N]}_{\mathfrak{p}}, \, \forall n \geqq 0, \, p \mid a_0 \right\}$$

で定める．本来は命題3.50を述べる前に注意すべきことであったが，$\prod_{\mathfrak{p}\mid(p)} \widehat{\mathbb{Z}[\zeta_N]}_{\mathfrak{p}}[[Z]]$ 部分加群 $(p)\prod_{\mathfrak{p}\mid(p)} \widehat{\mathbb{Z}[\zeta_N]}_{\mathfrak{p}}[[Z]] \subset \mathcal{P}$ 上の作用素 φ, Tr は $\mathcal{P}$ へ延長される（詳しくは，[89, §1.1]などを参照[*29]）．まず，$H(Z) \in \mathrm{Ker}(\beta)$ に対して，$\left(1 - \dfrac{\varphi}{p}\right)(G(Z)) = H(Z)$ なる $G(Z) \in \mathcal{P}$ が存在することを示そう．以下，$H(Z) = b_0 + b_1 Z + b_2 Z^2 + \cdots \in \prod_{\mathfrak{p}\mid(p)} \widehat{\mathbb{Z}[\zeta_N]}_{\mathfrak{p}}[[Z]]$ に対して，$\left(1 - \dfrac{\varphi}{p}\right)(G(Z)) = H(Z)$ となる $G(Z) = a_0 + a_1 Z + a_2 Z^2 + \cdots \in \mathcal{P}$ の存在を示したい．そのためには

$$\begin{cases} (1 - \dfrac{\sigma}{p})(a_0) = b_0, \\ (1 - \sigma)(a_1) = b_1, \\ (1 - \dfrac{\varphi}{p})(a_2 Z^2 + a_3 Z^3 + \cdots) = b_1 Z - (1 - \dfrac{\varphi}{p})(a_1 Z) + (b_2 Z^2 + b_3 Z^3 + \cdots) \end{cases}$$

を解いて，$na_n \in \prod_{\mathfrak{p}\mid(p)} \widehat{\mathbb{Z}[\zeta_N]}_{\mathfrak{p}}$ なる $a_0, a_1, a_2, \cdots, a_n, \cdots \in \prod_{\mathfrak{p}\mid(p)} \widehat{\mathbb{Q}(\zeta_N)}_{\mathfrak{p}}$ を見つければよい．一番目の方程式は，$a_0 = -(p\sigma^{-1} + p^2\sigma^{-2} + \cdots + p^m\sigma^{-m} + \cdots)(b_0)$ を解に持つ．命題3.50における β の定義によって，$\beta(H(Z)) \equiv b_1 \pmod{(\sigma-1)\prod_{\mathfrak{p}\mid(p)} \widehat{\mathbb{Z}[\zeta_N]}_{\mathfrak{p}}}$ である．よって，$H(Z) \in \mathrm{Ker}(\beta)$ の仮定より二番目の方程式の解 a_1 が存在する．以下，三番目の方程式を解く．任意の $m \geqq 0$ に対して $\dfrac{\varphi^m}{p^m}(Z^n) = \dfrac{1}{p^m}\left((Z+1)^{p^m} - 1\right)^n \in \mathcal{P}$ である．さらに $n \geqq 2$ とすると，$\widehat{\mathbb{Z}[\zeta_N]}_{\mathfrak{p}}[[Z]]$ のイデアル (p, Z) によって引き起こされる位相に関して $\dfrac{\varphi^m}{p^m}(Z^n) \to 0 \; (m \to \infty)$ となるので，

[*29] 文献[89]の記号と本書の記号には若干のずれがある．例えば，本書における Tr は[89]における ψ と σ との合成に等しい．

$$R(Z) := \left(b_1 Z - \left(1 - \frac{\varphi}{p}\right)(a_1 Z)\right) + \left(b_2 Z^2 + \cdots + b_n Z^n + \cdots\right)$$
$$\in Z^2 \prod_{\mathfrak{p}|(p)} \widehat{\mathbb{Z}[\zeta_N]}_{\mathfrak{p}}[[Z]]$$

に対して，$Q(Z) = \left(1 + \frac{\varphi}{p} + \frac{\varphi^2}{p^2} + \cdots + \frac{\varphi^m}{p^m} + \cdots\right)(R(Z))$ とおくことによって，$\left(1 - \frac{\varphi}{p}\right)(Q(Z)) = R(Z)$ をみたす $Q(Z) \in \mathcal{P}$ が求まる．$G(Z) = a_0 + a_1 Z + Q(Z) \in \mathcal{P}$ とおくと $\left(1 - \frac{\varphi}{p}\right)(G(Z)) = H(Z)$ が成り立つ．$F(Z) := \exp(G(Z)) \in \prod_{\mathfrak{p}|(p)} \widehat{\mathbb{Q}[\zeta_N]}_{\mathfrak{p}}[[Z]]^\times$ とおくと，$\left(\left(1 - \frac{\varphi}{p}\right) \circ \log\right)(F(Z)) = \frac{1}{p} \log\left(\frac{F(Z)^p}{\varphi(F(Z))}\right)$ が $\prod_{\mathfrak{p}|(p)} \widehat{\mathbb{Z}[\zeta_N]}_{\mathfrak{p}}[[Z]]$ に入ることによって，$F(Z) \in \prod_{\mathfrak{p}|(p)} \widehat{\mathbb{Z}[\zeta_N]}_{\mathfrak{p}}[[Z]]^\times$ が従う[*30].

最後に，$\mathrm{Tr}(H(Z)) = 0$ の仮定と $\mathrm{Tr} \circ \varphi = p\sigma$ より $G(Z) \in \mathcal{P}^{\mathrm{Tr}=\sigma}$ が成り立ち，$F(Z) \in \prod_{\mathfrak{p}|(p)} \widehat{\mathbb{Z}[\zeta_N]}_{\mathfrak{p}}[[Z]]^\times$ に対して $F(Z) \in (\prod_{\mathfrak{p}|(p)} \widehat{\mathbb{Z}[\zeta_N]}_{\mathfrak{p}}[[Z]]^\times)^{\mathrm{Nr}=\sigma}$ が従う．以上で第 3 項における完全性がわかり，証明が完了する． ∎

命題 3.41 の証明のように $[p]_n$ を定めるとき，$\prod_{\mathfrak{p}|(p)} \widehat{\mathbb{Z}[\zeta_N]}_{\mathfrak{p}}[[Z]]/(\omega_n(Z))$ を $\mathrm{Im}([p]_n)$ 上の階数 p の自由加群とみなしたときのトレース写像を Tr_n と記す．命題 3.42 で与えた Tr は $\varprojlim_n \mathrm{Tr}_n$ に一致することに注意する．

命題 3.51 n を自然数として，命題 3.41 の証明のように $\overline{Z}$ を定める．$\overline{F}_n(\overline{Z}) = \sum_{i=0}^{p^n-1} a_i(1+\overline{Z})^i \in \prod_{\mathfrak{p}|(p)} \widehat{\mathbb{Z}[\zeta_N]}_{\mathfrak{p}}[[Z]]/(\omega_n(Z))$ を考える（ただし，$a_i \in \prod_{\mathfrak{p}|(p)} \widehat{\mathbb{Z}[\zeta_N]}_{\mathfrak{p}}$, $i = 0, 1, \cdots, p^n - 1$）．このとき，

$$\overline{F}_n(\overline{Z}) \in \left(\prod_{\mathfrak{p}|(p)} \widehat{\mathbb{Z}[\zeta_N]}_{\mathfrak{p}}[[Z]]/(\omega_n(Z))\right)^{\mathrm{Tr}_n=0}$$

となるための必要十分条件は，$p|i$ ならば $a_i = 0$ となることである． ∎

[*30] 詳細は省略するが，補題 3.47 と直後の注意，その証明の議論によって，背理法で示すことができる．

[証明] $\sum_{\zeta \in \mu_p} \zeta = 0$ と $([p]_n \circ \mathrm{Tr}_n)(\overline{F}_n(\overline{Z})) = \sum_{\zeta \in \mu_p} \overline{F}_n(\zeta(1+\overline{Z}) - 1)$ であることより,$([p]_n \circ \mathrm{Tr}_n)(\overline{F}_n(\overline{Z})) = 0$ となるための必要十分条件は $p|i$ ならば $a_i = 0$ となることである.かくして証明が従う. □

系 3.52 命題 3.50 の直前で定められた $\prod_{\mathfrak{p}|(p)} \widehat{\mathbb{Z}[\zeta_N]}_\mathfrak{p}$ 加群の準同型写像 D に対し,$F(Z) \in (\prod_{\mathfrak{p}|(p)} \widehat{\mathbb{Z}[\zeta_N]}_\mathfrak{p}[[Z]])^{\mathrm{Tr}=0}$ ならば $D(F(Z)) \in (\prod_{\mathfrak{p}|(p)} \widehat{\mathbb{Z}[\zeta_N]}_\mathfrak{p}[[Z]])^{\mathrm{Tr}=0}$ が成り立つ.また,D は $(\prod_{\mathfrak{p}|(p)} \widehat{\mathbb{Z}[\zeta_N]}_\mathfrak{p}[[Z]])^{\mathrm{Tr}=0}$ から $(\prod_{\mathfrak{p}|(p)} \widehat{\mathbb{Z}[\zeta_N]}_\mathfrak{p}[[Z]])^{\mathrm{Tr}=0}$ への $\prod_{\mathfrak{p}|(p)} \widehat{\mathbb{Z}[\zeta_N]}_\mathfrak{p}$ 加群の同型を引き起こす. □

[証明] $(1+\overline{Z})^i \in C_{p^n} \mapsto i(1+\overline{Z})^i \ (i = 0, 1, \cdots, p^n - 1)$ が定める自己準同型 $D_n \in \mathrm{End}_{\prod_{\mathfrak{p}|(p)} \widehat{\mathbb{Z}[\zeta_N]}_\mathfrak{p}}(\prod_{\mathfrak{p}|(p)} \widehat{\mathbb{Z}[\zeta_N]}_\mathfrak{p}[[Z]]/(\omega_n(Z)))$ を考える.$D = \varprojlim_n D_n$ であることに注意する.命題 3.51 で得られた $(\prod_{\mathfrak{p}|(p)} \widehat{\mathbb{Z}[\zeta_N]}_\mathfrak{p}[[Z]]/(\omega_n(Z)))^{\mathrm{Tr}_n=0}$ の特徴づけを用いることにより,D_n は $(\prod_{\mathfrak{p}|(p)} \widehat{\mathbb{Z}[\zeta_N]}_\mathfrak{p}[[Z]]/(\omega_n(Z))q)^{\mathrm{Tr}_n=0}$ から $(\prod_{\mathfrak{p}|(p)} \widehat{\mathbb{Z}[\zeta_N]}_\mathfrak{p}[[Z]]/\omega_n(Z))^{\mathrm{Tr}_n=0}$ への $\prod_{\mathfrak{p}|(p)} \widehat{\mathbb{Z}[\zeta_N]}_\mathfrak{p}$ 加群の単射準同型を定める.$\overline{F}_n(\overline{Z}) = \sum_{i=0}^{p^n-1} a_i(1+\overline{Z})^i \in (\prod_{\mathfrak{p}|(p)} \widehat{\mathbb{Z}[\zeta_N]}_\mathfrak{p}[[Z]]/\omega_n(Z))^{\mathrm{Tr}_n=0}$ に対して,$\overline{G}_n(\overline{Z}) = \sum_{\substack{0 < i < p^n \\ (i,p)=1}} \frac{a_i}{i}(1+\overline{Z})^i$ とおくと,$\mathrm{Tr}_n(\overline{G}_n(\overline{Z})) = 0$ かつ $\overline{F}_n(\overline{Z}) = D(\overline{G}_n(\overline{Z}))$ となり,D_n の全射性も従う.かくして,n に関して極限をとることで証明が終わる. □

先の命題 3.51 の明らかな系として次が成り立つ:

系 3.53 定義 3.40 によって $(1+Z)$ への G_{cyc} の作用を定めるとき,$\mathbb{Z}_p[\Delta_N]$ 加群の同一視

$$(\prod_{\mathfrak{p}|(p)} \widehat{\mathbb{Z}[\zeta_N]}_\mathfrak{p}[[Z]])^{\mathrm{Tr}=0} = \mathbb{Z}_p[\Delta_N][[G_{\mathrm{cyc}}]] \cdot (1+Z)$$

がある[*31].特に,$(\prod_{\mathfrak{p}|(p)} \widehat{\mathbb{Z}[\zeta_N]}_\mathfrak{p}[[Z]])^{\mathrm{Tr}=0}$ は階数 1 の自由 $\mathbb{Z}_p[\Delta_N][[G_{\mathrm{cyc}}]]$ 加群となる. □

記号 $(\prod_{\mathfrak{p}|(p)} \widehat{\mathbb{Z}[\zeta_N]}_\mathfrak{p}/(\sigma-1))(1)$ で,$\mathbb{Z}_p[\Delta_N]$ 加群としては $\prod_{\mathfrak{p}|(p)} \widehat{\mathbb{Z}[\zeta_N]}_\mathfrak{p}/(\sigma$

$-1)$ と同型で, $g \in G_{\mathrm{cyc}}$ が $\chi_{\mathrm{cyc}}(g)$ で作用する $\mathbb{Z}_p[\Delta_{Np}][[\Gamma_{\mathrm{cyc}}]]$ 加群を表す. 定理 3.44, 命題 3.50, 系 3.53 を組み合わせることでただちに次の定理が得られる:

定理 3.54 $\mathbb{Z}_p[\Delta_N][[G_{\mathrm{cyc}}]]$ 加群の完全列

$$0 \longrightarrow \prod_{\mathfrak{p}\,|\,(p)} \mu_{\widehat{\mathbb{Z}[\zeta_N]}_{\mathfrak{p}}} \times \prod_{\mathfrak{p}\,|\,(p)} \mathbb{Z}_p(1) \longrightarrow \varprojlim_n \prod_{\mathfrak{p}\,|\,(p)} \widehat{\mathbb{Z}[\zeta_N]}_{\mathfrak{p}}[\zeta_{p^{n+1}}]^{\times}$$

$$\xrightarrow{(1-\frac{\varphi}{p})\circ\log\circ\mathrm{Col}} \mathbb{Z}_p[\Delta_N][[G_{\mathrm{cyc}}]] \longrightarrow (\prod_{\mathfrak{p}\,|\,(p)} \widehat{\mathbb{Z}[\zeta_N]}_{\mathfrak{p}}/(\sigma-1))(1) \longrightarrow 0$$

がある. □

非負整数 n に対して, $G_{\mathrm{cyc},n} := G_{\mathrm{cyc}}/(G_{\mathrm{cyc}})^{(p-1)p^n}$ とおき, $G_{-1} = \mathbf{1}$ とする. 一般に, η を導手 M の Dirichlet 指標とするとき, $\tau(\eta) = \sum_{i=1}^{M} \eta(i) e^{\frac{2\pi\sqrt{-1}i}{M}}$ を η の **Gauss 和**とよぶ.

補題 3.55 定理 3.54 の 4 項完全系列の $\left(1 - \dfrac{\varphi}{p}\right) \circ \log \circ \mathrm{Col}$ の像の元 $\Xi \in \mathbb{Z}_p[\Delta_{Np}][[\Gamma_{\mathrm{cyc}}]] = \mathbb{Z}_p[\Delta_N][[G_{\mathrm{cyc}}]]$ を考える. 同じ 4 項完全系列の命題 3.50 による記述とその証明を介して,

$$\left(1 - \frac{\varphi}{p}\right) G(Z) = \Xi \cdot (1+Z)$$

なる $G(Z) \in \mathcal{P}^{\mathrm{Tr}=\sigma}$ をとる. このとき, 勝手な非負整数 $r \geqq 0$ と勝手な G_{cyc} の導手 p^{n+1} の有限指標 η に対して次が成り立つ:

$\tau(\eta^{-1}) \cdot (\chi_{\mathrm{cyc}}^r \eta)(\Xi) =$
$$\begin{cases} \left(\sum_{g \in G_{\mathrm{cyc},n}} \eta(g^{-1}) D^r \left(G(\zeta_{p^{n+1}}^g(1+Z) - 1) - \dfrac{1}{p} G^{\sigma}(\zeta_{p^n}^g(1+Z) - 1) \right) \right)\Big|_{Z=0} & \eta \neq \mathbf{1}, \\ \left(D^r \left(G(Z) - \dfrac{1}{p} G^{\sigma}((1+Z)^p - 1) \right) \right)\Big|_{Z=0} & \eta = \mathbf{1}. \end{cases}$$

□

[証明] G_{cyc} の導手 p^{n+1} の有限指標 η に対して, 写像

---

*31 測度の観点からは, $\prod_{\mathfrak{p}\,|\,(p)} \widehat{\mathbb{Z}[\zeta_N]}_{\mathfrak{p}}[[Z]]$ を加法群 $\mathbb{Z}_p$ 上の $\prod_{\mathfrak{p}\,|\,(p)} \widehat{\mathbb{Z}[\zeta_N]}_{\mathfrak{p}}$ 値測度の環とすると, $(\prod_{\mathfrak{p}\,|\,(p)} \widehat{\mathbb{Z}[\zeta_N]}_{\mathfrak{p}}[[Z]])^{\mathrm{Tr}=0}$ は開部分集合 $\mathbb{Z}_p^{\times} \subset \mathbb{Z}_p$ 上の $\prod_{\mathfrak{p}\,|\,(p)} \widehat{\mathbb{Z}[\zeta_N]}_{\mathfrak{p}}$ 値測度として得られる $\prod_{\mathfrak{p}\,|\,(p)} \widehat{\mathbb{Z}[\zeta_N]}_{\mathfrak{p}}[[Z]]$ の部分加群である.

$$G_{\mathrm{cyc}} \cdot (1+Z) \longrightarrow \overline{\mathbb{Q}}_p, \ (1+Z)^{\chi_{\mathrm{cyc}}(h)} \mapsto \left(\sum_{g \in G_{\mathrm{cyc},n}} \eta^{-1}(g)(\zeta_{p^{n+1}}^g(1+Z))^{\chi_{\mathrm{cyc}}(h)} \right) \bigg|_{Z=0}$$

は, $(1+Z)^{\chi_{\mathrm{cyc}}(h)} \mapsto \tau(\eta^{-1})\eta(h)$ に等しいことが計算により確かめられる (ここで, $h \in G_{\mathrm{cyc}}$ に対して $h \cdot (1+Z) = (1+Z)^{\chi_{\mathrm{cyc}}(h)}$ であることに注意する). 同様に, 写像

$$G_{\mathrm{cyc}} \cdot (1+Z) \longrightarrow \overline{\mathbb{Q}}_p, \ (1+Z)^{\chi_{\mathrm{cyc}}(h)} \mapsto \left(D^r((1+Z)^{\chi_{\mathrm{cyc}}(h)}) \right) \bigg|_{Z=0}$$

は, $(1+Z)^{\chi_{\mathrm{cyc}}(h)} \mapsto \chi_{\mathrm{cyc}}^r(h)$ に等しい. かくして, $H(Z) = \Xi_G \cdot (1+Z)$ をとると, 次が得られる:

$$\tau(\eta^{-1}) \cdot (\chi_{\mathrm{cyc}}^r \eta)(\Xi_G) = \begin{cases} \left(\sum_{g \in G_{\mathrm{cyc},n}} \eta(g^{-1}) D^r \left(H(\zeta_{p^{n+1}}^g (1+Z) - 1) \right) \right) \bigg|_{Z=0} & \eta \neq \mathbf{1}, \\ \left(D^r \left(H(Z) \right) \right) \big|_{Z=0} & \eta = \mathbf{1}. \end{cases}$$

$H(Z) = \left(1 - \dfrac{\varphi}{p} \right) G(Z)$ として, 代入すれば証明が完了する. ∎

上の準備に基づいて, 前節の岩澤構成とは異なる定理 3.29 の証明を行う.

[定理 3.29 の別証明] まず, $N=1$ の場合を考える[*32]. $(p,a)=1$ かつ $a \not\equiv 1 \bmod p$ なる自然数 a を補助的に選ぶ. 補題 3.46 のように $\mathbf{u}(a)$, $F_{\mathbf{u}(a)}(Z) = \dfrac{(1+Z)^a - 1}{(1+Z) - 1}$ をとり, $G_{\mathbf{u}(a)}(Z) = \log(F_{\mathbf{u}(a)}(Z))$ とおく. また, $\Xi(a) \cdot (1+Z) = \left(1 - \dfrac{\varphi}{p} \right) (G_{\mathbf{u}(a)}(Z))$ となるような元 $\Xi(a) \in \mathbb{Z}_p[[G_{\mathrm{cyc}}]]$ を考える. $\iota: \mathbb{Z}_p[\Delta_p][[\Gamma_{\mathrm{cyc}}]] \longrightarrow \mathbb{Z}_p[\Delta_p][[\Gamma_{\mathrm{cyc}}]]$ を $\Gamma_{\mathrm{cyc}} \longrightarrow \Gamma_{\mathrm{cyc}}$, $g \mapsto g^{-1}$ によって引き起こされる involution とし, $\gamma(a) \in \Gamma_{\mathrm{cyc}}$ を $\kappa_{\mathrm{cyc}}(\gamma(a)) = \langle a \rangle$ なる元とする.

$$(3.32) \quad L_p(\psi) = \psi \omega^{-1} \left(\dfrac{1}{(1 - \langle a \rangle \psi(a) \gamma(a)^{-1})} \iota(D(\Xi(a))) \right)$$

とおく[*33]. a の選び方より $\psi \neq \mathbf{1}$ (つまり, $N=1$ かつ $e=1$) ならば $\psi(a) \neq 1$ である. よって, $(1 - \langle a \rangle \psi(a) \gamma(a)^{-1})$ は $\mathbb{Z}_p[\Delta_p][[\Gamma_{\mathrm{cyc}}]]$ の可逆元である.

[*32] つまり, このとき ψ は ω のベキである.
[*33] ω^{-1} が余分についているのは, $\Gamma_{\mathrm{cyc}} = G_{\mathrm{cyc}}/\Delta_p$ 上の関数を考えているにもかかわらず, 最初の D 作用素で Δ_p の作用が ω だけひねられたのを修正したものである.

よって, $L_p(\psi) \in \Lambda_{\mathrm{cyc}}$ となる. $\psi = \mathbf{1}$ (つまり, $N = 1$ かつ $e = 0$) のとき, $L_p(\mathbf{1}) \in \dfrac{1}{\gamma - \kappa_{\mathrm{cyc}}(\gamma)} \Lambda_{\mathrm{cyc}}$ となる.

$r \geqq 1$ を自然数とするとき, 補題 3.55 を用いて, $L_p(\psi)$ の数論的指標 $\kappa_{\mathrm{cyc}}^{1-r}\phi$ での値を計算すると

$$(\kappa_{\mathrm{cyc}}^{1-r}\phi)(L_p(\psi)) = \frac{1}{(1 - \psi(a)\phi(\gamma(a))^{-1}\langle a\rangle^r)} \left(\psi\omega^{-r}\chi_{\mathrm{cyc}}^{r-1}\phi^{-1}\right)(D(\Xi(a)))$$

である. $\eta := \psi\omega^{-r}\phi^{-1}$ とおいて, 値 $(\chi_{\mathrm{cyc}}^{r-1}\eta)(D(\Xi(a)))$ を計算する. 今,

$$D(G_{\mathbf{u}(a)}(Z)) = D(\log(F_{\mathbf{u}(a)}(Z))) = \frac{a(1+Z)^a}{(1+Z)^a - 1} - \frac{(1+Z)}{(1+Z) - 1}$$

と計算される. $E(Z) = \dfrac{a(1+Z)^a}{(1+Z)^a - 1} - \dfrac{(1+Z)}{(1+Z) - 1}$ とおくと, 補題 3.55 より,

$\tau(\eta^{-1}) \cdot (\chi_{\mathrm{cyc}}^{r-1}\eta)(D(\Xi(a))) =$

$$\begin{cases} \left(\displaystyle\sum_{g \in G_{\mathrm{cyc},n}} \eta(g^{-1})D^{r-1}\left(E(\zeta_{p^{n+1}}^g(1+Z) - 1) - \frac{1}{p}E^\sigma(\zeta_{p^n}^g(1+Z) - 1)\right)\right)\Big|_{Z=0} & \eta \neq \mathbf{1}, \\ \left(D^{r-1}\left(E(Z) - \dfrac{1}{p}E^\sigma((1+Z)^p - 1)\right)\right)\Big|_{Z=0} & \eta = \mathbf{1}. \end{cases}$$

である. $Z = e^z - 1$ とおくと, $(1+Z)\dfrac{d}{dZ} = \dfrac{d}{dz}$ であるから, 上の計算結果を系 3.36 と組み合わせると, $\eta \neq \mathbf{1}$ のとき, 次が得られる[*34]:

$\tau(\eta^{-1}) \cdot (\chi_{\mathrm{cyc}}^{r-1}\eta)(D(\Xi(a)))$

$$= \left(\frac{d}{dz}\right)^{r-1} \sum_{g \in G_{\mathrm{cyc},n}} \eta(g^{-1}) \left(\frac{a\sum_{i=1}^{p^{n+1}}(\zeta_{p^{n+1}}^g e^z)^{ai}}{(e^z)^{ap^{n+1}} - 1} - \frac{\sum_{i=1}^{p^{n+1}}(\zeta_{p^{n+1}}^g e^z)^i}{(e^z)^{p^{n+1}} - 1}\right)\Bigg|_{z=0}$$

$$= \tau(\eta^{-1}) \cdot \left(\frac{d}{dz}\right)^{r-1} \sum_{g \in G_{\mathrm{cyc},n}} \left(\frac{a\sum_{i=1}^{p^{n+1}}\eta(ai)(e^z)^{ai}}{(e^z)^{ap^{n+1}} - 1} - \frac{\sum_{i=1}^{p^{n+1}}\eta(i)(e^z)^i}{(e^z)^{p^{n+1}} - 1}\right)\Bigg|_{z=0}$$

[*34] η の導手が p^{n+1} であるから, $\sum_{g \in G_{\mathrm{cyc},n}} \eta(g^{-1})D^{r-1}\left(E^\sigma(\zeta_{p^n}^g(1+Z) - 1)\right) = 0$ なので 2 項目の寄与は消えることに注意する.

$$= \tau(\eta^{-1}) \cdot \left(1 - a^r \eta^{-1}(a)\right) L(\psi\omega^{-r}\phi^{-1}, 1-r)$$
$$= \tau(\eta^{-1}) \cdot \left(1 - \psi(a)\phi(\langle a\rangle)^{-1}\langle a\rangle^r\right) L(\psi\omega^{-r}\phi^{-1}, 1-r).$$

$\eta = 1$ の場合も同様に計算して次を得る.

$$\chi_{\mathrm{cyc}}^{r-1}(D(\Xi(a))) = \left(1 - a\langle a\rangle^{r-1}(\langle a\rangle)\right)\left(1 - \frac{(\psi\omega^{-r})(p)}{p^{1-r}}\right) L(\psi\omega^{-r}, 1-r).$$

以上で, $N = 1$ の場合に限ると, $L_p(\psi)$ は定理 3.29 の補間性質をみたし, 証明が完了する.

$N > 1$ の場合は, Δ_N 加群としての同型

$$d: \prod_{\mathfrak{p} \mid (p)} \widehat{\mathbb{Z}[\zeta_N]}_{\mathfrak{p}} \cong \mathbb{Z}_p[\Delta_N]$$

で, 導手 N の勝手な原始的な Dirichlet 指標 ψ と $(i, N) = 1$ なる勝手な自然数 i に対して $\psi(i) = \psi(d(\zeta_N^i))$ となるものを固定する. また, 上と同様に,

$$(3.33) \qquad L_p(\psi) = \psi\omega^{-1}\left(\iota(D(\Xi_N))\right) \in \mathbb{Z}_p[\Delta_N][[G_{\mathrm{cyc}}]]$$

とおく(ただし, Ξ_N は $\Xi_N \cdot (1+Z) = \left(1 - \dfrac{\varphi}{p}\right)\log(\zeta_N(1+Z) - 1)$ なる元). 同様な計算によって, $L_p(\psi)$ は欲しい補間性質をみたすことがわかる. ∎

注意 3.56 上の Coleman の構成の手順を復習すると, 次のようにまとめられる:
(A) 円単数のノルム系 $\mathbf{u} \overset{(1)}{\Rightarrow}$ Coleman ベキ級数 $F_\mathbf{u}(Z) \overset{(2)}{\Rightarrow} \mathbb{Z}_p[\Delta_N][[\Gamma_{\mathrm{cyc}}]]$ の元.
(B) $F_\mathbf{u}(Z)|_{Z=e^z-1}$ の対数微分が $L(\eta, s)$ の特殊値の母函数 $f_\eta(z)$ と「ほぼ等しい」.

(A)で候補となる元を構成し, (B)で欲しい補間性質をみたすことが確かめられたのである. しかしながら, $F(Z)|_{Z=e^z-1}$ の対数微分が $L(\eta, s)$ の特殊値の母函数 $f_\eta(z)$ と「ほぼ等しい」 $F(Z)$ が 3.2.2 項で既に直接得られている. したがって, (1)の段階を省いても岩澤構成と異なる p 進 L 函数 $L_p(\psi)$ の別構成ができている. このような「よい有理函数の $F(Z)$ から(A)の(2)を施す」構成は Leopoldt や Mazur に端を発する(例えば, [68]などを参照のこと). Leopoldt, Mazur, Coleman らによるこの構成を「有理函数の母函数による構成」とよぶことにする.

かくして, 母函数が円単数から来るという(A)の(1)のステップは, 単なる p 進 L 函数の構成の目的からは一見無駄に思える. しかしながら, p 進 L 函数と円単数が結びつ

くことは後に論ずる岩澤主予想の円単数の Euler 系を用いた証明で非常に重要である（3.3.3 項を参照）．

本節の終わりに関連した二つの重要な結果を紹介する．

定理 3.57 (Ferrero-Washington)　ψ を導手が Np^e（N は p と素な自然数, $e=0$ または $e=1$）で, $\psi(-1)=1$ なる Dirichlet 指標とする．このとき, 定理 3.29 で得られた $L_p(\psi) \in \mathbb{Z}_p[\psi][[\Gamma_{\mathrm{cyc}}]]$ は $\mathbb{Z}_p[\psi]$ の素元では割り切れない．つまり, $L_p(\psi)$ の μ 不変量は自明である． □

この定理は, Ferrero-Washington[29]によって最初に証明された．Ferrero-Washington は, p 進 L 函数の様々な指標で特殊化した値の分布の一様性などを議論する解析的な方法で証明を与えた．その後,「有理函数の母函数による p 進 L 函数の構成」の応用として, Sinnott[114]が代数的で簡潔な別証明を与えた．$L_p(\psi)$ が ϖ が $G_\mathbf{u}(Z) = \log(F_\mathbf{u}(Z))$ と密接に関連していたことを思い出そう．Sinnott による定理 3.57 の別証明では, 大雑把に言うと, $F_\mathbf{u}(Z)$ が（単なる Z のベキ級数でなく）Z の有理函数であるから, $D(G_\mathbf{u}(Z)) = (1+Z)\dfrac{F'_\mathbf{u}(Z)}{F_\mathbf{u}(Z)}$ が ϖ で割り切れなければ, $L_p(\psi)$ も ϖ で割り切れないことを示す（[114, Thm. 1]を参照のこと）．さらに, $F_\mathbf{u}(Z)$ が非常に単純な式であるから, $(1+Z)\dfrac{F'_\mathbf{u}(Z)}{F_\mathbf{u}(Z)}$ が ϖ で割り切れないこともすぐに確かめられる．議論の詳細は[114]を参照のこと．

もう一つの重要結果を紹介するために言葉を復習する．

定義 3.58　$\mathbb{Q}_p$ の代数閉包 $\overline{\mathbb{Q}}_p$ の整数環を $\overline{\mathbb{Z}}_p$, $\overline{\mathbb{Z}}_p$ の極大イデアルを $\overline{P}$ とするとき, $1+\overline{P} \subset \overline{\mathbb{Z}}_p^\times$ においては

$$\log_p(1+x) = \sum_{n=1}^\infty \frac{(-1)^{n-1} x^n}{n} \quad (\forall (1+x) \in 1+\overline{P})$$

と定める．$\mu'_{\overline{\mathbb{Z}}_p}$ を $\overline{\mathbb{Z}}_p$ における位数が p と素な 1 のベキ根の群とすると, $\overline{\mathbb{Z}}_p^\times/(1+\overline{P}) \xrightarrow{\sim} \overline{\mathbb{F}}_p^\times \xrightarrow{\sim} \mu'_{\overline{\mathbb{Z}}_p}$ なる標準同型がある（最初の同型は mod $\overline{P}$ 写像, 次の同型は Teichmüller 持ち上げ写像である）．これによって, 短完全列：

$$\mathbf{1} \longrightarrow 1+\overline{P} \longrightarrow \overline{\mathbb{Z}}_p^\times \longrightarrow \overline{\mathbb{Z}}_p^\times/(1+\overline{P}) \longrightarrow \mathbf{1}$$

が分裂するので, $\overline{\mathbb{Z}}_p^\times/(1+\overline{P}) \cong \mu'_{\overline{\mathbb{Z}}_p}$ 上で $\log_p = 0$ と定めることで, $\log_p$ は

$\mathbb{Z}_p^\times$ 上に延長される．また，付値から引き起こされる標準同型 $\overline{\mathbb{Q}}_p^\times/\overline{\mathbb{Z}}_p^\times \xrightarrow{\sim} \mathbb{Q}$ より，短完全列 $1 \longrightarrow \overline{\mathbb{Z}}_p^\times \longrightarrow \overline{\mathbb{Q}}_p^\times \longrightarrow \mathbb{Q} \longrightarrow 1$ がある．今, p のベキ根の系

$$\left\{ p^q \in \overline{\mathbb{Q}}_p^\times \,\middle|\, (p^q)^{q'} = p^{qq'}, \ \forall q, q' \in \mathbb{Q} \right\}_{q \in \mathbb{Q}}$$

を一つ固定する．このとき，先の短完全列が分裂するので，$\log_p(p^q) = 0$ と定めることで, $\log_p$ は $\overline{\mathbb{Q}}_p^\times$ 上に一意的に延長される．また，固定した p のベキ根の系 $\{p^q\}_{q \in \mathbb{Q}}$ を別の $\{(p^q)'\}_{q \in \mathbb{Q}}$ に取り替えても，その比 $p^q/(p^q)'$ は 1 のベキ根であるから, $\log_p$ は p のベキ根の系 $\{p^q\}_{q \in \mathbb{Q}}$ の選び方に依存しない標準的な函数である．かくして定義された $\overline{\mathbb{Q}}_p$ 上の函数 $\log_p$ を **p 進対数函数**とよぶ． □

$j \leqq 0$ なる数論的指標 $\kappa_{\mathrm{cyc}}^j \phi$ において，久保田-Leopoldt の p 進 L 函数での値が記述されていた．$j = 1$ ではよく知られていた次の古典的な事実がある：

定理 3.59（Leopoldt の公式）　Γ_{cyc} の任意の有限指標 ϕ に対して，

$$\kappa_{\mathrm{cyc}} \phi(L_p(\psi)) = -\left(1 - \frac{\phi\psi(p)}{p}\right) \frac{\tau(\phi\psi)}{M} \sum_{i=1}^M \overline{\phi\psi}(i) \log_p(1 - \zeta_M^i)$$

が成り立つ．ただし，M を $\phi\psi$ の導手とする． □

証明は, $L_p(\psi)$ の母函数による構成と補題 3.55 を $r = 0$ で用いれば明らかである．しかしながら，元々は「有理函数の母函数による p 進 L 函数の構成」を仮定せずに，久保田-Leopoldt [68] の構成と適当な p 進近似の議論によって示されていたことにも注意しておく[*35]．

最後に，定理 3.59 は，Dirichlet の L 函数における以下のよく知られた古典的類数公式の p 進類似であることも注意しておきたい．

定理 3.60　η を $\eta(-1) = 1$ なる導手 $M > 1$ の Dirichlet 指標とするとき，

$$L(\eta, 1) = -\frac{\tau(\eta)}{M} \sum_{i=1}^M \overline{\eta}(i) \log |1 - \zeta_M^i|$$

が成り立つ． □

[*35] そのような証明については，例えば [53, §5], [118, Chap. 5, §4] などを参照のこと．

3.3 代数的側面と解析的側面の関係(岩澤主予想)

イデアル類群の円分岩澤理論における代数的側面における主役と解析的側面における主役が出揃ったので，本節ではいよいよ両者を結びつける岩澤主予想を論じたい．

3.3.1 イデアル類群の円分岩澤主予想

この節では，序章でも紹介したイデアル類群の円分岩澤主予想を厳密な形で定式化したい．本質的には，前節までに必要としたレベルの知識で読めるが，特に Kummer 拡大の理論，有限次代数体の Dedekind ゼータ函数に関する函数等式や $s=1$ での留数を記述する類数公式などはよく用いる．例えば，前者については[33]，後者については[83, VII 章]などを参照されたい．

定義 3.61 $\mathcal{M}$ を Δ_{Np} の作用を持つ $\mathbb{Z}_p$ 加群，η を Δ_{Np} の指標とする．今，$\mathcal{M}_\eta := \mathcal{M} \otimes_{\mathbb{Z}_p[\Delta_{Np}]} \mathbb{Z}_p[\eta]$ を $\mathcal{M}$ の η 商とよぶ．また，$\mathcal{M}^\vee$ を $\mathcal{M}$ の Pontrjagin 双対とするとき $\mathcal{M}^\eta := ((\mathcal{M}^\vee)_\eta)^\vee$ を $\mathcal{M}$ の η 部分とよぶ． □

$\mathcal{M}_\eta$, $\mathcal{M}^\eta$ はそれぞれ Δ_{Np} が η で作用するような $\mathcal{M}$ の最大商加群および最大部分加群である．$\mathcal{M}_\eta$, $\mathcal{M}^\eta$ はともに自然な $\mathbb{Z}_p[\eta]$ 加群の構造を持つ．また，η の位数が p と素ならば，$\mathcal{M}_\eta$ と $\mathcal{M}^\eta$ は同型であり，η 商をとる函手(この場合は，η 部分をとる函手と等しい)は完全函手である．

定義 3.62 一般に，η を Dirichlet 指標とするとき，η を $\mathbb{Q}$ のある有限次アーベル拡大のガロワ群の指標とみなし，K_η を η の核に対応する体とする．$K_{\eta,\infty}^{\mathrm{cyc}}$ を K_η の円分 $\mathbb{Z}_p$ 拡大とし，$L_{\eta,\infty}^{\mathrm{cyc}}$ (resp. $M_{\eta,\infty}^{\mathrm{cyc}}$) を $K_{\eta,\infty}^{\mathrm{cyc}}$ 上の至る所不分岐かつアーベルな最大 pro-p 拡大(resp. p の外で不分岐かつアーベルな最大 pro-p 拡大)とする．$X_{K_{\eta,\infty}^{\mathrm{cyc}}} = \mathrm{Gal}(L_{\eta,\infty}^{\mathrm{cyc}}/K_{\eta,\infty}^{\mathrm{cyc}})$, $\mathfrak{X}_{K_{\eta,\infty}^{\mathrm{cyc}}} = \mathrm{Gal}(M_{\eta,\infty}^{\mathrm{cyc}}/K_{\eta,\infty}^{\mathrm{cyc}})$ とおく． □

3.1.1項の最初の議論によって，$X_{K_{\eta,\infty}^{\mathrm{cyc}}}$, $\mathfrak{X}_{K_{\eta,\infty}^{\mathrm{cyc}}}$ はともにコンパクトな Λ_{cyc} 加群となる．また，定理3.4より，$X_{K_{\eta,\infty}^{\mathrm{cyc}}}$ はねじれ Λ_{cyc} 加群である．

今までに準備した言葉を用いてイデアル類群の円分岩澤主予想を定式化する．注意3.65でも説明するように，この場合の岩澤主予想は既に示されてお

り定理であるが，歴史的な重要性から岩澤主予想とよぶことにする．また岩澤主予想には $(-)$ 版と $(+)$ 版の異なる同値な定式化がある．片方は以下の通りである：

定理 3.63($(-)$ 版岩澤主予想)　$(N,p)=1$ なる自然数 N，導手が Np^e ($e=0$ または $e=1$) で $\psi(-1)=1$ である Dirichlet 指標 ψ を考える．$K_{\omega\psi^{-1}}$ を $\omega\psi^{-1}$ の核に対応する $\mathbb{Q}$ 上の有限次アーベル拡大とする．このとき，

$$\mathrm{char}_{\Lambda_{\mathrm{cyc},\psi}}(X_{K_{\omega\psi^{-1},\infty}^{\mathrm{cyc}}})_{\omega\psi^{-1}} = \begin{cases} (L_p(\psi)) & \psi \neq \mathbf{1} \text{ のとき,} \\ (\gamma - \kappa_{\mathrm{cyc}}(\gamma))(L_p(\mathbf{1})) & \psi = \mathbf{1} \text{ のとき} \end{cases}$$

が成り立つ[*36]．　□

$\mathfrak{X}_{K_{\psi,\infty}^{\mathrm{cyc}}}$ は Λ_{cyc} 加群として有限生成であるがねじれ加群とは限らない[*37]．しかしながら，考えている ψ は偶指標であるから，後述の命題 3.67 によって，$(\mathfrak{X}_{K_{\psi,\infty}^{\mathrm{cyc}}})_\psi$ はねじれ $\Lambda_{\mathrm{cyc},\psi}$ 加群となる．一般に，Λ_{cyc} 加群 $\mathcal{M}$ が与えられたとき，$\mathcal{M}^\bullet$ によって，$\mathbb{Z}_p$ 加群としては $\mathcal{M}$ と同型だが $g \in \Gamma_{\mathrm{cyc}}$ の作用が g^{-1} を通して定まる Λ_{cyc} 加群を表す．同様に，η を $\mathbb{Z}_p^\times$ に値を持つ Γ_{cyc} 上の指標とするとき，$\mathcal{M} \otimes \eta$ によって，$\mathbb{Z}_p$ 加群としては $\mathcal{M}$ と同型だが $g \in \Gamma_{\mathrm{cyc}}$ の作用が $\eta(g) \cdot g$ を通して定まる Λ_{cyc} 加群を表す．

$(-)$ 版岩澤主予想は，次の $(+)$ 版岩澤主予想と同値である．

定理 3.64($(+)$ 版岩澤主予想)　定理 3.63 と同じ仮定の ψ を考えるとき，

$$\mathrm{char}_{\Lambda_{\mathrm{cyc},\psi}}((\mathfrak{X}_{K_{\psi,\infty}^{\mathrm{cyc}}})_\psi)^\bullet \otimes \kappa_{\mathrm{cyc}} = \begin{cases} (L_p(\psi)) & \psi \neq \mathbf{1} \text{ のとき,} \\ (\gamma - \kappa_{\mathrm{cyc}}(\gamma))(L_p(\mathbf{1})) & \psi = \mathbf{1} \text{ のとき} \end{cases}$$

が成り立つ．　□

岩澤主予想の証明の歴史は以下の注意を参照．

[*36] 本書では全般的に p は奇素数としているが，$p=2$ の場合もイデアル類群の岩澤主予想は考えられる．[28]らの考察により，$p=2$ のときは右辺の p 進 L 函数に $\dfrac{1}{2}$ を掛ける修正が必要である．

[*37] ここでは証明しないが，$r_2(K)$ を CM 体 K の虚素点の個数とするとき，$\mathfrak{X}_{K_\infty^{\mathrm{cyc}}}$ は Λ_{cyc} 上階数 $r_2(K)$ の自由加群とねじれ加群との直和に擬同型である(例えば，[118, §13.5]を参照のこと)．

注意 3.65

(1) Mazur-Wiles[79] は，$p \neq 2$ かつ p が ψ の位数 $(= [K_\psi : \mathbb{Q}])$ を割らない場合に岩澤主予想を証明した．手法としては，Ribet がモジュラー曲線 $X_1(Np)$ のヤコビ多様体の p 等分点を用いて大きな不分岐拡大を構成し，Herbrand の定理の逆を示した方法の一般化である．Mazur-Wiles は，Ribet の構成を $X_1(Np^n)$ の p ベキ等分点へと一般化した．その後，Wiles[124] は，Mazur-Wiles が Dirichlet 指標 ψ に対応するアーベル体 K_ψ で得た結果を一般の総実代数体 F の有限 Hecke 指標 ψ に対応する F のアーベル拡大 K_ψ へ一般化した．元の $F = \mathbb{Q}$ の場合に限っても，[124] の手法は，肥田理論を用いることで，[79] より洗練されている．これによって，$p = 2$ かつ 2 が ψ の位数を割らない場合，$p \neq 2$ で p が ψ の位数を割る場合にも岩澤主予想を証明した．より階数の高いガロワ表現を用いるこのような手法をモジュラー的方法とよぶ．モジュラー的手法では，$(-)$ 版の岩澤主予想が証明される．

(2) Thaine, Kolyvagin らがイデアル類群や楕円曲線の Tate-Shafarevich 群の構造を調べるのに用いた手法を洗練させることで，Rubin は [73] の Appendix において $K = \mathbb{Q}(\mu_p)$ の場合に円単数の Euler 系を用いた岩澤主予想の別証明を行い，彼による Euler 系の教科書 [77] の Chap. 3 に $p \neq 2$ で p が ψ の位数を割らない場合へと一般化した証明も記載されている．その後，Greither [37] は，$p = 2$ の場合も p が ψ の位数を割る場合も込めた「イデアル類群の円分岩澤主予想」の最も一般的な状況での証明を記している．円単数の Euler 系の方法では，上述のモジュラー的手法とは逆に $(+)$ 版の岩澤主予想が証明されることに注意したい[*38]．

イデアル類群の円分岩澤主予想の証明は，3.3.2 項，3.3.3 項で説明するが，以下の二つの原理が大事になる：

(A) (Kummer 双対性) $(+)$ 版岩澤主予想と $(-)$ 版岩澤主予想の同値性を導く原理．

(B) (解析的類数公式) イデアル類群の円分岩澤主予想の等式のうちどちらか片方の包含関係を $\mathrm{Gal}(\mathbb{Q}(\mu_{Np})/\mathbb{Q})$ の全ての偶指標 ψ で証明すれば，自動的に等式が成立することを保証する原理．

(B) の原理は，$(+)$ 版の岩澤主予想，$(-)$ 版の岩澤主予想のいずれでも有効であることに注意する．

[*38] この本では立ち入らないが，「Gauss 和の Euler 系」というものも知られており，こちらは $(-)$ 版の岩澤主予想に関係している．例えば，ガロワ作用のない素朴な状況では [67]，ガロワ作用のある岩澤理論的な設定では [2] などを参照されたい．

ψ を導手が Np^e (N は p と素な自然数，$e=0$ または $e=1$)で，$\psi(-1)=1$ なる Dirichlet 指標とし，$K=K_\psi(\mu_p)$ とする．$K_{\omega\psi^{-1}}, K_\psi$ はともに K の部分体であり，K は $K\bigcap\mathbb{Q}_\infty=\mathbb{Q}$ となる有限次アーベル体であることに注意したい．

まず，(A) の原理は正確には以下の定理で定式化される．

定理 3.66 定理 3.63 と同じ仮定の ψ を考えるとき，

$$\mathrm{char}_{\Lambda_{\mathrm{cyc},\psi}}(X_{K_\infty^{\mathrm{cyc}}})_{\omega\psi^{-1}} = \mathrm{char}_{\Lambda_{\mathrm{cyc},\psi}}((\mathfrak{X}_{K_\infty^{\mathrm{cyc}}})_\psi)^\bullet \otimes \kappa_{\mathrm{cyc}}$$

が成り立つ[*39]． □

この定理の証明は以下で与える命題 3.67 と命題 3.70 を組み合わせることで得られる．

命題 3.67(Kummer 理論)　定理 3.63 と同じ仮定の ψ を考えるとき，Γ_{cyc} の作用と両立する非退化なペアリング：

$$(3.34) \qquad (\mathfrak{X}_{K_\infty^{\mathrm{cyc}}})_\psi \times \mathrm{Cl}(K_\infty^{\mathrm{cyc}})[p^\infty]^{\omega\psi^{-1}} \xrightarrow{\sim} \mu_{p^\infty}$$

がある．つまり，$\Lambda_{\mathrm{cyc},\psi}$ 加群としての同型

$$(\mathfrak{X}_{K_\infty^{\mathrm{cyc}}})_\psi \cong \mathrm{Hom}_{\mathbb{Z}_p}(\mathrm{Cl}(K_\infty^{\mathrm{cyc}})[p^\infty]^{\omega\psi^{-1}}, \mathbb{Q}_p/\mathbb{Z}_p) \otimes \kappa_{\mathrm{cyc}}$$

がある． □

[証明] I_∞ を K_∞^{cyc} の分数イデアルの群とするとき[*40]，各自然数 m で

$$\mathfrak{M}_m = \left\{ x \in (K_\infty^{\mathrm{cyc}})^\times/((K_\infty^{\mathrm{cyc}})^\times)^{p^m} \,\middle|\, (x) \in (I_\infty)^{p^m} \right\}$$

と定める．このとき次の短完全列がある：

$$\{1\} \longrightarrow (\mathfrak{r}_{K_\infty^{\mathrm{cyc}}})^\times/((\mathfrak{r}_{K_\infty^{\mathrm{cyc}}})^\times)^{p^m} \longrightarrow \mathfrak{M}_m \longrightarrow \mathrm{Cl}(K_\infty^{\mathrm{cyc}})[p^m] \longrightarrow \{1\}.$$

[*39] Kummer 理論を考えるために K_ψ, $K_{\omega\psi^{-1}}$ に ζ_p を付け加えた体 K を考えているが，$(X_{K_\infty^{\mathrm{cyc}}})_{\omega\psi^{-1}}$ と $(X_{K_{\omega\psi^{-1},\infty}^{\mathrm{cyc}}})_{\omega\psi^{-1}}$, $(\mathfrak{X}_{K_\infty^{\mathrm{cyc}}})_\psi$ と $(\mathfrak{X}_{K_{\psi,\infty}^{\mathrm{cyc}}})_\psi$ は互いに擬同型であることに注意する．

[*40] K_∞^{cyc} は無限次の代数体であるが，分数イデアルを K_∞^{cyc} の零でない有限生成 $\mathfrak{r}_{K_\infty^{\mathrm{cyc}}}$ 部分加群として定義すると分数イデアルたちは自然に群をなす．K_∞^{cyc} の分数イデアルの群は，有限次部分体 K_n^{cyc} の分数イデアルの群の順極限に他ならない．

ただし,最後の写像は,$x \in \mathfrak{M}_m$ に対して,$\mathfrak{A}^{p^m} = (x)$ なる $\mathfrak{A} \in I_\infty$ の定める類 $[\mathfrak{A}] \in \mathrm{Cl}(K_\infty^{\mathrm{cyc}})[p^m]$ を対応させる well-defined な写像とする.$\mathfrak{M}_\infty = \varinjlim_m \mathfrak{M}_m$ とおき,上の短完全列の m に関する順極限をとることで,

$$\{1\} \longrightarrow (\mathfrak{r}_{K_\infty^{\mathrm{cyc}}})^\times \otimes_\mathbb{Z} \mathbb{Q}_p/\mathbb{Z}_p \longrightarrow \mathfrak{M}_\infty \longrightarrow \mathrm{Cl}(K_\infty^{\mathrm{cyc}})[p^\infty] \longrightarrow \{1\}$$

を得る.K_∞^{cyc} の最大総実部分体を $K_\infty^{\mathrm{cyc},+}$ と記す.命題 3.11 より,$(\mathfrak{r}_{K_\infty^{\mathrm{cyc}}})^\times$ の中で $(\mathfrak{r}_{K_\infty^{\mathrm{cyc},+}})^\times \mu_{K_\infty^{\mathrm{cyc}}}$ は高々指数 2 の部分群である.有限アーベル群と可除なアーベル群のテンソル積は消えるので,自然な同型 $(\mathfrak{r}_{K_\infty^{\mathrm{cyc},+}})^\times \mu_{K_\infty^{\mathrm{cyc}}} \otimes_\mathbb{Z} \mathbb{Q}_p/\mathbb{Z}_p \cong (\mathfrak{r}_{K_\infty^{\mathrm{cyc}}})^\times \otimes_\mathbb{Z} \mathbb{Q}_p/\mathbb{Z}_p$ がある.さらに,$\mu_{K_\infty^{\mathrm{cyc}}} \otimes_\mathbb{Z} \mathbb{Q}_p/\mathbb{Z}_p = 0$ であるから,自然な同型 $(\mathfrak{r}_{K_\infty^{\mathrm{cyc},+}})^\times \otimes_\mathbb{Z} \mathbb{Q}_p/\mathbb{Z}_p \cong (\mathfrak{r}_{K_\infty^{\mathrm{cyc}}})^\times \otimes_\mathbb{Z} \mathbb{Q}_p/\mathbb{Z}_p$ が得られる.$\omega\psi^{-1}$ が奇指標であるから,直前の完全列の $\Delta_N \times \Delta_p$ が $\omega\psi^{-1}$ で作用する $\omega\psi^{-1}$ 部分をとることで

$$(3.35) \qquad (\mathfrak{M}_\infty)^{\omega\psi^{-1}} \cong \mathrm{Cl}(K_\infty^{\mathrm{cyc}})[p^\infty]^{\omega\psi^{-1}}$$

を得る.一方で,$\{\sqrt[p^m]{x} \mid x \in \mathfrak{M}_m\}$ を K_∞^{cyc} に付け加えた拡大を $K_\infty^{\mathrm{cyc}}(\sqrt[p^m]{\mathfrak{M}_m})$ で表すと,非退化なペアリング

$$(3.36) \quad \mathrm{Gal}(K_\infty^{\mathrm{cyc}}(\sqrt[p^m]{\mathfrak{M}_m})/K_\infty^{\mathrm{cyc}}) \times \mathfrak{M}_m \longrightarrow \mu_{p^\infty}, \quad (g, x) \mapsto \frac{(\sqrt[p^m]{x})^g}{\sqrt[p^m]{x}}$$

がある.

K_∞^{cyc} は全ての 1 の p ベキ根を含むので,Kummer 理論によって,p^m 次巡回拡大 $M/K_\infty^{\mathrm{cyc}}$ に対して,$x \in (K_\infty^{\mathrm{cyc}})^\times / ((K_\infty^{\mathrm{cyc}})^\times)^{p^m}$ が存在して,$M = K_\infty^{\mathrm{cyc}}(\sqrt[p^m]{x})$ と書ける.$x \in K_n^{\mathrm{cyc}}$ となりかつ $K_\infty^{\mathrm{cyc}}/K_n^{\mathrm{cyc}}$ が p 上の全ての素点で完全分岐であるような十分大きな n をとる.このとき,$M/K_\infty^{\mathrm{cyc}}$ が p の外不分岐となるための必要十分条件は M/K_n^{cyc} が p の外不分岐となることであることに注意する.また,$\mathfrak{l}$ を p と素な K_n のイデアル,$K_{n,\mathfrak{l}}^{\mathrm{cyc}}$ を K_n^{cyc} の $\mathfrak{l}$ における完備化とするとき,局所類体論により,$K_{n,\mathfrak{l}}^{\mathrm{cyc}}(\sqrt[p^m]{x})$ が $K_{n,\mathfrak{l}}^{\mathrm{cyc}}$ 上不分岐であるための必要十分条件は $\mathrm{ord}_\mathfrak{l}(x)$ が p と素であることである.よって,$(x) = \mathfrak{A}\mathfrak{p}_1^{m_1} \cdots \mathfrak{p}_s^{m_s}$(ただし,$\mathfrak{A}$ は p と素な K_n^{cyc} の分数イデアル,$\mathfrak{p}_1, \cdots, \mathfrak{p}_s$ は p の上にある $\mathfrak{r}_{K_n^{\mathrm{cyc}}}$ の素イデアル)と表すとき,M/K_n^{cyc} が p の外不分岐となるための必要十分条件はある K_n^{cyc} の分数イデアル $\mathfrak{B}$ が存在して $\mathfrak{A} = \mathfrak{B}^{p^m}$

と書けることであることがわかる．$K_\infty^{\mathrm{cyc}}/K_n^{\mathrm{cyc}}$ は p 上の全ての素点で完全分岐であることを併せると，

$$(3.37) \qquad M_\infty^{\mathrm{cyc}} = \varinjlim_m K_\infty^{\mathrm{cyc}}(\sqrt[p^m]{\mathfrak{M}_m})$$

を得る．(3.36)の極限と(3.37)によって，非退化かつ $\Delta_N \times \Delta_p$ の作用と同様な以下のペアリングを得る：

$$\mathfrak{X}_{K_\infty^{\mathrm{cyc}}} \times \mathfrak{M}_\infty \longrightarrow \mu_{p^\infty}.$$

$\Delta_N \times \Delta_p$ が μ_{p^∞} 上に ω で作用することより，$\mathfrak{X}_{K_\infty^{\mathrm{cyc}}}$ の ψ 商を考えると

$$(3.38) \qquad (\mathfrak{X}_{K_\infty^{\mathrm{cyc}}})_\psi \times (\mathfrak{M}_\infty)^{\omega\psi^{-1}} \longrightarrow \mu_{p^\infty}$$

が得られる．(3.35), (3.38)より証明が終わる． ■

随伴加群の理論を思い出そう．岩澤の論文[55]で初めて現れた随伴加群の定義は以下の通りである．

定義 3.68 $\mathcal{O}$ を $\mathbb{Z}_p$ 上有限平坦な完備離散付値環，Γ を $1 + p\mathbb{Z}_p$ と同型な位相群とする．M を有限生成ねじれ $\mathcal{O}[[\Gamma]]$ 加群とするとき，ある有向順序集合 A，ある $\mathcal{O}[[\Gamma]]$ の単項イデアルの集合 $\{I_\alpha\}_{\alpha \in A}$ で次をみたすものを考える．

(i) $\alpha' > \alpha$ ならば $I_{\alpha'} \subset I_\alpha$.
(ii) $\bigcap_{\alpha \in A} I_\alpha = \{0\}$.
(iii) $\forall \alpha \in A$ で，イデアル I_α は $\mathrm{char}_{\mathcal{O}[[\Gamma]]} M$ と共通の素因子を持たない．

このとき，各 $\alpha \in A$ で $I_\alpha = (h_\alpha)$ となる元 $h_\alpha \in \mathcal{O}[[\Gamma]]$ を選ぶと，$\alpha' > \alpha$ なる $\alpha, \alpha' \in A$ ごとに，

$$M/I_\alpha M \hookrightarrow M/I_{\alpha'}M, \ x \bmod I_\alpha \mapsto \frac{h_{\alpha'}}{h_\alpha} x \bmod I_{\alpha'}$$

と定めることで，$M/I_\alpha M$ たちは位数有限の $\mathcal{O}[[\Gamma]]$ 加群の順系をなす．このとき，

$$\mathrm{Ad}(M) := (\varinjlim_{\alpha \in A} M/I_\alpha M)^\vee$$

を M の(**岩澤**)**随伴加群**((Iwasawa) adjoint module)とよぶ．生成元 h_α たち

を取り替えても，$\mathrm{Ad}(M)$ は元のものと同型であることに注意する． □

以下の定理3.69が随伴加群の理論における主定理である．この定理は，主張自体が明解であり，数論的というよりはむしろ純粋に代数の議論であるから，証明は省略する[*41]．

定理 3.69 $\mathcal{O}$ を $\mathbb{Z}_p$ 上有限平坦な完備離散付値環，Γ を $1+p\mathbb{Z}_p$ と同型な位相群とする．このとき，任意の有限生成ねじれ $\mathcal{O}[[\Gamma]]$ 加群 M, M' に対して，次が成り立つ．

(1) $\mathrm{Ad}(M)$ は，$\{I_\alpha\}_{\alpha \in A}$ に依らず同型を除いて一意に定まる．

(2) $\mathrm{Ad}(M)$ は，$\mathrm{Ext}^1_{\mathcal{O}[[\Gamma]]}(M, \mathcal{O}[[\Gamma]])$ と標準的に同型である．

(3) $\mathrm{Ad}(M)$ は非自明な擬零部分 $\mathcal{O}[[\Gamma]]$ 加群を持たない有限生成ねじれ $\mathcal{O}[[\Gamma]]$ 加群となる．

(4) 擬同型 $M \sim M'$ があるならば，$\mathrm{Ad}(M) \sim \mathrm{Ad}(M')$ が成り立つ．

(5) M が基本岩澤加群ならば，$\mathrm{Ad}(M) \cong M^\bullet$ が成り立つ． □

この随伴加群の理論を応用して次が得られる：

命題 3.70 定理3.63と同じ仮定の ψ を考えるとき，$\Lambda_{\mathrm{cyc},\psi}$ 加群の擬同型：

$$\mathrm{Hom}_{\mathbb{Z}_p}(\mathrm{Cl}(K^{\mathrm{cyc}}_\infty)[p^\infty]^{\omega\psi^{-1}}, \mathbb{Q}_p/\mathbb{Z}_p)^\bullet \sim (X_{K^{\mathrm{cyc}}_\infty})_{\omega\psi^{-1}}$$

がある． □

［証明］ $K^{\mathrm{cyc}}_\infty/K$ が円分 $\mathbb{Z}_p$ 拡大であることより，ある十分大きな n_0 が存在して，K^{cyc}_∞ は n_0 次中間体 $K^{\mathrm{cyc}}_{n_0} = (K^{\mathrm{cyc}}_\infty)^{\Gamma^{p^{n_0}}_{\mathrm{cyc}}}$ から全ての p 上の素点で完全分岐となる．以下，$K^{\mathrm{cyc}}_{n_0}$ の p 上の素点を $\mathfrak{p}_1, \cdots, \mathfrak{p}_s$ としたとき，$1 \leqq i \leqq s$ なる各 i で $\mathrm{Gal}(L^{\mathrm{cyc}}_\infty/K^{\mathrm{cyc}}_\infty)$ の惰性群 $I_{\mathfrak{p}_i}$ は $\mathrm{Gal}(K^{\mathrm{cyc}}_\infty/K^{\mathrm{cyc}}_{n_0}) = \Gamma^{p^{n_0}}_{\mathrm{cyc}}$ と同型である．$1 \leqq i \leqq s$ なる各 i で，$\gamma_i \in I_{\mathfrak{p}_i}$ を同型 $I_{\mathfrak{p}_i} \hookrightarrow \mathrm{Gal}(L^{\mathrm{cyc}}_\infty/K^{\mathrm{cyc}}_{n_0}) \twoheadrightarrow \Gamma^{p^{n_0}}_{\mathrm{cyc}}$ による $\gamma^{p^{n_0}}$ の引き戻しとするとき，$X_{K^{\mathrm{cyc}}_\infty} = \mathrm{Gal}(L^{\mathrm{cyc}}_\infty/K^{\mathrm{cyc}}_\infty)$ の閉部分群 $Y_{K^{\mathrm{cyc}}_\infty}$ を

$$Y_{K^{\mathrm{cyc}}_\infty} = \overline{\langle \omega_{n_0} X_{K^{\mathrm{cyc}}_\infty}, \gamma_2^{-1}\gamma_1, \cdots, \gamma_s^{-1}\gamma_1 \rangle}$$

で定義する．ただし，$\omega_{n_0} = \gamma^{p^{n_0}} - 1$ であり，また，$\overline{\langle \ \rangle}$ は，中身の元で生成

[*41] 証明が気になる読者は，例えば[84, Chap. 5, §5]や[118, §15.5]を参照のこと．

される位相群 $X_{K_\infty^{\mathrm{cyc}}}$ の部分群の閉包を表す．3.1.2 項の (3.4) によって，n が $n > n_0$ の範囲を動くとき，余核の位数が n に関して有界な単射 $Y_{K_\infty^{\mathrm{cyc}}}/(\frac{\omega_n}{\omega_{n_0}})Y_{K_\infty^{\mathrm{cyc}}} \hookrightarrow \mathrm{Cl}(K_n^{\mathrm{cyc}})[p^\infty]$ の族がある．したがって，随伴加群の定義(定義 3.68) を，$\{I_\alpha\}_{\alpha \in A}$ として $\{(\frac{\omega_n}{\omega_{n_0}})\}_{n > n_0}$ をとることで適用すると，

$$\mathrm{Ad}((Y_{K_\infty^{\mathrm{cyc}}})_{\omega\psi^{-1}}) \sim \mathrm{Hom}_{\mathbb{Z}_p}(\mathrm{Cl}(K_\infty^{\mathrm{cyc}})[p^\infty]^{\omega\psi^{-1}}, \mathbb{Q}_p/\mathbb{Z}_p)$$

となる．定理 3.69 の (4), (5) と岩澤加群の構造定理(定理 2.39) より，勝手な有限生成 $\Lambda_{\mathrm{cyc},\psi}$ 加群 M に対して $\mathrm{Ad}(M)^\bullet \sim M$ が成り立つので，

$$\mathrm{Ad}((Y_{K_\infty^{\mathrm{cyc}}})_{\omega\psi^{-1}})^\bullet \sim (Y_{K_\infty^{\mathrm{cyc}}})_{\omega\psi^{-1}}$$

である．また，$Y_{K_\infty^{\mathrm{cyc}}}$ は，$X_{K_\infty^{\mathrm{cyc}}}$ の指数有限部分群であるから $(Y_{K_\infty^{\mathrm{cyc}}})_{\omega\psi^{-1}} \sim (X_{K_\infty^{\mathrm{cyc}}})_{\omega\psi^{-1}}$ である．よって証明を終える． ∎

かくして，先に述べたように，命題 3.67 と命題 3.70 を組み合わせることで，定理 3.66 (即ち (A) の原理) がただちに従う．

一方で，(B) の原理は正確には以下の定理で定式化される．

定理 3.71 (K_∞^{cyc} 上の解析的類数公式の原理) $K = \mathbb{Q}(\mu_{Np})$ とするとき，

$$\sum_\psi \lambda((X_{K_\infty^{\mathrm{cyc}}})_{\omega\psi^{-1}}) = \sum_\psi \lambda(L_p(\psi)),$$

$$\sum_\psi \mu((X_{K_\infty^{\mathrm{cyc}}})_{\omega\psi^{-1}}) = \sum_\psi \mu(L_p(\psi))$$

が成り立つ．ここで，ψ は $\psi(-1) = 1$ かつ $\psi \neq \mathbf{1}$ なる $\mathrm{Gal}(K/\mathbb{Q})$ の指標全てをわたる． ☐

証明を始める前に，各中間体 K_n^{cyc} の Dedekind ゼータ函数 $\zeta(K_n^{\mathrm{cyc}}, s)$ に限って次の古典的な事実を思い出しておく：

Dedekind ゼータ函数の類数公式の基本事項

(1) Dedekind ゼータ函数の $s = 1$ での留数を与える Dirichlet の類数公式と Dedekind ゼータ函数の s での値と $1-s$ での値を結びつける函数等式によって，$\zeta(K_n^{\mathrm{cyc}}, s)$ は $s = 0$ で $r_2(K_n^{\mathrm{cyc}}) = \frac{d_n}{2}$ 位の零点を持ち，

3.3 代数的側面と解析的側面の関係(岩澤主予想)　　107

$$(3.39) \quad \lim_{s\to 0} \frac{\zeta(K_n^{\mathrm{cyc}},s)}{s^{r_2(K_n^{\mathrm{cyc}})}} = -\frac{\sharp\mathrm{Cl}(K_n^{\mathrm{cyc}})\cdot R_{K_n^{\mathrm{cyc}}}}{\sharp\mu_{K_n^{\mathrm{cyc}}}}$$

と記述される(ただし,$d_n = [K_n^{\mathrm{cyc}}:\mathbb{Q}]$, $R_{K_n^{\mathrm{cyc}}}$ は K_n^{cyc} の単数規準).

(2) K_n^{cyc} はアーベル体であるから,$\zeta(K_n^{\mathrm{cyc}},s) = \prod_\eta L(\eta,s)$ が成り立つ. ただし,η は Np^{n+1} を法とする Dirichlet 指標全てをわたる.

(3) K_n^{cyc} の最大総実部分体 $K_n^{\mathrm{cyc},+}$ の Dedekind ゼータ函数を $\zeta(K_n^{\mathrm{cyc},+},s)$ とするとき,

$$(3.40) \quad \zeta(K_n^{\mathrm{cyc}},s)/\zeta(K_n^{\mathrm{cyc},+},s) = \prod_{\psi\in\mathfrak{C}}\prod_\phi L(\psi\omega^{-1}\phi^{-1},s)$$

が成り立つ. ただし,$\mathfrak{C}$ は $\psi(-1) = 1$ かつ $\psi\neq\mathbf{1}$ なる $\mathrm{Gal}(K/\mathbb{Q})$ の指標全てからなる集合であり,ϕ は位数が p ベキで導手が p^{n+1} の約数である Dirichlet 指標をわたる.

(4) 上述の(1)と同様に,$K_n^{\mathrm{cyc},+}$ の Dedekind ゼータ函数を $\zeta(K_n^{\mathrm{cyc},+},s)$ に対する Dirichlet の類数公式と Dedekind ゼータ函数の s での値と $1-s$ での値を結びつける函数等式によって,

$$(3.41) \quad \lim_{s\to 0} \frac{\zeta(K_n^{\mathrm{cyc},+},s)}{s^{r_1(K_n^{\mathrm{cyc},+})}} = -\frac{\sharp\mathrm{Cl}(K_n^{\mathrm{cyc},+})\cdot R_{K_n^{\mathrm{cyc},+}}}{\sharp\mu_{K_n^{\mathrm{cyc},+}}}$$

が得られる. $r_1(K_n^{\mathrm{cyc},+}) = r_2(K_n^{\mathrm{cyc}})$ かつ $\dfrac{R_{K_n^{\mathrm{cyc}}}}{R_{K_n^{\mathrm{cyc},+}}} = 2^{\frac{d_n}{2}}$ かつ $\sharp\mu_{K_n^{\mathrm{cyc},+}} = 2$ である事実を用いて,式(3.39)と式(3.41)の比をとることで,

$$(3.42) \quad \lim_{s\to 0} \frac{\zeta(K_n^{\mathrm{cyc}},s)}{\zeta(K_n^{\mathrm{cyc},+},s)} = \frac{2^{\frac{d_n}{2}+1}}{\sharp\mu_{K_n^{\mathrm{cyc}}}}\cdot\frac{\sharp\mathrm{Cl}(K_n^{\mathrm{cyc}})}{\sharp\mathrm{Cl}(K_n^{\mathrm{cyc},+})}$$

が得られる.

以上の復習のもとで定理 3.71 の証明に入る.

［定理 3.71 の証明］「Dedekind ゼータ函数の類数公式の基本事項」で定めたように $\psi(-1) = 1$ かつ $\psi\neq\mathbf{1}$ なる $\mathrm{Gal}(K/\mathbb{Q})$ の指標全てからなる集合を $\mathfrak{C}$ とする.$\mathcal{O}$ を勝手な $\psi\in\mathfrak{C}$ の値を含む $\mathbb{Z}_p$ 上有限な完備離散付値環とする.$X^{\mathrm{alg}} := (X_{K_\infty^{\mathrm{cyc}}}\otimes_{\mathbb{Z}_p}\mathcal{O})^-$, $X^{\mathrm{anal}} := \Lambda_{\mathrm{cyc},\mathcal{O}}/(\prod_{\psi\in\mathfrak{C}}L_p(\psi))$ とおく(ただし,$(\ )^-$

は複素共役 J が非自明に作用する部分群を表す). 岩澤不変量の間の等式：

$$\lambda(X^{\mathrm{alg}}) = \sum_{\psi \in \mathfrak{C}} \lambda((X_{K_\infty^{\mathrm{cyc}}})_{\omega\psi^{-1}}), \quad \mu(X^{\mathrm{alg}}) = \sum_{\psi \in \mathfrak{C}} \mu((X_{K_\infty^{\mathrm{cyc}}})_{\omega\psi^{-1}}),$$

$$\lambda(X^{\mathrm{anal}}) = \sum_{\psi \in \mathfrak{C}} \lambda(L_p(\psi)), \quad \mu(X^{\mathrm{anal}}) = \sum_{\psi \in \mathfrak{C}} \mu(L_p(\psi))$$

があるので[*42],

(3.43) $\quad\quad \lambda(X^{\mathrm{alg}}) = \lambda(X^{\mathrm{anal}}), \quad \mu(X^{\mathrm{alg}}) = \mu(X^{\mathrm{anal}})$

を言えばよい.2.3.4 項の注意 2.50 によって,上の (3.43) を得るには,適当な n_0 をとったときの $\sharp(X^{\mathrm{alg}}/(\frac{\omega_n}{\omega_{n_0}})X^{\mathrm{alg}})$ と $\sharp(X^{\mathrm{anal}}/(\frac{\omega_n}{\omega_{n_0}})X^{\mathrm{anal}})$ の比が $n \geqq n_0$ に関して有界であることを示せばよい.相対類数 $\sharp(\mathrm{Cl}(K_n^{\mathrm{cyc}})[p^\infty])/\sharp(\mathrm{Cl}(K_n^{\mathrm{cyc},+})[p^\infty])$ を仲立ちとして類数公式でこの二つを結びつけることが以下で展開する証明の基本方針である.

まず,3.1.2 項後半の一般の場合の定理 3.1 の証明の中の (3.4) と (Step 3) によって,n_0 を十分大きくとれば,任意の $n \geqq n_0$ で次が成り立つ[*43]：

(3.44) $\quad\quad c \leqq \dfrac{\sharp(\mathrm{Cl}(K_n^{\mathrm{cyc}})[p^\infty])/\sharp(\mathrm{Cl}(K_n^{\mathrm{cyc},+})[p^\infty])}{\sharp(X^{\mathrm{alg}}/\left(\dfrac{\omega_n}{\omega_{n_0}}\right)X^{\mathrm{alg}})} \leqq \dfrac{1}{c}$

ただし,c は $0 < c \leqq 1$ なる(n に依らない)ある実定数とする.

一方,久保田-Leopoldt の p 進 L 函数の補間性質(定理 3.29)と注意 3.32(3) より,ϕ を導手が p^{n+1} の約数である Dirichlet 指標とするとき,

$$|\phi(L_p(\psi))|_p = \begin{cases} |L(\psi\omega^{-1}\phi^{-1}, 0)|_p & \psi \neq \mathbf{1} \text{ のとき,} \\ \dfrac{1}{|\phi(\gamma) - 1|_p} & \psi = \mathbf{1} \text{ のとき} \end{cases}$$

である(γ は Γ の位相的生成元).よって,ϕ が導手が p^{n+1} の約数である Dirichlet 指標をわたるときに,p 進絶対値の等式

[*42] 例えば,注意 3.32(3) と後で紹介する Stickelberger の定理(定理 3.92)を用いると,$\psi = \mathbf{1}$ のときは $\lambda((X_{K_\infty^{\mathrm{cyc}}})_\omega) = \mu((X_{K_\infty^{\mathrm{cyc}}})_\omega) = 0$ となり,除外してよいことがわかる.

[*43] n_0 を十分大きくとることで,例えば,trivial-zero の寄与などを無視することができる.

3.3 代数的側面と解析的側面の関係(岩澤主予想)

$$\frac{1}{|\sharp \mu_{K_n^{\mathrm{cyc}}}|_p} = \frac{1}{|\prod_\phi (\phi(\gamma)-1)|_p} = |\prod_\phi \phi(L_p(\mathbf{1}))|_p$$

である.p は奇素数なので,式(3.40),式(3.40)と久保田-Leopoldt の p 進 L 函数の補間性質(定理 3.29)を組み合わせると,各自然数 n で

$$\sharp(\mathrm{Cl}(K_n^{\mathrm{cyc}})[p^\infty])/\sharp(\mathrm{Cl}(K_n^{\mathrm{cyc},+})[p^\infty]) = |2^{\frac{d_n}{2}} \prod_{\psi \in \mathfrak{C}} \prod_\phi L(\psi\omega^{-1}\phi^{-1}, 0)|_p$$

$$= \left| \prod_{\psi \in \mathfrak{C}} ((1-(\psi\omega^{-r})(p))^{-1} \prod_\phi \phi(L_p(\psi))|_p \right|_p$$

を得る(ただし,ϕ は位数が p ベキで導手が p^{n+1} の約数である Dirichlet 指標をわたる).以上で,n に依らない $0 < c' \leqq 1$ なる実定数があって

$$(3.45) \qquad c' \leqq \frac{\sharp(\mathrm{Cl}(K_n^{\mathrm{cyc}})[p^\infty])/\sharp(\mathrm{Cl}(K_n^{\mathrm{cyc},+})[p^\infty])}{\sharp(X^{\mathrm{anal}}/\left(\dfrac{\omega_n}{\omega_{n_0}}\right)X^{\mathrm{anal}})} \leqq \frac{1}{c'}$$

となることが示された.かくして得られた n に関する漸近挙動の結果(3.44),(3.45)と 2.3.4 項の注意 2.50 より,岩澤不変量の一致(3.43)が従う.以上で証明を終える.∎

K_∞^{cyc} 上の解析的類数公式の原理によって,岩澤主予想の示すべき等式の片方の不等式だけを(一斉に)示せば十分である.しかしながら,上述の代数的対象と解析的対象とは非常にかけ離れたものであり,両者を結び付けることは容易ではない.よって,何らかの中間対象を介して,

Selmer 群の特性イデアル ……中間的な対象…… p 進 L 函数の単項イデアル
 (代数的対象)   (解析的対象)

と,両者を結びつけたい.このような一般論としては,大きく分けて 2 通り知られている.3.3.2 項と 3.3.3 項でそれぞれの方法を簡単に紹介したい.

3.3.2 モジュラー的な方法による証明**

この節では，$(-)$ 版岩澤主予想(定理 3.63)の Mazur-Wiles[79], Wiles[124] によるモジュラー的手法の証明を解説する．モジュラー的手法の証明は, Ribet[94]による結果[*44]

(3.46)

「$1 < i < p-1$ なる奇数 i に対して, $p | L(\omega^{i-1}, -1) \Longrightarrow p | \sharp \mathrm{Cl}(\mathbb{Q}(\mu_p))^{\omega^i}$」

の証明を，(おおよそ)

$$\mathbb{Q}(\mu_p) \rightsquigarrow \mathbb{Q}(\mu_{Np^{n+1}}),$$

$\mathrm{mod}\, p$ の奇指標 $\omega^{i-1} \rightsquigarrow \mathrm{mod}\, Np^{n+1}$ の奇指標 η,

「p による可除性」 $\rightsquigarrow$ 「p の高次ベキ p^m による可除性」,

と一般化して得られると思ってよい．逆に言うと，上述の Ribet[94]の証明は Mazur-Wiles, Wiles の証明の原型である．よって，まず[94]の議論を振り返り，それを足がかりとして Mazur-Wiles, Wiles による一般化を説明したい．

本節は，本章の中では他の節より仮定される道具立てが多い．また，特に Wiles の証明の部分では細部の議論に立ち入らないスケッチにとどめる部分もある．そのために ∗ が二つ付いている[*45]．他の節ほど厳密に細部を追わずに流し読みしていただきたいが，それでも大変な読者は最初は本節を飛ばしていただいてもよいだろう．証明において，モジュラー形式や Hecke 作用素は前提として用いられるので，例えば[80], [42, Chap. 5, Chap. 6]で扱われている程度のモジュラー形式の内容には習熟している必要がある．また，[108, Chap. 1]で扱われている程度の代数体の絶対ガロワ群の p 進表現やガロワコホモロジーの基本事項が大事である．その他，局所体上の代数曲線，アーベル多様体や有限平坦群スキームなどに関する[130]の最初の内容程度の数論幾何的な知識も前提としている．

[*44] $i \equiv 1-k \bmod p-1$ のとき，$\zeta(1-k) \equiv L(\omega^{i-1}, -1) \bmod p$ であるから第 1 章で述べた Herbrand-Ribet の定理の $\Longrightarrow$ と上の $\Longrightarrow$ は同値である．

[*45] ∗ については「まえがき」の中の「本書の読み方について」を参照のこと．

3.3 代数的側面と解析的側面の関係（岩澤主予想） 111

今後，本書を通じて 2 組の $\overline{\mathbb{Q}}$ の複素埋め込みと p 進埋め込みを以下のように固定する：

(3.47)

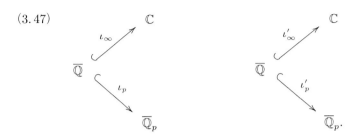

また，考える指標やモジュラー形式の q 展開の係数を含むように $\mathbb{Q}_p$ の有限次拡大 $\mathcal{K}$ を十分大きくとり，その整数環を $\mathcal{O}_\mathcal{K}$ とする．固定された埋め込み ι'_∞, ι'_p を通して正規化されたモジュラー形式の q 展開の係数を $\overline{\mathbb{Q}}_p$ の元とみなし，埋め込み ι_∞, ι_p を通して，分解群と局所体の絶対ガロワ群を同一視することに注意する[*46]．

$M_k(M, \eta; \mathbb{Z})$ (resp. $S_k(M, \eta; \mathbb{Z})$) で，重さが k，レベルが $\Gamma_1(M)$，Neben 指標が η のモジュラー形式 (resp. カスプ形式) で，q 展開の係数が全て $\mathbb{Z}$ に入るものたちの空間を表す．$M_k(M, \eta; \mathcal{O}_\mathcal{K}) = M_k(M, \eta; \mathbb{Z}) \otimes_\mathbb{Z} \mathcal{O}_\mathcal{K}$, $S_k(M, \eta; \mathcal{O}_\mathcal{K}) = S_k(M, \eta; \mathbb{Z}) \otimes_\mathbb{Z} \mathcal{O}_\mathcal{K}$ と定める．また，ϖ は $\mathcal{O}_\mathcal{K}$ の素元とする．

これらの設定の下で，以下 Ribet[94] の証明の解説に入る．

(**Step 1**) $\varpi | L(\omega^{i-1}, -1)$ のとき，正規化された固有カスプ形式 $f = \sum_{n=1}^\infty a_n(f) q^n \in S_2(p, \omega^{i-1}; \mathcal{O}_\mathcal{K})$ で，全ての $l \neq p$ なる素数 l で $a_l(f) \equiv 1 + l\omega^{i-1}(l) \bmod \varpi$ が成り立つものが存在する．

[証明の概略] 実際，一般に導手 M の指標 η と重さ $k \geqq 1$ に対して，

$$G_{k,\eta} = \frac{M^k (k-1)!}{2\tau(\eta^{-1})(2\pi\sqrt{-1})^k} \sum_{\substack{(m,n) \in \mathbb{Z}^2 \\ (m,n) \neq (0,0)}} \frac{\eta^{-1}(n)}{(mMz+n)^k} \in M_k(M, \eta; \mathcal{O}_\mathcal{K})$$

を考える（ただし，$k \leqq 2$ の場合は $\eta \neq 1$ とする）[*47]．ここで，$\tau(\eta^{-1})$ は

[*46] 本書の下巻の第 5 章以降でモチーフを取り扱う際に，ι_∞, ι_p はモチーフや代数多様体の定義体の埋め込みを固定し，ι'_∞, ι'_p はモチーフの係数体の埋め込みを固定するために用いられる．

112   3 イデアル類群の円分岩澤理論

Gauss 和 $\sum_{1\leq j\leq M}\eta^{-1}(j)e^{\frac{2\pi j\sqrt{-1}}{M}}$ を表す．この $G_{k,\eta}$ の q 展開は，指標付きの Dedekind の σ 函数 $\sigma_{k-1,\eta}(n)=\sum_{\substack{1\leq d\leq n\\ d|n}}\eta(d)d^{k-1}$ を用いて，

$$(3.48)\qquad G_{k,\eta}=\frac{L(\eta,1-k)}{2}+\sum_{n=1}^{\infty}\sigma_{k-1,\eta}(n)q^{n}$$

と書ける[*48]．これを，$k=2$，$M=p$，$\eta=\omega^{i-1}$ の場合に考える．

また，$1\leq a,b\leq p-1$ かつ $a+b\equiv i-1 \bmod p-1$ なる a,b の組 (a,b) で，$g:=G_{1,\omega^a}G_{1,\omega^b}\in M_2(p,\omega^{i-1};\mathcal{O}_\mathcal{K})$ の q 展開の定数項 $a_0(g)$ が p 進単数となるものが存在することが計算で確かめられる[*49]．このような g を用いて，

$$f':=G_{2,\omega^{i-1}}-\frac{L(\omega^{i-1},-1)}{2}\frac{g}{a_0(g)}\in M_2(p,\omega^{i-1};\mathcal{O}_\mathcal{K})$$

と定めると $a_0(f')=0$ となり，また $\varpi|L(\omega^{i-1},-1)$ の仮定より $f'\equiv G_{2,\omega^{i-1}}$ mod ϖ となる．このように，q 展開の定数項が消えているモジュラー形式を**準カスプ形式**(semi-cuspform)とよぶ．また，$\mathcal{O}_\mathcal{K}$ 係数のモジュラー形式同士の合同は q 展開の全ての係数が合同であることで定義する．

この段階では，f' は必ずしも固有形式ではないことに注意する．今，次の補題を認めて使う（この補題は，考えている線型作用素たち $\mathcal{P}$ で生成される準同型環の直和分解を与える素イデアルの持ち上げの環論の基本的議論で証明できる．詳細は省略するが例えば[24, Lemma 6.11]を参照のこと）．

補題 3.72 離散付値環 $\mathcal{O}_\mathcal{K}$ 上の有限生成自由加群 $\mathcal{M}$ と $\mathcal{M}$ 上の互いに可換な $\mathcal{O}_\mathcal{K}$ 線型作用素の族 $\mathcal{P}$ を考える．この族 $\mathcal{P}$ が，$\mathcal{M}/\varpi\mathcal{M}$ 上に引き起こす

[*47] $k\leq 2$ のとき，$G_{k,\eta}$ を定義する級数は絶対収束しない．そのため別の複素変数 $s\in\mathbb{C}$ を導入し，$(mMz+n)^k$ を $(mMz+n)^k|mMz+n|^{2s}$ で置き換えることで，$2\mathrm{Re}(s)+k-2>0$ で絶対収束する $G_{k,\eta}(s)$ を考える．$\eta\neq 1$ のとき $G_{k,\eta}(s)$ は $s\in\mathbb{C}$ 全体に解析接続されることが示され，$G_{k,\eta}=G_{k,\eta}(s)|_{s=0}$ と定める．詳しい計算や証明は，例えば[80, §7.2]を参照のこと．

[*48] 指標のついた Eisenstein 級数の q 展開に関しては，[42, §5.1]などを参照のこと．

[*49] (3.48)によって，$G_{1,\omega^a}G_{1,\omega^b}$ の定数項は $\frac{L(\omega^a,0)L(\omega^b,0)}{4}$ となる．類数公式によって $\prod_{j=1}^{p-1}L(\omega^j,0)$ は $\#\mathrm{Cl}(\mathbb{Q}(\zeta_p))$ を用いて上から評価されるので，Carlitz らによる $\mathrm{ord}_p\#\mathrm{Cl}(\mathbb{Q}(\zeta_p))$ の漸近挙動の評価により $p>19$ ならば $\mathrm{ord}_p\#\mathrm{Cl}(\mathbb{Q}(\zeta_p))<\frac{p-1}{4}$ である．$p\leq 19$ のときは $\mathrm{ord}_p\#\mathrm{Cl}(\mathbb{Q}(\zeta_p))=0$ なので，鳩の巣原理によって，全ての奇素数 p でこのような a,b の存在が保証されるという寸法である．詳しくは，[94, Theorem (3.3)]を参照のこと．

3.3 代数的側面と解析的側面の関係(岩澤主予想)　113

$\mathcal{O}_{\mathcal{K}}/(\varpi)$ 線型作用素たちに関する同時固有ベクトル $\overline{v} \in \mathcal{M}/\varpi\mathcal{M}$ が与えられたとする．このとき，(必要ならば $\mathcal{K}$ をその有限次拡大で取り替えると) $\widetilde{v} \equiv \overline{v}$ mod ϖ なる族 $\mathcal{P}$ に関する $\mathcal{O}_{\mathcal{K}}$ 上の同時固有ベクトル $\widetilde{v} \in \mathcal{M}$ が存在する． □

準カスプ形式の空間 $\mathcal{M} = \{h \in M_2(p, \omega^{i-1}; \mathcal{O}_{\mathcal{K}}) \mid a_0(h) = 0\}$ と Hecke 作用素の族に対して上の補題を適用する[*50]．$v = f'$ とすると v mod ϖ は明らかに固有形式である[*51]．補題 3.72 を適用して得られた $\widetilde{v}$ を $f'' = \sum_{n=0}^{\infty} a_n(f'') q^n$ $\in M_2(p, \omega^{i-1}; \mathcal{O}_{\mathcal{K}})$ とすると，f'' は $f'' \equiv G_{2,\omega^{i-1}}$ mod ϖ なる(同時)固有準カスプ形式である[*52]．一般には，準カスプ形式は(他のカスプでの定数項が消えている保証がないので)カスプ形式とは限らない．$E_2(p, \omega^{i-1}; \mathcal{K})$ を $M_2(p, \omega^{i-1}; \mathcal{K})$ の中の Eisenstein 級数のなす空間とすると，

$$M_2(p, \omega^{i-1}; \mathcal{K}) = S_2(p, \omega^{i-1}; \mathcal{K}) \oplus E_2(p, \omega^{i-1}; \mathcal{K})$$

なる分解がある．空間 $E_2(p, \omega^{i-1}; \mathcal{K})$ は 2 次元であり，固有ベクトルたちの q 展開の係数もよく知られている[*53]．片方の同時固有ベクトルは零でない定数項を持つ Eisenstein 形式 $G_{2,\omega^{i-1}}$ であり，もう片方の同時固有ベクトルが準カスプ形式である．Hecke 作用素たちの同時固有ベクトルとなる $E_2(p, \omega^{i-1}; \mathcal{K})$ の中の唯一の準カスプ形式と我々が構成した準カスプ形式 f'' の Hecke 固有値は異なるので，$f'' \in S_2(p, \omega^{i-1}; \mathcal{O}_{\mathcal{K}})$ がわかるという寸法である．$a_1(G_{2,\omega^{i-1}}) = 1$ であるから $a_1(f'') \in 1 + \varpi\mathcal{O}_{\mathcal{K}} \subset \mathcal{O}_{\mathcal{K}}^{\times}$ である．よって，正規化 $f = \dfrac{1}{a_1(f'')} f''$ に対しても $f \in S_2(p, \omega^{i-1}; \mathcal{O}_{\mathcal{K}})$ が成り立つ[*54]．■

(**Step 2a**)　(Step 1)で得られた固有カスプ形式 $f = \sum_{n=0}^{\infty} a_n(f) q^n \in$

[*50] 一般の状況では，適当な重さやレベルのモジュラー形式のなす加群の中で準カスプ形式のなす部分加群は Hecke 作用で安定な部分加群とは限らない．ここでは，考えている Eisenstein 級数の同時固有空間分解において準カスプ形式でないものが 1 次元であるから，たまたま準カスプ形式のなす部分加群が Hecke 作用で安定であり，補題 3.72 を適用できるのである．

[*51] v mod ϖ が零でないことは f' の 1 次の係数が $\mathcal{O}$ の単数であることよりわかる．

[*52] 慣習上，固有形式と同時固有形式は同じ意味であるが，証明の論理を強調するために敢えて一時的に「同時」を入れた．

[*53] 今の状況では，[80, §4.7]を参照のこと．一般的にも[80, Chap. 7]などの教科書に正確な結果や証明がある．

[*54] ここまでの議論は，[94, Prop. 3.5]における証明である．

$S_2(p, \omega^{i-1}; \mathcal{O}_\mathcal{K})$ に付随した $\mathbb{Q}$ の絶対ガロワ群 $G_\mathbb{Q}$ の p 進ガロワ表現 ρ_f の表現空間を $V_f \cong \mathcal{K}^{\oplus 2}$ とする[*55]．このとき，ある $G_\mathbb{Q}$ 安定な $\mathcal{O}_\mathcal{K}$ 格子 $T \subset (V_f)^*$ が存在して[*56]，$T/\varpi T$ は $G_\mathbb{Q}$ 加群として

$$(3.49) \quad 0 \longrightarrow (\mathcal{O}_\mathcal{K}/(\varpi))(\mathbf{1}) \longrightarrow T/\varpi T \longrightarrow (\mathcal{O}_\mathcal{K}/(\varpi))(\omega^{-i}) \longrightarrow 0$$

なる拡大を持つ[*57]．ただし，$\eta: G_\mathbb{Q} \longrightarrow (\mathcal{O}_\mathcal{K}/(\varpi))^\times$ に対して，$(\mathcal{O}_\mathcal{K}/(\varpi))(\eta)$ で η から定まる $G_\mathbb{Q}$ の 1 次元表現を表す．

［証明］ $G_\mathbb{Q}$ 安定な $\mathcal{O}_\mathcal{K}$ 格子 $T' \subset (V_f)^*$ を勝手に選ぶ．(Step 1) でみたように $a_1(f'') \equiv 1 \mod \varpi$ より任意の素数 l で $a_l(f) \equiv a_l(f'') \mod \varpi$ となる．各素数 $l \neq p$ での数論的フロベニウス元 Frob_l^{-1} に対して

$$\mathrm{tr}(\mathrm{Frob}_l^{-1} \text{ on } T'/\varpi T') \equiv a_l(f) \equiv a_l(G_{2,\omega^{i-1}}) = 1 + l\omega^{i-1}(l) \mod \varpi$$

であるから，Chebotarev の密度定理より，$T'/\varpi T'$ の半単純化 $(T'/\varpi T')^{\mathrm{ss}}$ に対して

$$(3.50) \quad (T'/\varpi T')^{\mathrm{ss}} \cong (\mathcal{O}_\mathcal{K}/(\varpi))(\mathbf{1}) \oplus (\mathcal{O}_\mathcal{K}/(\varpi))(\omega^{-i})$$

が成り立つ．$T'/\varpi T'$ が $G_\mathbb{Q}$ 加群として (3.49) 型の拡大を持てば，$T = T'$ ととれば証明を終わる．もしそうでなければ，(3.50) より，T' は

$$(3.51) \quad 0 \longrightarrow (\mathcal{O}_\mathcal{K}/(\varpi))(\omega^{-i}) \longrightarrow T'/\varpi T' \longrightarrow (\mathcal{O}_\mathcal{K}/(\varpi))(\mathbf{1}) \longrightarrow 0$$

型の拡大を持つ．このとき，$T = \mathrm{Ker}[T' \twoheadrightarrow (\mathcal{O}_\mathcal{K}/(\varpi))(\mathbf{1})]$ とおく．T はまた $(V_f)^*$ の $\mathcal{O}_\mathcal{K}$ 格子であり，構成より $T/\varpi T$ は (3.49) 型の拡大を持つ．かくして，証明を終える． ∎

(**Step 2b**) ある $G_\mathbb{Q}$ 安定な $\mathcal{O}_\mathcal{K}$ 格子 $T \subset (V_f)^*$ が存在して，$T/\varpi T$ は

[*55] 固有カスプ形式 f に付随したガロワ表現 V_f に関しては定理 A.1 を参照のこと．

[*56] ガロワ表現やその格子の定義や基礎事項に関しては，[108, Chap.1] または本書の下巻の第 5 章などを参照のこと．

[*57] $(V_f)^*$ は V_f の $\mathcal{K}$ 線型双対とする．ここで，双対をとったのは，Deligne の定式化がコホモロジー的であるのに対して，Ribet はホモロジー的な定式化を用いていることによる．注意 A.3 も参照のこと．

(3.49)型の拡大を持ち，(3.49)は $\mathcal{O}_\mathcal{K}[G_\mathbb{Q}]$ 加群の完全列として分裂しない*58．

[証明] (Step 2a)で得られた $G_\mathbb{Q}$ 安定な $\mathcal{O}_\mathcal{K}$ 格子と同じ性質を持つ $T' \subset (V_f)^*$ をとり，T' の $\mathcal{O}_\mathcal{K}$ 基底を選んで表現を

$$(3.52) \qquad G_\mathbb{Q} \longrightarrow GL_2(\mathcal{O}_\mathcal{K}), \quad g \mapsto \begin{pmatrix} a'(g) & b'(g) \\ c'(g) & d'(g) \end{pmatrix}$$

と行列表示する．ここで，a', b', c', d' は $G_\mathbb{Q}$ から $\mathcal{O}_\mathcal{K}$ への写像であり，$T'/\varpi T'$ が(3.49)の拡大を持つことより，(T' の基底をうまくとることで)

$$(3.53) \qquad a' \equiv 1 \bmod \varpi, \ c' \equiv 0 \bmod \varpi, \ d' \equiv \omega^{-i} \bmod \varpi$$

がみたされる．この状況の下，(3.49)の拡大が分裂しないことは，$b' \not\equiv 0 \bmod \varpi$ であることと同値である．

与えられた $\mathcal{O}_\mathcal{K}$ 格子 T が(3.53)と $b' \not\equiv 0 \bmod \varpi$ をみたす行列表示を持つときは，$T = T'$ ととれば証明が終わる．以下，$b' \equiv 0 \bmod \varpi$ と仮定して，別の $\mathcal{O}_\mathcal{K}$ 格子 T で，行列成分 a, c, d は(3.53)と同じ表示を持ち，$b \not\equiv 0 \bmod \varpi$ をみたすものを見つけたい．今，Ribet によって V_f は $G_\mathbb{Q}$ の表現として既約である*59ので，$b' \equiv 0 \bmod \varpi^n$ かつ $b' \not\equiv 0 \bmod \varpi^{n+1}$ となる $n \geq 1$ が存在する．$P = \begin{pmatrix} 1 & 0 \\ 0 & \varpi^n \end{pmatrix}$ なる行列で基底を変換して，

$$G_\mathbb{Q} \longrightarrow GL_2(\mathcal{O}_\mathcal{K}), \quad g \mapsto \begin{pmatrix} a(g) & b(g) \\ c(g) & d(g) \end{pmatrix} = P \begin{pmatrix} a'(g) & b'(g) \\ c'(g) & d'(g) \end{pmatrix} P^{-1}$$

で表現される $\mathcal{O}_\mathcal{K}$ 格子 $T := PT' \subset (V_f)^*$ を考える．$a(g) = a'(g)$，$b(g) = \dfrac{b'(g)}{\varpi^n}$，$c(g) = \varpi^n c'(g)$，$d(g) = d'(g)$ であるから，a, c, d は条件(3.53)をみたし，$b \not\equiv 0 \bmod \varpi$ となる．この $\mathcal{O}_\mathcal{K}$ 格子 $T \subset (V_f)^*$ が欲しかったものである． ∎

---

*58 このように，剰余表現が可約な既約 p 進表現に対して，mod ϖ 表現が半単純でない格子の存在を保証する結果を，[94, Proposition (2.1)]から通称 **Ribet の補題**とよぶ．
*59 定理 A.1 を参照のこと．

(**Step 3**) (Step 2b)で得られた $\mathcal{O}_\mathcal{K}$ 格子 $T \subset (V_f)^*$ に対して，(3.49)は，$G_{\mathbb{Q}_p(\zeta_p)} \subset G_\mathbb{Q}$ 加群の完全系列として分裂する．

[証明] 仮定より f の Neben 指標 ω^{i-1} は非自明であるから，モジュラー曲線 $X_1(p)$, $X_0(p)$ のヤコビ多様体をそれぞれ $J_1(p)$, $J_0(p)$，商アーベル多様体を $B = J_1(p)/J_0(p)$ とするとき，$(V_f)^*$ は $T_pB \otimes_{\mathbb{Z}_p} \mathbb{Q}_p$ の部分表現となる．ただし，T_pB は B の p 進 Tate 加群とする．

定理 3.73 アーベル多様体 B は $\mathbb{Q}_p(\zeta_p + \zeta_p^{-1})$ で良還元 (good reduction) を持つ． □

この定理の証明は [22, Chap. V] を参照のこと[*60]．今，有理数体に f の q 展開の係数をすべて添加した有限次代数体を $\mathbb{Q}_f$ とし，その整数環を $\mathbb{Z}_f$ とする．このとき，$\mathcal{O}_\mathcal{K}$ は環 $\mathbb{Z}_f \otimes_\mathbb{Z} \mathbb{Z}_p$ の直和因子としてとれる．B と同種で $\mathbb{Z}_f \hookrightarrow \operatorname{End}(B')$ なるアーベル多様体 B' で $T = T_pB' \otimes_{\mathbb{Z}_f \otimes_\mathbb{Z} \mathbb{Z}_p} \mathcal{O}_\mathcal{K}$ なるものをとる．同種なアーベル多様体同士は同じ型の還元を持つことより，B' も $\mathbb{Q}_p(\zeta_p + \zeta_p^{-1})$ で良還元を持つ．$\mathcal{B}'$ を $\mathbb{Z}_p[\zeta_p + \zeta_p^{-1}]$ 上での B' のモデルとすると，$\mathcal{B}'$ は $\mathbb{Z}_p[\zeta_p + \zeta_p^{-1}]$ 上のアーベルスキームとなる．群スキームとしての p 倍写像 $\mathcal{B}' \xrightarrow{p} \mathcal{B}'$ は有限平坦な射であるから，核を $\mathcal{B}'[p]$ と記すと，$\mathcal{B}'[p]$ は $\mathbb{Z}_p[\zeta_p + \zeta_p^{-1}]$ 上の有限平坦群スキームである．一般に，p 進体 k の整数環 $\mathcal{O}_k$ 上で定義された有限平坦群スキーム $\mathcal{G}$ の $\overline{\mathbb{Q}_p}$ 値点 $\mathcal{G}(\overline{\mathbb{Q}_p})$ は自然に G_k 加群となる．$\mathcal{O}_k$ 上の有限平坦群スキーム $\mathcal{B}'[p]$ は環 $\mathbb{Z}_f \otimes_\mathbb{Z} \mathbb{Z}_p$ の作用をもつ．その作用の $\mathcal{O}_\mathcal{K}$ 成分として得られる $\mathcal{O}_k$ 上の有限平坦群スキームを $\mathcal{G} \subset \mathcal{B}'[p]$ とすると，G_k 加群としての同型：

$$(3.54) \qquad T/\varpi T \cong \mathcal{G}(\overline{\mathbb{Q}_p})$$

が成り立つ．

Raynaud によって次の一般論が知られている（証明は，[93, Thm. 3.3.3, Cor. 3.3.6] を参照）．

定理 3.74 p 進体 k の絶対分岐指数 $e(k)$ が $e(k) < p - 1$ をみたすとする．このとき，$\mathcal{O}_k$ 上定義された p 倍で消える有限平坦群スキーム $\mathcal{G}, \mathcal{G}'$ に対して，

[*60] [62, Chap. 14] に一般のレベル構造を持つ場合の定理もある．

次が成り立つ.
  (1) G_k 加群として $\mathcal{G}(\overline{\mathbb{Q}}_p) \cong \mathcal{G}'(\overline{\mathbb{Q}}_p)$ ならば $\mathcal{G} \cong \mathcal{G}'$ が成り立つ.
  (2) 単射準同型 $\mathrm{Hom}_{\mathbb{F}_p[G_k]}(\mathcal{G}(\overline{\mathbb{Q}}_p), \mathcal{G}'(\overline{\mathbb{Q}}_p)) \hookrightarrow \mathrm{Hom}(\mathcal{G}, \mathcal{G}')$ がある. □

有限平坦群スキームの一般論(例えば,[116]参照)より,$\mathcal{O}_k$ 上定義された連結有限平坦群スキーム $\mathcal{G}^{\mathrm{conn}}$ とエタール有限平坦群スキーム $\mathcal{G}^{\mathrm{\acute{e}t}}$ による次の標準的な短完全列がある:

$$(3.55) \qquad 0 \longrightarrow \mathcal{G}^{\mathrm{conn}} \longrightarrow \mathcal{G} \longrightarrow \mathcal{G}^{\mathrm{\acute{e}t}} \longrightarrow 0.$$

再び,(3.54)の設定に戻る.G_k 加群として $\mathcal{G}(\overline{\mathbb{Q}}_p) \cong T/\varpi T$ なる同型があり,(Step 2a)によって,$G_k \subset G_\mathbb{Q}$ の作用を保つ短完全列(3.49)がある.特に,$\mathcal{O}_\mathcal{K}/(\varpi)$ 上階数 2 の G_k 加群 $T/\varpi T$ は階数 1 の自明な G_k 加群 $(\mathcal{O}_\mathcal{K}/(\varpi))(\mathbf{1})$ を含む.$e(k) = \dfrac{p-1}{2} < p-1$ より,定理 3.74 によって $\mathcal{O}_k$ 上の定数有限平坦群スキームから $\mathcal{G}$ への有限平坦群スキームとしての単射がある.定数有限平坦群スキームはエタールであるから(3.55)において,$\mathcal{G}^{\mathrm{\acute{e}t}} \neq 0$ となる.また,i が奇数の仮定から,ω^i は G_k の指標として非自明な分岐指標である.これより G_k の表現 $\mathcal{G}(\overline{\mathbb{Q}}_p) \cong T/\varpi T$ は分岐するので $\mathcal{G}^{\mathrm{conn}} \neq 0$ となるが,$\mathcal{G}^{\mathrm{\acute{e}t}} \neq 0$ であったから $\mathcal{G}^{\mathrm{conn}} \subsetneq \mathcal{G}$ である.かくして,階数 2 の $\mathcal{O}_\mathcal{K}/(\varpi)$ 加群 $T/\varpi T$ は,G_k 作用で安定な二つの異なる階数 1 の $\mathcal{O}_\mathcal{K}/(\varpi)$ 加群を持つ.よって,(3.49)は G_k 加群の完全列として分裂する. ■

(**Step 4**) (Step 2b)で得られた $\mathcal{O}_\mathcal{K}$ 格子 $T \subset (V_f)^*$ を mod (ϖ) した拡大(3.49)が定めるコホモロジー類によって,$\mathrm{Cl}(\mathbb{Q}(\zeta_p))[p]^{\omega^i}$ の中に非自明な元が定まる.

[証明] (3.49)の完全列より,

$$(3.56) \quad G_\mathbb{Q} \longrightarrow \mathrm{Hom}((\mathcal{O}_\mathcal{K}/(\varpi))(\omega^{-i}),\ (\mathcal{O}_\mathcal{K}/(\varpi))(\mathbf{1})) \cong (\mathcal{O}_\mathcal{K}/(\varpi))(\omega^i)$$

なる群準同型がある.実際,(3.49)による $x: G_\mathbb{Q} \to (\mathcal{O}_\mathcal{K}/(\varpi))(\omega^{-i})$ の持ち上げ $\widetilde{x}: G_\mathbb{Q} \to T/\varpi T$ を固定したとき,$g \in G_\mathbb{Q}$ の(3.56)による像が定める準同型における $x \in (\mathcal{O}_\mathcal{K}/(\varpi))(\omega^{-i})$ の像を

$$x \mapsto \omega^i(g) \cdot g(\widetilde{x}) - \widetilde{x} \in \mathrm{Ker}[T/\varpi T \twoheadrightarrow (\mathcal{O}_{\mathcal{K}}/(\varpi))(\omega^{-i})] = (\mathcal{O}_{\mathcal{K}}/(\varpi))(\mathbf{1})$$

と定めればよい．(Step 2b) より (3.56) は非自明な準同型である．指数 $[G_{\mathbb{Q}} : G_{\mathbb{Q}(\zeta_p)}]$ が p と素であることより，(3.56) を制限して得られる群準同型

(3.57) $\qquad\qquad G_{\mathbb{Q}(\zeta_p)} \longrightarrow (\mathcal{O}_{\mathcal{K}}/(\varpi))(\omega^i)$

も非自明である．今，アーベル多様体 B' は p の外で良還元を持つので，エタールコホモロジーの一般論より，$\lambda \nmid p$ なる $\mathbb{Q}(\zeta_p)$ の勝手な素点 λ に対して，(3.57) は惰性群 I_λ で自明となる．(Step 3) より $\mathbb{Q}(\zeta_p)$ における唯一の p 上の素点 $\mathfrak{p}$ においても (3.57) は分解群 $D_\mathfrak{p}$ で自明となる．かくして，不分岐大域類体論から非自明な準同型 $\mathrm{Cl}(\mathbb{Q}(\zeta_p))[p] \longrightarrow (\mathcal{O}_{\mathcal{K}}/(\varpi))(\omega^i)$ が得られるので Ribet の結果が従う． ∎

岩澤主予想は「ψ の位数が p と素」なときに Mazur-Wiles[79] によって証明され，Wiles[124] は ψ の位数に関する仮定も取り除いた．Mazur-Wiles, Wiles は共に上述の Ribet の方法の一般化である．特に，最も一般化され洗練された Wiles[124] による方法を説明したい．強調したい Wiles の最初の工夫点は，肥田による Λ_{cyc} 上有限平坦な局所整域 $\mathbb{I}$ 上の p 進モジュラー形式の理論を用いて，p 進 L 函数を割る Λ_{cyc} の高さ 1 の素イデアル $\mathfrak{J}$ ごとに局所化して考える[*61]ことである．

証明に入る前に，$(N,p)=1$ なる N を固定するごとに定まるレベル Np^∞ の肥田の $\mathbb{I}$ 進モジュラー形式の空間 $\mathcal{M}_{Np^\infty}(\mathbb{I})$ やそれに付随したガロワ変形など，肥田変形の基本事項を箇条的に思い出そう[*62]．

肥田変形の基本事項

(1) $\mathcal{M}_{Np^\infty}(\mathbb{I})$ の元 $\mathbb{F}$ は，自然な q 展開 $\mathbb{F} = \sum_{n=0}^{\infty} A_n(\mathbb{F}) q^n$ を持つ．ただし，任意の非負整数 n で $A_n(\mathbb{F}) \in \mathbb{I}$ であり，q は自然な意味を持つ形式的変数である．また，この表し方を通して $\mathcal{M}_{Np^\infty}(\mathbb{I})$ は，$\mathbb{I}[[q]]$ の有限生成な部

[*61] 例えば，「ψ の位数が p と素」の仮定が外れるのも局所化することの恩恵である．
[*62] ここでは差し迫って必要なことを表面的にまとめているだけであるが，肥田理論に関しては本書の下巻の第 7 章でより正確な解説を与える．

分$\mathbb{I}$加群とみなせる.

(2) $\mathbb{F} \in \mathcal{M}_{Np^\infty}(\mathbb{I})$ とする. このとき, $k \geq 2$ なる任意の自然数, 任意の有限指標 $\phi: \Gamma_{\mathrm{cyc}} \longrightarrow \overline{\mathbb{Q}}^\times$ と $\kappa|_{\Lambda_{\mathrm{cyc}}} = \kappa_{\mathrm{cyc}}^{k-2}\phi$ なる任意の準同型 $\kappa: \mathbb{I} \longrightarrow \overline{\mathbb{Q}}_p$ に対して, モジュラー形式 $f_\kappa \in M_k(\Gamma_0(Np^*), \psi_\mathbb{F}\omega^{2-k}\phi; \kappa(\mathbb{I}))$[*63]が存在して, 特殊化 $\kappa(\mathbb{F}) := \sum_{n=0}^\infty \kappa(A_n(\mathbb{F}))q^n$ は q を $\exp(2\pi\sqrt{-1}z)$ と同一視したときの $f_\kappa = f_\kappa(z)$ の q 展開と一致する. ただし, $\psi_\mathbb{F}$ は $\mathbb{F}$ に対して定まる Dirichlet 指標で, $\psi_\mathbb{F}$ の導手は Np の約数である. この $\psi_\mathbb{F}$ を $\mathbb{I}$ 進モジュラー形式 $\mathbb{F}$ の Neben 指標とよぶ.

(3) まったく同様に, カスプ形式 $f_\kappa \in S_k(\Gamma_0(Np^*), \psi_\mathbb{F}\omega^{2-k}\phi; \kappa(\mathbb{I}))$ たちを補間する $\mathbb{I}$ 進カスプ形式 $\mathbb{F}$ も定まり, $\mathbb{I}$ 進カスプ形式たちのなす $\mathbb{I}$ 部分加群 $\mathcal{S}_{Np^\infty}(\mathbb{I}) \subset \mathcal{M}_{Np^\infty}(\mathbb{I})$ がある.

(4) 通常のモジュラー形式の理論と同様に, $\mathcal{S}_{Np^\infty}(\mathbb{I}), \mathcal{M}_{Np^\infty}(\mathbb{I})$ 上に各自然数 n で Hecke 作用素 T_n が定まる.

(5) (上述の Hecke 作用素たちに対する)レベル Np^∞ の固有 $\mathbb{I}$ 進カスプ形式 $\mathbb{F}$ に対して, $\mathbb{K} = \mathrm{Frac}(\mathbb{I})$ とすると $\mathbb{F}$ に付随した既約かつ連続な[*64] 2次元ガロワ表現 $\rho_\mathbb{F}: G_\mathbb{Q} \longrightarrow GL_2(\mathbb{K})$ で, 次をみたすものが同型を除いて一意に存在する:

(tr) Np を割らない素数 l において $\rho_\mathbb{F}$ は不分岐で $A_l(\mathbb{F}) = \mathrm{tr}(\rho_\mathbb{F}(\mathrm{Frob}_l))$ となる.

(det) $\det \rho_\mathbb{F}$ は $\tilde{\kappa}^{-1}\kappa_{\mathrm{cyc}}^{-1}\omega^{-1}\psi_\mathbb{F}^{-1}$ に等しい. ただし, $\tilde{\kappa}$ は自然な普遍指標 $G_\mathbb{Q} \twoheadrightarrow \Gamma_{\mathrm{cyc}} \hookrightarrow \mathbb{Z}_p[[\Gamma_{\mathrm{cyc}}]]^\times \hookrightarrow \mathbb{I}^\times$ である.

肥田の $\mathbb{I}$ 進モジュラー形式の最も大事な例である Eisenstein 級数の p 進族に触れておきたい. ψ を導手 $Np^e (e = 0$ または $e = 1)$ の $\psi(-1) = 1$ かつ $\psi \neq \mathbf{1}$ なる Dirichlet 指標, $\mathbb{I} = \Lambda_{\mathrm{cyc},\psi}$ とし, $\mathbb{G}_\psi = \sum_{n=0}^\infty A_n(\mathbb{G}_\psi)q^n \in \mathcal{M}_{Np^\infty}(\Lambda_{\mathrm{cyc},\psi})$

[*63] $\phi \neq \mathbf{1}$ ならば $* = \mathrm{ord}_p(\mathrm{Cond}(\phi))$, $\phi = \mathbf{1}$ ならば $* = 0$ または $* = 1$ である.
[*64] $\mathbb{K}$ は局所コンパクトでないので $\rho_\mathbb{F}$ の表現空間 $\mathbb{V}_\mathbb{F} \cong \mathbb{K}^{\oplus 2}$ に対して $\mathrm{Aut}_\mathbb{K}(\mathbb{V}_\mathbb{F}) \cong GL_2(\mathbb{K})$ にはコンパクト開位相が入らず, $\rho_\mathbb{F}$ の連続性の定義には注意を要する. $\rho_\mathbb{F}$ が連続であるとは, $G_\mathbb{Q}$ の作用で安定な $\mathbb{V}_\mathbb{F}$ の有限生成 $\mathbb{I}$ 部分加群 $\mathbb{T}$ で $\mathbb{T} \otimes_\mathbb{I} \mathbb{K} \cong \mathbb{V}_\mathbb{F}$ なるものが存在して, $\rho_\mathbb{F}$ が引き起こす $G_\mathbb{Q} \longrightarrow \mathrm{Aut}_\mathbb{I}(\mathbb{T})$ が $\mathbb{I}$ の極大イデアルが $\mathrm{Aut}_\mathbb{I}(\mathbb{T})$ に定める位相に関して連続であることをいう.

を

$$
(3.58) \quad A_n(\mathbb{G}_\psi) = \begin{cases} \mathrm{Tw}_{\kappa_{\mathrm{cyc}}} \left(\dfrac{\iota(L_p(\psi))}{2} \right) & n=0 \text{ のとき,} \\ \displaystyle\sum_{\substack{1 \leqq d \leqq n \\ d|n, (d,p)=1}} \psi(d) d\gamma^{s(d)} & n>0 \text{ のとき} \end{cases}
$$

で定義されるものとする.ただし,$s(d) \in \mathbb{Z}_p$ を Γ_{cyc} の位相的生成元 γ によって $\kappa_{\mathrm{cyc}}(\gamma)^{s(d)} = \langle d \rangle$ で特徴づけられる一意的な p 進数,$\mathrm{Tw}_{\kappa_{\mathrm{cyc}}} : \Lambda_{\mathrm{cyc},\psi} \longrightarrow \Lambda_{\mathrm{cyc},\psi}$ を $\gamma \mapsto \kappa_{\mathrm{cyc}}(\gamma)\gamma$ が引き起こす写像とする.また,ι は $\Gamma_{\mathrm{cyc}} \longrightarrow \Gamma_{\mathrm{cyc}}$,$g \mapsto g^{-1}$ が引き起こす $\Lambda_{\mathrm{cyc},\psi}$ の involution であることを思い出す.このとき,各自然数 $k \geqq 2$ に対して,$\kappa_{\mathrm{cyc}}^{k-2}(\mathbb{G}_\psi) = G_{k,\psi\omega^{2-k}}^{(p)}$ となる.ただし,$G_{k,\psi\omega^{2-k}}^{(p)}$ は,以下の q 展開[*65] :

$$
G_{k,\psi\omega^{2-k}}^{(p)}(q) = G_{k,\psi\omega^{2-k}}(q) - p^{k-1}\psi\omega^{2-k}(p) G_{k,\psi\omega^{2-k}}(q^p)
$$

で与えられるレベル Np の固有モジュラー形式である[*66].

これらの道具を使って,先の Ribet による不分岐拡大の構成をより組織的に行う定理 3.63 の Wiles による証明を解説したい.解析的類数公式(定理 3.71)より,$A_0(\mathbb{G}_\psi) = \mathrm{Tw}_{\kappa_{\mathrm{cyc}}} \left(\dfrac{\iota(L_p(\psi))}{2} \right) \in \Lambda_{\mathrm{cyc},\psi}$ を含む勝手な高さ 1 の素イデアル $\mathfrak{I} \subset \Lambda_{\mathrm{cyc},\psi}$ に対して,

$$
(3.59) \quad \mathrm{ord}_{\iota(\mathfrak{I})} \mathrm{Tw}_{\kappa_{\mathrm{cyc}}^{-1}}(L_p(\psi)) \leqq \mathrm{ord}_{\iota(\mathfrak{I})} \left(\mathrm{char}_{\Lambda_{\mathrm{cyc},\psi}}(X_{K_{\omega\psi^{-1},\infty}^{\mathrm{cyc}}})_{\omega\psi^{-1}} \otimes \kappa_{\mathrm{cyc}}^{-1} \right)
$$

を言えば十分である.また,μ 不変量の消滅定理(定理 3.57)より上記の高さ 1 の素イデアル $\mathfrak{I} \subset \Lambda_{\mathrm{cyc},\psi}$ は p の上にない素イデアルである(つまり,剰余環 $\Lambda_{\mathrm{cyc},\psi}/\mathfrak{I}$ は標数 0 である)としてよい.以下,3.3.2 項の残りを通して,そのような $\mathfrak{I}$ を一つ固定して

[*65] このような $G_{k,\psi\omega^{2-k}}(q)$ から $G_{k,\psi\omega^{2-k}}^{(p)}(q)$ を得る構成は,一般に「モジュラー形式の p-安定化」と呼ばれている.元の $G_{k,\psi\omega^{2-k}}(q)$ と p 安定化 $G_{k,\psi\omega^{2-k}}^{(p)}(q)$ は p 以外の全ての素数の Hecke 作用素の固有多項式は変わらない.

[*66] 例えば,教科書[42, §7.1]などに $N=1$ の場合の $G_{k,\psi\omega^{2-k}}^{(p)}$ の丁寧な解説がある.必要ならば参照されたい.

3.3 代数的側面と解析的側面の関係(岩澤主予想)

$$m = \mathrm{ord}_{\iota(\mathfrak{I})} \mathrm{Tw}_{\kappa_{\mathrm{cyc}}^{-1}}(L_p(\psi)) = \mathrm{ord}_{\mathfrak{I}} A_0(\mathbb{G}_\psi)$$

とおく．(3.59)の不等式を示すことを目標とする．

(**Step I**) $\Lambda_{\mathrm{cyc},\psi}$ 上の有限平坦な局所整域 $\mathbb{I}$, Hecke 固有な $\mathbb{I}$ 進カスプ形式 $\mathbb{F} \in \mathcal{S}_{Np^\infty}(\mathbb{I})$ と $\mathfrak{I}$ の上にある $\mathbb{I}$ の素イデアル $\widetilde{\mathfrak{I}}$ が存在して, $\mathbb{F} \equiv \mathbb{G}_\psi \bmod \widetilde{\mathfrak{I}}^m$ をみたす．

[証明] Ribet の定理の証明の (Step 1) をまったく同様に真似するならば, 類数の漸近評価を駆使して,「$\mathbb{G}_\psi$ と同じ Neben 指標 ψ を持つ $\mathbb{I}$ 進モジュラー形式で定数項が単数となるもの」をみつけなければならない．一般の Neben 指標 ψ に対して $\mathbb{I}$ 進モジュラー形式の空間の次元は ψ の導手に応じて大きくなる．かくして, Ribet の方法を真似することは現実的に不可能である．Wiles の二番目の工夫点は, この議論の真似は避けて, 少し要請を弱めることで,「$\mathbb{G}_\psi$ と同じ Neben 指標を持つ $\mathbb{I}$ 進モジュラー形式 $\mathbb{G}$ で $A_0(\mathbb{G})$ が $A_0(\mathbb{G}_\psi)$ と共通の零点を持たないものをみつける議論」のみで切り抜けることである．

Γ_{cyc} の有限指標 ρ に対して $\mathbb{G}_\psi^{(\rho)} = G_{1,\omega^{-1}\rho^{-1}} \cdot \mathrm{Tw}_{\kappa_{\mathrm{cyc}}^{-1}\rho}(\mathbb{G}_\psi)$ とおく．すると, $\mathbb{G}_\psi^{(\rho)}$ は (Step I) の前に紹介した「肥田変形の基本事項」の(2)の意味での $\mathbb{I}$ 進モジュラー形式である[*67]．また, 構成より $\mathbb{G}_\psi^{(\rho)}$ の Neben 指標は $\mathbb{G}_\psi$ のそれと同じである．p 進 Weierstrass の準備定理(定理 2.13)より $A_0(\mathbb{G}_\psi^{(\rho)})$ の零点は有限個なので, 位数が十分大きい ρ に対して, ρ で上のように $\Lambda_{\mathrm{cyc},\psi}$ の構造をひねった $A_0(\mathbb{G}_\psi^{(\rho)})$ の零点は元の $A_0(\mathbb{G}_\psi)$ の零点と重ならないことがわかる．上の $\mathcal{I}$ の取り方より, 岩澤代数の $\mathcal{I}$ における局所化 $(\Lambda_{\mathrm{cyc},\psi})_{\mathfrak{I}}$ において, $A_0(\mathbb{G}_\psi^{(\rho)})$ は単数となる．

$$\mathbb{F}' := \mathbb{G}_\psi - \frac{A_0(\mathbb{G}_\psi)}{A_0(\mathbb{G}_\psi^{(\rho)})} \mathbb{G}_\psi^{(\rho)} \in (\Lambda_{\mathrm{cyc},\psi})_{\mathfrak{I}}[[q]]$$

とおくと, $\mathbb{F}' \equiv \mathbb{G}_\psi \bmod \mathfrak{I}^m$ である．また, $\mathbb{F}'$ の定数項は 0 なので $\mathbb{F}'$ は準カスプ形式となる．

この議論の原型であった Ribet の議論の (Step 1) の類似で考えると, $\Lambda_{\mathrm{cyc},\psi}$

[*67] $\mathrm{Tw}_{\kappa_{\mathrm{cyc}}^{-1}\rho}$ によって, $\Lambda_{\mathrm{cyc},\psi}$ 加群の構造が重さ 1 だけずれている分, 重さ 1 のモジュラー形式 $G_{1,\omega^{-1}\rho^{-1}}$ を掛けて修正されている．

の十分大きな有限平坦な拡大 $\mathbb{I}$ をとり，$\mathbb{F}'$ と合同な $\mathbb{I}$ 進準カスプ形式のうち Hecke 固有ベクトルになるものを見つけたい．一般の Neben 指標 ψ に対して，$\mathbb{I}$ 進 Eisenstein 級数たちの $\mathbb{I}$ 加群を $\mathcal{E}_{Np^\infty}(\mathbb{I})$ と記す．$\mathcal{E}_{Np^\infty}(\mathbb{I})$ の Hecke 作用素に関する同時固有分解を考えて，準カスプ形式である基底で生成される $\mathbb{I}$-部分加群を $\mathcal{E}^{(1)}_{Np^\infty}(\mathbb{I})$，準カスプ形式でない基底で生成される $\mathbb{I}$-部分加群を $\mathcal{E}^{(2)}_{Np^\infty}(\mathbb{I})$ と記す．このとき，

$$\mathcal{M}_{Np^\infty}(\mathbb{I}) = \mathcal{S}_{Np^\infty}(\mathbb{I}) \oplus \mathcal{E}^{(1)}_{Np^\infty}(\mathbb{I}) \oplus \mathcal{E}^{(2)}_{Np^\infty}(\mathbb{I})$$

なる Hecke 作用で安定な分解がある．Ribet のときと異なり，$\mathcal{E}^{(1)}_{Np^\infty}(\mathbb{I})$ や $\mathcal{E}^{(2)}_{Np^\infty}(\mathbb{I})$ の階数が高いので，議論をうまく行わないと正確な証明が得られない．Wiles の三番目の工夫点は，Hecke 作用素の作用も取り入れてうまく $\mathbb{I}$ 進 Eisenstein 級数の空間の階数の大きさを処理することにある．$\mathcal{E}_{Np^\infty}(\mathbb{I})$ の階数は高いが，$\psi = \psi'\psi''$ なる適当な Dirichlet 指標たちでラベルづけられる同時固有形式 $\mathbb{E}(\psi', \psi'')$ たち (とそれらで得られる old forms たち) で張られることがわかっており，それらの q 展開の定数項や Hecke 固有値も詳細に計算されている．mod $\mathfrak{I}^l$ の固有形式 $\mathbb{F}'$ を $\mathcal{M}_{Np^\infty}(\mathbb{I})$ に持ち上げて，カスプ形式成分 $\mathcal{S}_{Np^\infty}(\mathbb{I})$ の非自明な元を構成する上で障害となる $\mathcal{E}^{(1)}_{Np^\infty}(\mathbb{I})$ や $\mathcal{E}^{(2)}_{Np^\infty}(\mathbb{I})$ の元たちは $\lim_{n\to\infty} T_p^{n!} T_N \prod_{l|N}(T_l^{\varphi(Np)} - (\gamma^{s(l)} l)^{\varphi(Np)})$ を作用させて消せることがわかる．一方，$\mathbb{F}'$ の Hecke 固有値をみることで

$$\lim_{n\to\infty} T_p^{n!} T_N \prod_{l|N}(T_l^{\varphi(Np)} - (\gamma^{s(l)} l)^{\varphi(Np)}) \mathbb{F}' \bmod \mathcal{I}^m$$

は $\mathbb{F}'$ の非零な定数倍であることもわかり，この元を $\mathcal{S}_{Np^\infty}(\mathbb{I})$ に持ち上げて定数倍を調節することで，欲しい正規化された $\mathbb{I}$ 進カスプ形式 $\mathbb{F}$ を得るという寸法である．

(**Step II**) $\mathbb{F}$ を (Step I) で構成した Hecke 固有な $\mathbb{I}$ 進カスプ形式として，$\mathbb{F}$ に付随するガロワ表現 $\rho_\mathbb{F}$ を表現する 2 次元 $\mathbb{K}$ ベクトル空間を $\mathbb{V}_\mathbb{F}$ とする．$\mathbb{I}$ の $\widetilde{\mathfrak{J}}$ での局所化による離散付値環を $\mathbb{I}_{\widetilde{\mathfrak{J}}}$ と記す[*68]．$(\mathbb{V}_\mathbb{F})^*$ で $\mathbb{V}_\mathbb{F}$ の $\mathbb{K}$ 線型双対

[*68] 必要ならば $\mathbb{I}$ をその整閉包でとりかえることで $\mathbb{I}_{\widetilde{\mathfrak{J}}}$ は離散付値環となる．

を表すとき, $G_{\mathbb{Q}}$ の作用で安定な $\mathbb{I}_{\tilde{\mathfrak{J}}}$ 上の有限生成部分加群 $\mathbb{T}_{\tilde{\mathfrak{J}}} \subset (\mathbb{V}_{\mathbb{F}})^*$ で次をみたすものが存在する.

(1) $\mathbb{T}_{\tilde{\mathfrak{J}}}$ は $\mathbb{I}_{\tilde{\mathfrak{J}}}$ 上階数が 2 の自由加群である.

(2) $\widetilde{\eta} := \widetilde{\kappa}\kappa_{\mathrm{cyc}}\psi_{\mathbb{F}}\omega$ とおき, 単純 $(\mathbb{I}_{\tilde{\mathfrak{J}}}/\widetilde{\mathfrak{J}})[G_{\mathbb{Q}}]$ 加群 $(\mathbb{I}_{\tilde{\mathfrak{J}}}/\widetilde{\mathfrak{J}})(\mathbf{1})$, $(\mathbb{I}_{\tilde{\mathfrak{J}}}/\widetilde{\mathfrak{J}})(\widetilde{\eta})$ をそれぞれ type $\mathbf{1}$, type $\widetilde{\eta}$ とよぶとき, $G_{\mathbb{Q}}$ の作用で安定な拡大

$$(3.60) \qquad 0 \longrightarrow A \longrightarrow \mathbb{T}_{\tilde{\mathfrak{J}}}/\widetilde{\mathfrak{J}}^m \mathbb{T}_{\tilde{\mathfrak{J}}} \longrightarrow B \longrightarrow 0$$

で次をみたすものが存在する.

(i) $\mathbb{I}_{\tilde{\mathfrak{J}}}$ 加群として $A \cong B \cong \mathbb{I}_{\tilde{\mathfrak{J}}}/\widetilde{\mathfrak{J}}^m$ となる.

(ii) A (resp. B) の $\mathbb{I}_{\tilde{\mathfrak{J}}}[G_{\mathbb{Q}}]$ 加群としての単純な部分商は全て type $\mathbf{1}$ (resp. type $\widetilde{\eta}$) である.

(3) $\mathbb{T}_{\tilde{\mathfrak{J}}}$ は $\mathbb{I}_{\tilde{\mathfrak{J}}}[G_{\mathbb{Q}}]$ 加群として, type $\mathbf{1}$ の商を持たない.

[証明] 非常に簡素なアイデアだけを述べたい. 表現 $\rho_{\mathbb{F}}$ の連続性と(Step I) の前に紹介した「肥田変形の基本事項」の(5)への脚注によって, $G_{\mathbb{Q}}$ 作用で安定な $\mathbb{V}_{\mathbb{F}}^*$ の有限生成 $\mathbb{I}$ 部分加群 $\mathbb{T}$ で $\mathbb{T} \otimes_{\mathbb{I}} \mathbb{K} \cong \mathbb{V}_{\mathbb{F}}^*$ なるものが存在する. $\mathbb{T}$ は必ずしも $\mathbb{I}$ 加群として自由であるとは限らないが, 局所化で得られる $\mathbb{T}_{\tilde{\mathfrak{J}}}$ は離散付値環 $\mathbb{I}_{\tilde{\mathfrak{J}}}$ 上のねじれをもたない有限生成加群であるから自由である. よって, (1) をみたすような $\mathbb{T}_{\tilde{\mathfrak{J}}}$ が存在することはよい. (Step I) の構成によって $\mathbb{F}$ は mod $\widetilde{\mathfrak{J}}$ で $\mathbb{I}$ 進 Eisenstein 級数 $\mathbb{G}_{\psi}$ と合同であるから, $\mathbb{T}_{\tilde{\mathfrak{J}}}/\widetilde{\mathfrak{J}}\mathbb{T}_{\tilde{\mathfrak{J}}}$ の $\mathbb{I}_{\tilde{\mathfrak{J}}}[G_{\mathbb{Q}}]$ としての半単純化 $(\mathbb{T}_{\tilde{\mathfrak{J}}}/\widetilde{\mathfrak{J}}\mathbb{T}_{\tilde{\mathfrak{J}}})^{\mathrm{ss}}$ は $(\mathbb{I}_{\tilde{\mathfrak{J}}}/\widetilde{\mathfrak{J}})(\mathbf{1}) \oplus (\mathbb{I}_{\tilde{\mathfrak{J}}}/\widetilde{\mathfrak{J}})(\widetilde{\eta})$ と同型である. よって, 先の Ribet の定理の証明の (Step 2a) の議論の一般化で, $\mathbb{I}_{\tilde{\mathfrak{J}}}$ 格子 $\mathbb{T}_{\tilde{\mathfrak{J}}}$ を取り替えて (2) をみたすようにできる. さらに, $\rho_{\mathbb{F}}$ の既約性より, 先の (Step 2b) の議論 (Ribet の補題) の一般化によって, (2) の性質を保ったまま, (3) の記述がみたされるように $\mathbb{T}_{\tilde{\mathfrak{J}}}$ を取り替えることができる. ∎

(**Step III**) (3.60) は $G_{\mathbb{Q}_p}$ 加群の拡大として分裂する.

[証明] Wiles による以下の結果を思い出そう[*69].

定理 3.75 $\rho_{\mathbb{F}}$ の表現空間 $\mathbb{V}_{\mathbb{F}} \cong \mathbb{K}^{\oplus 2}$ への $G_{\mathbb{Q}}$ 作用の $G_{\mathbb{Q}_p}$ への制限 $\rho_{\mathbb{F}}|_{G_{\mathbb{Q}_p}}$ は

$$0 \longrightarrow \mathbb{K}(\widetilde{\alpha}) \longrightarrow \mathbb{V}_\mathbb{F} \longrightarrow \mathbb{K}(\widetilde{\alpha}^{-1}\widetilde{\eta}^{-1}) \longrightarrow 0$$

なる拡大を持つ．ただし，$\widetilde{\alpha}\colon G_{\mathbb{Q}_p} \longrightarrow \mathbb{I}^\times$ は不分岐指標で $\widetilde{\alpha}(\mathrm{Frob}_p) = A_p(\mathbb{F})$ なるものである（Frob_p は幾何的フロベニウス元を表す）． □

$\mathbb{T}_{\widetilde{\mathfrak{I}}} \subset (\mathbb{V}_\mathbb{F})^*$ より，

$$\mathrm{Fil}^+ \mathbb{T}_{\widetilde{\mathfrak{I}}} := \mathrm{Ker}[\mathbb{T}_{\widetilde{\mathfrak{I}}} \hookrightarrow (\mathbb{V}_\mathbb{F})^* \twoheadrightarrow \mathbb{K}(\widetilde{\alpha}^{-1})]$$

と定義する．今，$\mathrm{Fil}^- \mathbb{T}_{\widetilde{\mathfrak{I}}} := \mathbb{T}_{\widetilde{\mathfrak{I}}}/\mathrm{Fil}^+\mathbb{T}_{\widetilde{\mathfrak{I}}}$ は $\mathrm{Im}[\mathbb{T}_{\widetilde{\mathfrak{I}}} \hookrightarrow (\mathbb{V}_\mathbb{F})^* \twoheadrightarrow \mathbb{K}(\widetilde{\alpha}^{-1})]$ に等しく，特に非自明である．定義から定まる短完全列に右完全函手 $\otimes_{\mathbb{I}_{\widetilde{\mathfrak{I}}}} \mathbb{I}_{\widetilde{\mathfrak{I}}}/\widetilde{\mathfrak{I}}$ を施して得られる完全列：

$$(3.61) \quad \mathrm{Fil}^+\mathbb{T}_{\widetilde{\mathfrak{I}}}/\widetilde{\mathfrak{I}}\mathrm{Fil}^+\mathbb{T}_{\widetilde{\mathfrak{I}}} \longrightarrow \mathbb{T}_{\widetilde{\mathfrak{I}}}/\widetilde{\mathfrak{I}}\mathbb{T}_{\widetilde{\mathfrak{I}}} \longrightarrow \mathrm{Fil}^-\mathbb{T}_{\widetilde{\mathfrak{I}}}/\widetilde{\mathfrak{I}}\mathrm{Fil}^-\mathbb{T}_{\widetilde{\mathfrak{I}}} \longrightarrow 0$$

を考える．$\mathbb{T}_{\widetilde{\mathfrak{I}}}$ は階数 2 の自由 $\mathbb{I}_{\widetilde{\mathfrak{I}}}$ 加群であるから (3.61) の真ん中の項は $\mathbb{I}_{\widetilde{\mathfrak{I}}}/\widetilde{\mathfrak{I}}$ 上 2 次元のベクトル空間である．よって，$\mathrm{Fil}^-\mathbb{T}_{\widetilde{\mathfrak{I}}}/\widetilde{\mathfrak{I}}\mathrm{Fil}^-\mathbb{T}_{\widetilde{\mathfrak{I}}}$ の $\mathbb{I}_{\widetilde{\mathfrak{I}}}/\widetilde{\mathfrak{I}}$ ベクトル空間としての次元は 1 または 2 である．次元が 2 とすると，$\mathbb{T}_{\widetilde{\mathfrak{I}}}/\widetilde{\mathfrak{I}}\mathbb{T}_{\widetilde{\mathfrak{I}}} = \mathrm{Fil}^-\mathbb{T}_{\widetilde{\mathfrak{I}}}/\widetilde{\mathfrak{I}}\mathrm{Fil}^-\mathbb{T}_{\widetilde{\mathfrak{I}}}$ であり，定義より $\mathbb{T}_{\widetilde{\mathfrak{I}}}/\widetilde{\mathfrak{I}}\mathbb{T}_{\widetilde{\mathfrak{I}}}$ は $G_{\mathbb{Q}_p}$ 加群として不分岐でなければならない．結果として，$\mathbb{T}_{\widetilde{\mathfrak{I}}}$ も $G_{\mathbb{Q}_p}$ 加群として不分岐でなければならないが，これは $\mathbb{V}_\mathbb{F}$ が $G_{\mathbb{Q}_p}$ の表現として分岐することに矛盾する．かくして，$\mathrm{Fil}^+\mathbb{T}_{\widetilde{\mathfrak{I}}}/\widetilde{\mathfrak{I}}\mathrm{Fil}^+\mathbb{T}_{\widetilde{\mathfrak{I}}}$ と $\mathrm{Fil}^-\mathbb{T}_{\widetilde{\mathfrak{I}}}/\widetilde{\mathfrak{I}}\mathrm{Fil}^-\mathbb{T}_{\widetilde{\mathfrak{I}}}$ はともに次元 1 の $\mathbb{I}_{\widetilde{\mathfrak{I}}}/\widetilde{\mathfrak{I}}$ ベクトル空間である．中山の補題より，$\mathrm{Fil}^+\mathbb{T}_{\widetilde{\mathfrak{I}}}$ と $\mathrm{Fil}^-\mathbb{T}_{\widetilde{\mathfrak{I}}}$ はともに階数 1 の自由 $\mathbb{I}_{\widetilde{\mathfrak{I}}}$ 加群となる．かくして，$G_{\mathbb{Q}_p}$ 加群として

$$(3.62) \quad 0 \longrightarrow (\mathbb{I}_{\widetilde{\mathfrak{I}}}/\widetilde{\mathfrak{I}}^m)(\widetilde{\eta}\widetilde{\alpha}) \longrightarrow \mathbb{T}_{\widetilde{\mathfrak{I}}}/\widetilde{\mathfrak{I}}^m\mathbb{T}_{\widetilde{\mathfrak{I}}} \longrightarrow (\mathbb{I}_{\widetilde{\mathfrak{I}}}/\widetilde{\mathfrak{I}}^m)(\widetilde{\alpha}^{-1}) \longrightarrow 0$$

なる完全列がある．$\widetilde{\alpha}(\mathrm{Frob}_p) \equiv 1 \bmod \widetilde{\mathfrak{I}}^m$ より，(3.60) と (3.62) を合わせることで，(Step III) の証明を終える． ■

---

*69 Wiles は，先述の Ribet の証明の (Step 3) をレベルを p から p の高次ベキへ，モジュラー曲線のヤコビ多様体に伴う mod p の有限平坦群スキームをモジュラー曲線のヤコビ多様体に伴う p 可除群スキーム (p-divisible group) へと一般化し，有限平坦スキームの分解 (3.55) の p 可除群スキームへの一般化を用いることで定理 3.75 を証明した．定理 3.75 の証明の詳細は与えないが，[122, Thm. 2.2] や [123, Thm. 2] などを参照されたい．

(**Step IV**)　1次ガロワコホモロジーは加群の拡大を分類するので，拡大(3.60)は

$$H^1(\mathbb{Q}, \mathrm{Hom}_{\mathbb{I}_{\tilde{\mathfrak{J}}}}(B, A)) \cong H^1(\mathbb{Q}, (\mathbb{I}_{\tilde{\mathfrak{J}}}/\widetilde{\mathfrak{J}}^m)(\widetilde{\eta}^{-1}))$$
$$\cong H^1(\mathbb{Q}, (\Lambda_{\mathrm{cyc},\psi}/\mathfrak{J}^m)(\widetilde{\eta}^{-1})) \otimes_{\Lambda_{\mathrm{cyc},\psi}} \mathbb{I}$$

の元を定める．(Step III) より考えている加群の拡大は素点 p で自明である．また，(Step I) の前に紹介した「肥田変形の基本事項」の (5) の (tr) より，$K^{\mathrm{cyc}}_{\psi^{-1}\omega,\infty}$ の $\lambda \nmid N$ なる p の外の素点 λ では不分岐である．先述の Ribet の定理の証明の (Step 4) と同様にして，$\Lambda_{\mathrm{cyc},\psi}$ 線型写像

$$(X_{K^{\mathrm{cyc}}_{\omega\psi^{-1},\infty}})_{\omega\psi^{-1}} \otimes \kappa_{\mathrm{cyc}}^{-1} \longrightarrow \Lambda_{\mathrm{cyc},\psi}/\iota(\mathfrak{J})^m$$

が引き起こされる．(Step II) からわかる大域体のガロワ群のコサイクルの非自明性から，この写像は擬零な余核を持つ．(p) を割らない $\Lambda_{\mathrm{cyc},\psi}$ の勝手な高さ 1 の素イデアル $\mathfrak{J}$ に対して

$$\mathrm{ord}_{\iota(\mathfrak{J})} \mathrm{Tw}_{\kappa_{\mathrm{cyc}}^{-1}}(L_p(\psi)) \leq \mathrm{ord}_{\iota(\mathfrak{J})} \left(\mathrm{char}_{\Lambda_{\mathrm{cyc},\psi}}(X_{K^{\mathrm{cyc}}_{\omega\psi^{-1},\infty}})_{\omega\psi^{-1}} \otimes \kappa_{\mathrm{cyc}}^{-1}\right)$$

が示された．実は，$\lambda | N$ なる素点では，拡大で得られた元は不分岐とは限らないが，l を λ の剰余標数とするときの惰性群 I_l は $\Lambda_{\mathrm{cyc},\psi}(\widetilde{\eta}^{-1})$ 上に I_l の有限商を経由して作用する．かくして，大域的なガロワコホモロジー群の中で局所条件を持つ部分群を考える際に，$l | N$ においてコサイクルが不分岐であるという不分岐条件を課すかどうかは，局所条件で定まる部分群の Pontrjagin 双対には μ 不変量の違いしか生じない．Ferrero-Washington の定理 (定理 3.57) によって μ 不変量の違いは気にしなくてよいので，導手 Np^e ($e=0$ または $e=1$) の $\psi(-1)=1$ かつ $\psi \neq \mathbf{1}$ なる勝手な Dirichlet 指標 ψ に対して

(3.63) $$\mathrm{char}_{\Lambda_{\mathrm{cyc},\psi}}(X_{K^{\mathrm{cyc}}_{\omega\psi^{-1},\infty}})_{\omega\psi^{-1}} \subset (L_p(\psi))$$

が成り立つ．解析的類数公式 (定理 3.71) によって，(3.63) は等式となり，証明が終わる．

3.3.3 Euler 系の方法による証明

岩澤主予想には **Euler 系の方法**による別証明がある．Euler 系の方法は一般に Selmer 群の大きさを抑える非常に有用な方法である．歴史的には，Thaine のアイデアを経て Kolyvagin によって発見された．以下で，Euler 系の理論による岩澤主予想の証明を解説する．

この節で新しく必要とされる数学的な理論はあまりないが，強いて言うと代数体および局所体の拡大に関する精緻な理解が必要である．代数体の拡大に関しては特に有限次ガロワ拡大に対する Chebotarev の密度定理には慣れていた方がよいだろう．例えば[1]などの教科書を参照されたい．また，局所体の乗法群の構造や局所体の分岐拡大に関しては，[110]の Part Two くらいまでを修得しているとよいだろう．

$(N,p) = 1$ なる自然数 N, 導手が Np^e ($e=0$ または $e=1$)で $\psi(-1)=1$ である Dirichlet 指標 ψ を考える．以下，3.3.3 項を通して $K = K_\psi \subset \mathbb{Q}(\mu_{Np})$ とする．

命題 3.76 $\mathrm{Gal}(K_\infty^{\mathrm{cyc}}/\mathbb{Q})$ の作用と両立する次のような完全列がある：

$$(3.64) \quad 0 \longrightarrow \varprojlim_n (\mathfrak{r}_{K_n^{\mathrm{cyc}}})^\times \otimes_\mathbb{Z} \mathbb{Z}_p \longrightarrow \varprojlim_n U_1(\mathfrak{r}_{K_n^{\mathrm{cyc}}} \otimes_\mathbb{Z} \mathbb{Z}_p)$$
$$\longrightarrow \mathfrak{X}_{K_\infty^{\mathrm{cyc}}} \longrightarrow X_{K_\infty^{\mathrm{cyc}}} \longrightarrow 0.$$

ただし，$U_1(\mathfrak{r}_{K_n^{\mathrm{cyc}}} \otimes_\mathbb{Z} \mathbb{Z}_p)$ は局所主単数群(つまり，半局所環 $\mathfrak{r}_{K_n^{\mathrm{cyc}}} \otimes_\mathbb{Z} \mathbb{Z}_p$ の各成分で極大イデアルを法として 1 と合同な単数のみからなる部分群[*70])を表す． □

[証明] 類体論によって，次の完全列がある[*71]：

$$(3.65) \quad 0 \longrightarrow (\mathfrak{r}_{K_n^{\mathrm{cyc}}})^\times \otimes_\mathbb{Z} \mathbb{Z}_p \longrightarrow U_1(\mathfrak{r}_{K_n^{\mathrm{cyc}}} \otimes_\mathbb{Z} \mathbb{Z}_p)$$
$$\longrightarrow \mathrm{Gal}(M_n^{\mathrm{cyc}}/K_n^{\mathrm{cyc}}) \longrightarrow \mathrm{Gal}(L_n^{\mathrm{cyc}}/K_n^{\mathrm{cyc}}) \longrightarrow 0.$$

[*70] 別の言い方をすれば，$U_1(\mathfrak{r}_{K_n^{\mathrm{cyc}}} \otimes_\mathbb{Z} \mathbb{Z}_p)$ は $(\mathfrak{r}_{K_n^{\mathrm{cyc}}} \otimes_\mathbb{Z} \mathbb{Z}_p)^\times$ の(pro-)p-Sylow 部分群に他ならない．

[*71] 以前の(2.3)の直前の議論を参照のこと．

3.3 代数的側面と解析的側面の関係(岩澤主予想)

最初の写像は,K_n^{cyc} がアーベル体であることから,Brumer の定理(Leopoldt 予想の特別な場合)を用いることで単射であることがわかる[*72].定義より,$\mathfrak{X}_{K_\infty^{\mathrm{cyc}}} = \varprojlim_n \mathrm{Gal}(M_n^{\mathrm{cyc}}/K_n^{\mathrm{cyc}})$, $X_{K_\infty^{\mathrm{cyc}}} = \varprojlim_n \mathrm{Gal}(L_n^{\mathrm{cyc}}/K_n^{\mathrm{cyc}})$ である.また,一般には逆極限は完全性を保たないが,4 項は全て副有限群(pro-finite group)であるから Mittag-Leffler 条件がみたされ,よって(3.65)の逆極限をとることで(3.64)が得られる. ∎

ここで,

$$\mathfrak{R}_\psi = \{r \in \mathbb{Z}_{\geq 1} \mid r \text{ は } 2Np \text{ と素で平方因子を持たない}\}$$

と定める[*73].

定義 3.77 組 $(n,r) \in \mathbb{Z}_{\geq 1} \times \mathfrak{R}_\psi$ ごとに $z_{n,r} \in \left((\mathfrak{r}_{K_n^{\mathrm{cyc}}(\mu_r)})^\times \otimes_{\mathbb{Z}} \mathbb{Z}_p\right)_\psi$ が与えられ,次の条件をみたすとき,$\{z_{n,r}\}_{(n,r) \in \mathbb{Z}_{\geq 1} \times \mathfrak{R}_\psi}$ を(単数のなす) **Euler 系** とよぶ[*74]:

(1) $\mathrm{Nr}_{K_{n+1}^{\mathrm{cyc}}(\mu_r)/K_n^{\mathrm{cyc}}(\mu_r)}(z_{n+1,r}) = z_{n,r}$.

(2) $\mathrm{Nr}_{K_n^{\mathrm{cyc}}(\mu_{rl})/K_n^{\mathrm{cyc}}(\mu_r)}(z_{n,rl}) = (\mathrm{Frob}_l^{-1} - 1)z_{n,r}$.

 ($l \in \mathfrak{R}_\psi$ は $(l, 2Npr) = 1$ なる素数)

ただし,$\mathrm{Frob}_l^{-1} \in \mathrm{Gal}(K_n^{\mathrm{cyc}}(\mu_r)/\mathbb{Q})$ は(数論的な)l 乗フロベニウス元であり[*75],$\mathrm{Nr}_{K_n^{\mathrm{cyc}}(\mu_{rl})/K_n^{\mathrm{cyc}}(\mu_r)}$ はノルム写像を表す. ∎

以下の命題によって,単数のなす Euler 系の非自明な例である「円単数の Euler 系」が得られる.

命題 3.78 $N = 1$ (resp. $N > 1$)のとき,任意の非負整数 n で

[*72] 予想 2.7 の直後のコメント(1)を参照のこと.

[*73] 一見すると $\mathfrak{R}_\psi$ を定義する上式の右辺に ψ が現れないが,実は N が ψ の導手の p と素な部分であることに注意する.

[*74] Euler 系の名前の由来は,最後の条件に現れる l 乗フロベニウス元の寄与がゼータ函数の l-Euler 因子と類似していることに起因する.

[*75] 後で,幾何的な l 乗フロベニウス元 Frob_l が中心的な役割を果たすので,数論的な l 乗フロベニウス元は最初から記号 Frob_l^{-1} を用いることにする(幾何的フロベニウスの説明に関しては,定理 A.1 の脚注を参照のこと).

$$z_{n,1}^{\mathrm{cyc},\psi} = \left(N_{\mathbb{Q}_p(\mu_{p^n})/K_n^{\mathrm{cyc}} \cap \mathbb{Q}_p(\mu_{p^n})} \widehat{\left(\frac{\zeta_{p^{n+1}}^a - 1}{\zeta_{p^{n+1}} - 1} \right)} \right)_\psi$$

$$\left(\text{resp. } z_{n,1}^{\mathrm{cyc},\psi} = \left(N_{\mathbb{Q}_p(\mu_{Np^n})/K_n^{\mathrm{cyc}} \cap \mathbb{Q}_p(\mu_{Np^n})} \widehat{((\zeta_N)^{\sigma^{-n}} \zeta_{p^{n+1}} - 1)} \right)_\psi \right)$$

となるような Euler 系 $\{z_{n,r}^{\mathrm{cyc},\psi}\}_{(n,r) \in \mathbb{Z}_{\geq 1} \times \mathfrak{R}_\psi}$ が存在する．ただし，$x \in (\mathfrak{r}_{K_n^{\mathrm{cyc}}})^\times$ に対して p 進完備化への像を $\widehat{x} \in (\mathfrak{r}_{K_n^{\mathrm{cyc}}})^\times \otimes_{\mathbb{Z}} \mathbb{Z}_p$ で記す． □

注意 3.79 loc_p を大域体の単数群 $(\mathfrak{r}_{K_n^{\mathrm{cyc}}})^\times$ から局所単数群 $(\mathfrak{r}_{K_n^{\mathrm{cyc}}} \otimes_{\mathbb{Z}} \mathbb{Z}_p)^\times$ への自然な写像とするとき，$u_{(N),n} = \mathrm{loc}_p((\zeta_N)^{\sigma^{-n}} \zeta_{p^{n+1}} - 1)$ であることを思い出すと，

$$\mathrm{loc}_p(z_{n,1}^{\mathrm{cyc},\psi}) = \left(N_{\mathbb{Q}(\mu_{p^n}) \otimes \mathbb{Q}_p / K_n^{\mathrm{cyc}} \cap \mathbb{Q}(\mu_{p^n}) \otimes \mathbb{Q}_p} \widehat{(u_n(a))} \right)_\psi$$

$$\left(\text{resp. } \mathrm{loc}_p(z_{n,1}^{\mathrm{cyc},\psi}) = \left(N_{\mathbb{Q}(\mu_{Np^n}) \otimes \mathbb{Q}_p / K_n^{\mathrm{cyc}} \cap \mathbb{Q}(\mu_{Np^n}) \otimes \mathbb{Q}_p} \widehat{(u_{(N),n})} \right)_\psi \right)$$

となることに注意する．ただし，局所単数群の元 $x \in (\mathfrak{r}_{K_n^{\mathrm{cyc}}} \otimes_{\mathbb{Z}} \mathbb{Z}_p)^\times$ に対して p 進完備化への像を $\widehat{x} \in (\mathfrak{r}_{K_n^{\mathrm{cyc}}} \otimes_{\mathbb{Z}} \mathbb{Z}_p)^\times \otimes_{\mathbb{Z}} \mathbb{Z}_p = U_1(\mathfrak{r}_{K_n^{\mathrm{cyc}}} \otimes_{\mathbb{Z}} \mathbb{Z}_p)$ で記す．

[証明] $N = 1$ の場合と $N > 1$ の場合は同様の議論なので，$N > 1$ と仮定して証明する．$rl \in \mathfrak{R}_\psi$ で l は素数であるとする．今，$(\zeta_N)^{\sigma^{-n}} \zeta_{p^{n+1}} \zeta_{rl} - 1 \in \mathbb{Q}(\mu_{Np^{n+1}rl})$ に $\mathrm{Nr}_{\mathbb{Q}(\mu_{Np^{n+1}rl})/\mathbb{Q}(\mu_{Np^{n+1}r})}$ を施すと，

$$\prod_{i=1}^{l-1} \left((\zeta_N)^{\sigma^{-n}} \zeta_{p^{n+1}} \zeta_r \zeta_l^i - 1 \right) = \frac{\prod_{i=0}^{l-1} \left((\zeta_N)^{\sigma^{-n}} \zeta_{p^{n+1}} \zeta_r \zeta_l^i - 1 \right)}{(\zeta_N)^{\sigma^{-n}} \zeta_{p^{n+1}} \zeta_r - 1}$$

に等しく，上の右辺の分子は

$$((\zeta_N)^{\sigma^{-n}} \zeta_{p^{n+1}} \zeta_r)^l - 1 = \mathrm{Frob}_l^{-1}((\zeta_N)^{\sigma^{-n}} \zeta_{p^{n+1}} \zeta_r - 1)$$

となる．かくして，

$$(3.66) \quad \mathrm{Nr}_{\mathbb{Q}(\mu_{Np^{n+1}rl})/\mathbb{Q}(\mu_{Np^{n+1}r})}((\zeta_N)^{\sigma^{-n}} \zeta_{p^{n+1}} \zeta_r - 1)$$
$$= (\mathrm{Frob}_l^{-1} - 1)((\zeta_N)^{\sigma^{-n}} \zeta_{p^{n+1}} \zeta_r - 1)$$

が得られた．任意の $r \in \mathfrak{R}_\psi$ に対して，

$$(3.67) \quad z_{n,r}^{\mathrm{cyc},\psi} = \left(\mathrm{Nr}_{\mathbb{Q}(\mu_{Np^{n+1}r})/(K_n^{\mathrm{cyc}}(\mu_r) \cap \mathbb{Q}(\mu_{Np^{n+1}r}))} \widehat{((\zeta_N)^{\sigma^{-n}} \zeta_{p^{n+1}} \zeta_r - 1)} \right)_\psi$$

とおく．

特に考える総実代数体 K が $K = \mathbb{Q}(\mu_{Np})^+$ であるとき，$K_n^{\text{cyc}}(\mu_r)$ は $\mathbb{Q}(\mu_{Np^{n+1}r})$ の指数 2 の部分体である．$p \neq 2$ の仮定より，単数群に $\otimes_{\mathbb{Z}} \mathbb{Z}_p$ を施して得られる単数群の p 進完備化において，(3.67) のノルム写像 $\text{Nr}_{\mathbb{Q}(\mu_{Np^{n+1}r})/(K_n^{\text{cyc}}(\mu_r) \cap \mathbb{Q}(\mu_{Np^{n+1}r}))}$ は恒等写像を引き起こす．よって，(3.66) がただちに示したい定義 3.77 の関係式 (2) を与える．

$K \subsetneq \mathbb{Q}(\mu_{Np})^+$ のときも，$\text{Nr}_{\mathbb{Q}(\mu_{Np^{n+1}rl})/(K_n^{\text{cyc}}(\mu_{rl}) \cap \mathbb{Q}(\mu_{Np^{n+1}rl}))}$ は，可換環 $\mathbb{Z}[\text{Gal}(\mathbb{Q}(\mu_{Np^{n+1}rl})/\mathbb{Q})]$ の (K に依る) ある元 $x \in \mathbb{Z}[\text{Gal}(\mathbb{Q}(\mu_{Np^{n+1}rl})/\mathbb{Q})]$ を掛ける操作である．$\text{Gal}(\mathbb{Q}(\mu_{Np^{n+1}rl})/K_n^{\text{cyc}}(\mu_{rl})) \cong \text{Gal}(\mathbb{Q}(\mu_{Np^{n+1}r})/K_n^{\text{cyc}}(\mu_r))$ より，(3.66) の両辺に $x \in \mathbb{Z}[\text{Gal}(\mathbb{Q}(\mu_{Np^{n+1}rl})/\mathbb{Q})]$ を掛けることで，$z_{n,r}^{\text{cyc},\psi}$ たちの示したい定義 3.77 の関係式 (2) が得られる．関係式 (1) も同様に導かれる．以上で証明が終わる． □

Rubin, Greither らによる単数のなす Euler 系の理論の主定理は以下のような結果にまとめられる (歴史的経緯については注意 3.65 を参照のこと)：

定理 3.80 (Rubin ([73], [102]), Greither [37]) $\psi(-1) = 1$ かつ $\psi \neq 1$ である全ての指標に対して，(定義 3.77 の意味での) 勝手な Euler 系 $\{z_{n,r}\}_{(n,r) \in \mathbb{Z}_{\geq 1} \times \mathfrak{R}_\psi}$ を考えると，ある非負整数 a が存在して，

$$(3.68) \quad \text{char}_{\Lambda_{\text{cyc},\psi}}(X_{K_\infty^{\text{cyc}}})_\psi \supset (p^a) \text{char}_{\Lambda_{\text{cyc},\psi}} \left(\varprojlim_n ((\mathfrak{r}_{K_n^{\text{cyc}}})^\times \otimes_{\mathbb{Z}} \mathbb{Z}_p) \Big/ \varprojlim_n z_{n,1} \Lambda_{\text{cyc},\psi} \right)_\psi$$

が成り立つ．また，ψ の位数が p と素であるときは (p^a) を掛けない包含関係が正しい． □

注意 3.81
(1) 命題 3.76 の完全列の前半を，命題 3.78 の Euler 系の部分加群で割った完全列の ψ 部分をとることで，以下の $\Lambda_{\text{cyc},\psi} \otimes_{\mathbb{Z}_p} \mathbb{Q}_p$ 加群の完全列がある：

$$(3.69) \quad 0 \longrightarrow \left(\varprojlim_n ((\mathfrak{r}_{K_n^{\mathrm{cyc}}})^\times \otimes_{\mathbb{Z}} \mathbb{Z}_p) \Big/ \varprojlim_n z_{n,1}^{\mathrm{cyc},\psi} \Lambda_{\mathrm{cyc},\psi} \right)_\psi \otimes_{\mathbb{Z}_p} \mathbb{Q}_p$$

$$\longrightarrow \left(\varprojlim_n U_1(\mathfrak{r}_{K_n^{\mathrm{cyc}}} \otimes_{\mathbb{Z}} \mathbb{Z}_p) \Big/ \varprojlim_n \mathrm{loc}_p(z_{n,1}^{\mathrm{cyc},\psi}) \Lambda_{\mathrm{cyc},\psi} \right)_\psi \otimes_{\mathbb{Z}_p} \mathbb{Q}_p$$

$$\longrightarrow (\mathfrak{X}_{K_\infty^{\mathrm{cyc}}})_\psi \otimes_{\mathbb{Z}_p} \mathbb{Q}_p \longrightarrow (X_{K_\infty^{\mathrm{cyc}}})_\psi \otimes_{\mathbb{Z}_p} \mathbb{Q}_p \longrightarrow 0.$$

上の完全系列において，全ての項はねじれ $\Lambda_{\mathrm{cyc},\psi} \otimes_{\mathbb{Z}_p} \mathbb{Q}_p$ 加群となる．

(2) $\mathrm{Gal}(K/\mathbb{Q})$ の指標 ψ の位数が p と素なとき，(3.69) は，$\otimes_{\mathbb{Z}_p} \mathbb{Q}_p$ を施す前からもともと完全列である[*76].

(3) Ferrero-Washington の定理(定理 3.57)や K_∞^{cyc} 上の解析的類数公式の原理(定理 3.71)によって，$\otimes_{\mathbb{Z}_p} \mathbb{Q}_p$ を施す前に (3.69) に現れる岩澤加群たちの μ 不変量は自明である．

まず，定理 3.80 を認めると (+) 版岩澤主予想が従うことを示そう．

[定理 3.80 $\Rightarrow$ 定理 3.64 の証明]　導手が Np を割り $\psi(-1) = 1$ かつ $\psi \neq 1$ なる全ての指標 ψ に対して，

$$(3.70) \quad \mathrm{char}_{\Lambda_{\mathrm{cyc},\psi}}((\mathfrak{X}_{K_\infty^{\mathrm{cyc}}})_\psi)^\bullet \otimes \kappa_{\mathrm{cyc}} \supset (L_p(\psi))$$

が成り立つことを示せば，K_∞ の解析的類数公式(定理 3.71)より，導手が Np を割り切り $\psi(-1) = 1$ かつ $\psi \neq 1$ である全ての指標 ψ に対して，$\mathrm{char}_{\Lambda_{\mathrm{cyc},\psi}}((\mathfrak{X}_{K_\infty^{\mathrm{cyc}}})_\psi)^\bullet \otimes \kappa_{\mathrm{cyc}} = (L_p(\psi))$ が従う[*77]．また，注意 3.81(3) により，勝手な p と素な $\Lambda_{\mathrm{cyc},\psi}$ の高さ 1 の素イデアル $\mathfrak{J}$ に対して

$$(3.71) \quad \mathrm{length}_{(\Lambda_{\mathrm{cyc},\psi})_\mathfrak{J}} \left((((\mathfrak{X}_{K_\infty^{\mathrm{cyc}}})_\psi)^\bullet \otimes \kappa_{\mathrm{cyc}}) \otimes_{\Lambda_{\mathrm{cyc},\psi}} (\Lambda_{\mathrm{cyc},\psi})_\mathfrak{J} \right) \leqq \mathrm{ord}_\mathfrak{J}(L_p(\psi))$$

を示せば (3.70) が従う．3.2.4 項において Coleman による p 進 L 函数の円単数を用いた別構成を与えた．特に，定理 3.44, 定理 3.54 を組み合わせて 3.2.4 項後半の[定理 3.29 の別証明]と比べることにより，

[*76] 定義 3.61 の後のコメントを参照．
[*77] 注意 3.32(3) と後で紹介する Stickelberger の定理(定理 3.92)を用いると，$\psi = 1$ のときは定理 3.64 は自明に成り立つことがわかる．よって $\psi = 1$ の場合は除外してよい．

3.3 代数的側面と解析的側面の関係(岩澤主予想)　131

(3.72)
$$\mathrm{ord}_{\mathfrak{I}}(L_p(\psi))$$
$$= \mathrm{length}_{(\Lambda_{\mathrm{cyc},\psi})_{\mathfrak{I}}} \Big(\Big(\varprojlim_n U_1(\mathfrak{r}_{K_n^{\mathrm{cyc}}} \otimes_{\mathbb{Z}} \mathbb{Z}_p) / \varprojlim_n \mathrm{loc}_p(z_{n,1}^{\mathrm{cyc},\psi})\Lambda_{\mathrm{cyc},\psi}\Big)_{\psi}^{\bullet} \otimes \kappa_{\mathrm{cyc}}\Big)$$
$$\otimes_{\Lambda_{\mathrm{cyc},\psi}} (\Lambda_{\mathrm{cyc},\psi})_{\mathfrak{I}}$$

が成り立つことがわかる．局所化は(3.69)の完全性を保ち，ねじれ加群の完全系列において length の交代和は消えるので，(3.72)によって(3.71)を示すためには

(3.73)
$$\mathrm{length}_{(\Lambda_{\mathrm{cyc},\psi})_{\mathfrak{I}}}(X_{K_\infty^{\mathrm{cyc}}})_{\psi} \otimes_{\Lambda_{\mathrm{cyc},\psi}} (\Lambda_{\mathrm{cyc},\psi})_{\mathfrak{I}}$$
$$\leqq \mathrm{length}_{(\Lambda_{\mathrm{cyc},\psi})_{\mathfrak{I}}} \left(\varprojlim_n \left((\mathfrak{r}_{K_n^{\mathrm{cyc}}})^{\times} \otimes_{\mathbb{Z}} \mathbb{Z}_p\right) \Big/ \varprojlim_n z_{n,1}^{\mathrm{cyc},\psi} \Lambda_{\mathrm{cyc},\psi}\right)_{\psi} \otimes_{\Lambda_{\mathrm{cyc},\psi}} (\Lambda_{\mathrm{cyc},\psi})_{\mathfrak{I}}$$

を示せばよいことがわかる．(3.73)は定理 3.80 を $\{z_{n,r}\} = \{z_{n,r}^{\mathrm{cyc},\psi}\}$ として適用することでただちに従う．以上で証明を終える． ∎

定理 3.80 の証明に入る前に必要な言葉や予備的な結果を準備する．以下，$\mathrm{mod}\ p^{m+1}$ で考えるために自然数 m を固定する．このとき，$r \in \mathfrak{R}_\psi$ について次の条件 (CD_m) を考える：

(CD_m)　r の勝手な素因数 l に対して，$\mathbb{Q}$ の素イデアル (l) は拡大 $K_m^{\mathrm{cyc}}(\mu_p)/\mathbb{Q}$ で完全分解する．

$\mathbb{Q}(\mu_{p^{m+1}}) \subset K_m^{\mathrm{cyc}}(\mu_p)$ より，r が (CD_m) をみたすならば，r の勝手な素因数 l に対して，(l) は $\mathbb{Q}(\mu_{p^{m+1}})/\mathbb{Q}$ で完全分解するので，特に $l \equiv 1\ \mathrm{mod}\ p^{m+1}$ が成り立つことに注意する．

$\mu_{p^{m+1}}$ を係数に持つガロワコホモロジーの $G_{K_n^{\mathrm{cyc}}}$ から $G_{K_n^{\mathrm{cyc}}(\mu_r)}$ へのガロワ群の自然な制限写像[*78]によって引き起こされる同型：

[*78]　Kummer 理論によって，以下の制限写像はガロワコホモロジーの制限写像 $\mathrm{res}_{n,r,m}$：$H^1(K_n^{\mathrm{cyc}}, \mu_{p^{m+1}}) \longrightarrow H^1(K_n^{\mathrm{cyc}}(\mu_r), \mu_{p^{m+1}})^{\mathrm{Gal}(K_n^{\mathrm{cyc}}(\mu_r)/K_n^{\mathrm{cyc}})}$ を考えていることに他ならない．

(3.74) $\mathrm{res}_{n,r,m}: (K_n^{\mathrm{cyc}})^\times/((K_n^{\mathrm{cyc}})^\times)^{p^{m+1}}$
$$\xrightarrow{\sim} \left((K_n^{\mathrm{cyc}}(\mu_r))^\times/((K_n^{\mathrm{cyc}}(\mu_r))^\times)^{p^{m+1}}\right)^{\mathrm{Gal}(K_n^{\mathrm{cyc}}(\mu_r)/K_n^{\mathrm{cyc}})}$$

を考える[*79].

以下，奇素数 $l \nmid Np$ に対して，巡回群 $\mathrm{Gal}(K_n^{\mathrm{cyc}}(\mu_l)/K_n^{\mathrm{cyc}}) \cong \mathrm{Gal}(\mathbb{Q}(\mu_l)/\mathbb{Q})$ の生成元 σ_l を一つ選んで固定する．

定義 3.82 $r = l_1 \cdots l_s$ と素因数分解されるときのガロワ群の分解：

$$\mathrm{Gal}(K_n^{\mathrm{cyc}}(\mu_r)/K_n^{\mathrm{cyc}}) \cong \mathrm{Gal}(K_n^{\mathrm{cyc}}(\mu_{l_1})/K_n^{\mathrm{cyc}}) \times \cdots \times \mathrm{Gal}(K_n^{\mathrm{cyc}}(\mu_{l_s})/K_n^{\mathrm{cyc}})$$

に応じて，元 $\mathbb{D}_{l_i}, \mathbb{D}_r \in \mathbb{Z}[\mathrm{Gal}(K_n^{\mathrm{cyc}}(\mu_r)/K_n^{\mathrm{cyc}})]$ を $\mathbb{D}_{l_i} = \sum_{j=0}^{l_i-1} j\sigma_{l_i}^j$, $\mathbb{D}_r = \prod_{i=1}^{s} \mathbb{D}_{l_i}$ と定め，この $\mathbb{D}_r$ を **Kolyvagin 作用素** とよぶ． □

非負整数 m に対して，$z_{n,r} \in K_n^{\mathrm{cyc}}(\mu_r)^\times$ の $K_n^{\mathrm{cyc}}(\mu_r)^\times/(K_n^{\mathrm{cyc}}(\mu_r)^\times)^{p^{m+1}}$ への像を $z_{n,r,m}$ で記す．

命題 3.83 $r \in \mathfrak{R}_\psi$ が (CD_m) をみたすとき，

$$\mathbb{D}_r(z_{n,r,m}) \in \left((K_n^{\mathrm{cyc}}(\mu_r))^\times/((K_n^{\mathrm{cyc}}(\mu_r))^\times)^{p^{m+1}}\right)^{\mathrm{Gal}(K_n^{\mathrm{cyc}}(\mu_r)/K_n^{\mathrm{cyc}})}$$

が成り立つ． □

[証明] $r = 1$ のときは示すことはない．r の素因数の個数に関する数学的帰納法で証明する．$l | r$ を素数として，$r' = \dfrac{r}{l}$ とおく．このとき，

$(\sigma_l - 1)\mathbb{D}_r(z_{n,r,m})$
$= (\sigma_l - 1)\mathbb{D}_l\mathbb{D}_{r'}(z_{n,r,m})$
$= \sharp\mathrm{Gal}(K_n^{\mathrm{cyc}}(\mu_l)/K_n^{\mathrm{cyc}})\mathbb{D}_{r'}(z_{n,r,m}) - \mathrm{Nr}_{K_n^{\mathrm{cyc}}(\mu_{l r'})/K_n^{\mathrm{cyc}}(\mu_{r'})}\mathbb{D}_{r'}(z_{n,r,m})$
$= \sharp\mathrm{Gal}(K_n^{\mathrm{cyc}}(\mu_l)/K_n^{\mathrm{cyc}})\mathbb{D}_{r'}(z_{n,r,m}) - (\mathrm{Frob}_l^{-1} - 1)\mathbb{D}_{r'}(z_{n,r',m})$
$= 0$

と計算される．上の計算において，最初の等式は $\mathbb{D}_r$ の定義であり，二番目の

[*79] 一般の体ではこのような制限写像は同型ではないが，今は $p > 2$ で K_n^{cyc} が総実代数体であることから，特に $\zeta_p \notin K_n^{\mathrm{cyc}}$ となる．Inflation-Restriction 完全系列をみれば制限写像が同型になることが確かめられる．

3.3 代数的側面と解析的側面の関係(岩澤主予想)　133

等式は $(\sigma_l - 1)\mathbb{D}_l$ を展開することで直ちにわかる．$K_n^{\mathrm{cyc}}(\mu_l)/\mathbb{Q}$ はアーベル拡大より操作 $\mathrm{Nr}_{K_n^{\mathrm{cyc}}(\mu_{l r'})/K_n^{\mathrm{cyc}}(\mu_{r'})}$, $\mathbb{D}_{r'}$, $(\mathrm{Frob}_l^{-1} - 1)$ たちは全て可換であるから，三番目の等式は Euler 系のノルム条件(定義 3.77(2) を参照)に他ならない．最後の等式は，仮定 (CD_m) より $\sharp \mathrm{Gal}(K_n^{\mathrm{cyc}}(\mu_l)/K_n^{\mathrm{cyc}}) = l - 1 \equiv 0 \mod p^{m+1}$ であること，および帰納法の仮定より $(\mathrm{Frob}_l^{-1} - 1)\mathbb{D}_{r'}(z_{n,r',m}) = 0$ なることによる． ∎

定義 3.84　n, m を自然数とし，$r \in \mathfrak{R}_\psi$ が条件 (CD_m) をみたすとする．このとき，$\kappa_{n,r,m} := \mathrm{res}_{n,r,m}^{-1}(\mathbb{D}_r(z_{n,r,m})) \in (K_n^{\mathrm{cyc}})^\times/((K_n^{\mathrm{cyc}})^\times)^{p^{m+1}}$ を $z_{n,r,m}$ の **Kolyvagin 導分**とよぶ． □

Euler 系によって帰納的にイデアル類群の大きさを抑える上で大事な写像たちを定義したい．

定義 3.85　$n > m$ とし，素数 $l \in \mathfrak{R}_\psi$ は (CD_m) をみたすとする．l の上にある K_n^{cyc} の各素点 λ における完備化を $K_{n,\lambda}^{\mathrm{cyc}}$，その整数環を $\mathfrak{r}_{n,\lambda}$ と記す．このとき，各 λ で，付値の写像

$$(K_n^{\mathrm{cyc}})^\times/((K_n^{\mathrm{cyc}})^\times)^{p^{m+1}} \longrightarrow ((K_{n,\lambda}^{\mathrm{cyc}})^\times/\mathfrak{r}_{n,\lambda}^\times)/((K_{n,\lambda}^{\mathrm{cyc}})^\times/\mathfrak{r}_{n,\lambda}^\times)^{p^{m+1}} \xrightarrow{\sim} \mathbb{Z}/(p^{m+1})$$

を $\mathrm{ord}_{\lambda,m}$ と記す*80．

l の上にある K_n^{cyc} の素点 $\widetilde{l}$ を一つ固定する．$\mathbb{Q}$ の素イデアル (l) が K_n^{cyc} で完全分解することより，(l) の上にある K_n^{cyc} の素イデアル λ それぞれに対して，$\lambda = (\widetilde{l})^{g_\lambda}$ なる $g_\lambda \in \mathrm{Gal}(K_n^{\mathrm{cyc}}/\mathbb{Q})$ が唯一つ存在する．写像

$$\mathrm{Div}_{n,m}^{(l)} : (K_n^{\mathrm{cyc}})^\times/((K_n^{\mathrm{cyc}})^\times)^{p^{m+1}} \longrightarrow \mathbb{Z}[\psi]/(p^{m+1})[\mathrm{Gal}(K_n^{\mathrm{cyc}}/\mathbb{Q})],$$

$$x \mapsto \bigoplus_{\lambda | l} \mathrm{ord}_{\lambda,m}(x) \cdot g_\lambda$$

を考える．

$$\Lambda_{\psi,n,m} := \Lambda_{\mathrm{cyc},\psi}/(\omega_n, p^{m+1}) - \left(\mathbb{Z}[\psi]/(p^{m+1})[\mathrm{Gal}(K_n^{\mathrm{cyc}}/\mathbb{Q})]\right)_\psi$$

とおくとき，$\mathrm{Div}_{n,m}^{(l)}$ の ψ 商をとった写像を

---

*80　$\mathrm{ord}_\lambda : (K_n^{\mathrm{cyc}})^\times \longrightarrow \mathbb{Z}$ を通常の λ での正規化された加法付値の写像とするとき，元 $x \in (K_n^{\mathrm{cyc}})^\times/((K_n^{\mathrm{cyc}})^\times)^{p^{m+1}}$ (の代表元)に対して $\mathrm{ord}_{\lambda,m}(x) = \mathrm{ord}_\lambda(x) \mod p^{m+1}$ である．

$$\mathrm{Div}_{\psi,n,m}^{(l)} : \left((K_n^{\mathrm{cyc}})^\times/((K_n^{\mathrm{cyc}})^\times)^{p^{m+1}}\right)_\psi \longrightarrow \Lambda_{\psi,n,m}$$

と定める. □

定義 3.86 自然数 n, m, (CD_m) をみたす素数 l, その上の素点 $\tilde{l}$, g_λ など, 定義 3.85 の通りとする. K_n^{cyc} の拡大 $K_n^{\mathrm{cyc}}(\mu_l)$ は K_n^{cyc} の l の上にある各素点 λ で完全分岐なので, λ の上にある $K_n^{\mathrm{cyc}}(\mu_l)$ の唯一の素点も λ で記し, $K_n^{\mathrm{cyc}}(\mu_l)$ の素点 λ での素元 ϖ_λ を選ぶ. 拡大 $K_n^{\mathrm{cyc}}(\mu_l)/K_n^{\mathrm{cyc}}$ は λ で馴分岐であるから, $(1-\sigma_l)(\varpi_\lambda) = \varpi_\lambda/\varpi_\lambda^{\sigma_l}$ の巡回群 $(\mathfrak{r}_{K_n^{\mathrm{cyc}}(\mu_l)/\lambda})^\times$ への像は生成元となる. この生成元の

$$(\mathfrak{r}_{K_n^{\mathrm{cyc}}(\mu_l)/\lambda})^\times/((\mathfrak{r}_{K_n^{\mathrm{cyc}}(\mu_l)/\lambda})^\times)^{p^{m+1}} = (\mathfrak{r}_{K_n^{\mathrm{cyc}}/\lambda})^\times/((\mathfrak{r}_{K_n^{\mathrm{cyc}}/\lambda})^\times)^{p^{m+1}}$$

における像を u_λ とおく.

σ_l の選び方に依存する(乗法巡回群から加法群への)非標準的な準同型写像

$$\varphi_{n,m}^{(\lambda,\sigma_l)} : (\mathfrak{r}_{K_n^{\mathrm{cyc}}/\lambda})^\times/((\mathfrak{r}_{K_n^{\mathrm{cyc}}/\lambda})^\times)^{p^{m+1}} \longrightarrow \mathbb{Z}[\psi]/(p^{m+1})$$

を, $\varphi_{n,m}^{(\lambda,\sigma_l)}(u_\lambda) = 1$ となる一意的な準同型として定める. さらに,

$$\left(\mathfrak{r}_{K_n^{\mathrm{cyc}}/(l)}\right)^\times \xrightarrow{\sim} \bigoplus_{\lambda | l}(\mathfrak{r}_{K_n^{\mathrm{cyc}}/\lambda})^\times \twoheadrightarrow \bigoplus_{\lambda | l}(\mathfrak{r}_{K_n^{\mathrm{cyc}}/\lambda})^\times/((\mathfrak{r}_{K_n^{\mathrm{cyc}}/\lambda})^\times)^{p^{m+1}},$$

$$x \mapsto \bigoplus_{\lambda | l} x_\lambda$$

を介して, $\tilde{l}$, σ_l の選び方に依存する非標準的な写像 $\varphi_{n,m}^{(\tilde{l},\sigma_l)}$ を

$$\varphi_{n,m}^{(\tilde{l},\sigma_l)} : \left((\mathfrak{r}_{K_n^{\mathrm{cyc}}/(l)})^\times\right)_\psi \longrightarrow \Lambda_{\psi,n,m},$$

$$x \mapsto \bigoplus_{\lambda | l} \varphi_{n,m}^{(\lambda,\sigma_l)}(x_\lambda) g_\lambda$$

と定める.

$(\mathrm{ord}_{\lambda,m} \circ \mathrm{Nr}_{K_n^{\mathrm{cyc}}(\mu_l)/K_n^{\mathrm{cyc}}})(\varpi_\lambda) = 1$ なので, 各 λ で以下の可換図式がある.

3.3 代数的側面と解析的側面の関係（岩澤主予想）　135

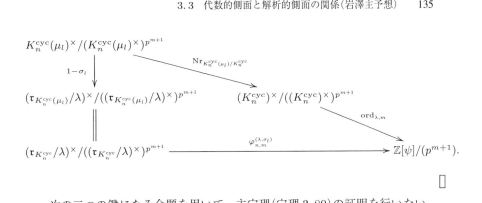

次の二つの鍵になる命題を用いて，主定理（定理 3.80）の証明を行いたい．

命題 3.87　定義 3.86 と同じ設定の下で，$\Lambda_{\psi,n,m}$ における等式：

(3.75)
$$\mathrm{Div}^{(l)}_{\psi,n,m}(\kappa_{n,r,m}) = \varphi^{(\tilde{l},\sigma_l)}_{n,m}(\kappa_{n,r/l,m})$$

が成り立つ．ここで，$l \nmid \dfrac{r}{l}$ より，l の上にある K_n^{cyc} の勝手な素点 λ に対して $\mathrm{ord}_{\lambda,m}(\kappa_{n,r/l,m}) = 0$ である．よって，$\kappa_{n,r/l,m}$ を $((\mathfrak{r}_{K_n^{\mathrm{cyc}}}/(l))^\times)_\psi$ に射影した元を記号の乱用で $\kappa_{n,r/l,m}$ と記している．　□

命題 3.88　$m > n$ かつ $p^m \mathrm{Cl}(K_n^{\mathrm{cyc}})[p^\infty] = 0$ なる自然数 m をとる．

（ⅰ）ある元 $c \in \mathrm{Cl}(K_n^{\mathrm{cyc}})[p^\infty]$，

（ⅱ）$\mathrm{Gal}(K_n^{\mathrm{cyc}}/\mathbb{Q})$ 安定な有限部分群 $W \subset \left((K_n^{\mathrm{cyc}})^\times/((K_n^{\mathrm{cyc}})^\times)^{p^{m+1}}\right)_\psi$，

（ⅲ）$\mathrm{Gal}(K_n^{\mathrm{cyc}}/\mathbb{Q})$ の作用と両立する準同型 $\phi_W : W \to \Lambda_{\psi,n,m}$，

が与えられたときに，(CD_m) をみたす素数 $l_c \in \mathfrak{R}_\psi$ と l_c の上にある K_n^{cyc} の素点 $\tilde{l}_c$ が存在して，

(3.76)
$$\begin{cases} \tilde{l}_c \text{の定めるイデアル類} = c, \\ \forall w \in W \text{と } l_c \text{の上にある } K_n^{\mathrm{cyc}} \text{の勝手な素点 } \lambda \text{に対して } \mathrm{ord}_{\lambda,m}(w) = 0, \\ \text{ある } t \in (\mathbb{Z}[\psi]/(p^{m+1}))^\times \text{が存在し，} \forall w \in W \text{で } \varphi^{(\tilde{l}_c,\sigma_{l_c})}_{n,m}(w) = t \cdot \phi_W(w) \end{cases}$$

が成り立つ[*81]．さらに，このような素数 l_c は無限個存在する．　□

[*81] 命題 3.87 と同様に，左辺の $\varphi^{(\tilde{l}_c,\sigma_{l_c})}_{n,m}$ において，w の $((\mathfrak{r}_{K_n^{\mathrm{cyc}}}/(l))^\times)_\psi$ への射影を記号の乱用で w と記している．

これらの命題を応用してイデアル類群の大きさを抑える Euler 系の議論の核心に焦点を絞るため，これら二つの命題の証明は省略する．ただ，命題 3.87 は，Euler 系 $z_{n,r}$ の持つノルム性質(定義 3.77(2) 参照)と Kolyvagin 作用素 $\mathbb{D}_r(z_{n,r,m})$ の性質から得られることに注意したい．また，命題 3.88 の素数の存在は，考える準同型たちの核が与える有限次代数体の拡大での素イデアル分布に対する Chebotarev の密度定理で示されることに注意したい．これら二つの命題の証明が気になる読者には，例えば，命題 3.87 の証明に関しては [100, Prop. 2.4]，命題 3.88 の証明に関しては [100, Thm. 3.1] を参照されたい．

[定理 3.80 の証明] 定理 3.4 より $(X_{K_\infty^{\mathrm{cyc}}})_\psi$ は有限生成ねじれ $\Lambda_{\mathrm{cyc},\psi}$ 加群なので，岩澤加群の構造定理(定理 2.39)によって，ある元たち $g^{(1)}, \cdots, g^{(s)} \in \Lambda_{\mathrm{cyc},\psi}$ が存在して，有限位数の余核を持つ単射 $\Lambda_{\mathrm{cyc},\psi}$ 線型写像：

$$(3.77) \qquad \Lambda_{\mathrm{cyc},\psi}/(g^{(1)}) \oplus \cdots \oplus \Lambda_{\mathrm{cyc},\psi}/(g^{(s)}) \hookrightarrow (X_{K_\infty^{\mathrm{cyc}}})_\psi$$

がある[*82]．擬同型 (3.77) の余核の零化イデアルを $\mathcal{I}$ と記す．定義より，$\mathcal{I}$ は $\Lambda_{\mathrm{cyc},\psi}$ の高さ 2 のイデアルであることに注意する．

$\psi(-1) = 1$ かつ $\psi \neq \mathbf{1}$ なる仮定より，以前に示した定理 3.54 の 4 項完全系列の ψ 商をとることで，

$$(3.78) \quad 0 \longrightarrow \left(\varprojlim_n U_1(\mathfrak{r}_{K_n^{\mathrm{cyc}}} \otimes_\mathbb{Z} \mathbb{Z}_p)\right)_\psi \text{ の最大 } p \text{ ベキねじれ部分群}$$
$$\longrightarrow \left(\varprojlim_n U_1(\mathfrak{r}_{K_n^{\mathrm{cyc}}} \otimes_\mathbb{Z} \mathbb{Z}_p)\right)_\psi \longrightarrow \Lambda_{\mathrm{cyc},\psi} \longrightarrow \text{有限 } p \text{ 群} \longrightarrow 0$$

なる 4 項完全列が得られる[*83]．一方，命題 3.76 の最初の単射写像の ψ 商をとることで $\Lambda_{\mathrm{cyc},\psi}$ 線型写像：

[*82] ψ は偶指標であるから，Greenberg 予想(予想 3.25)を認めるならば $s = 0$ である．したがって，Greenberg 予想の下では定理 3.80 は自明に成立する(命題 3.91(2) も参照のこと)．

[*83] ψ の位数が p と素ならば (3.78) の最初の p ベキねじれ部分は有限群である．

3.3 代数的側面と解析的側面の関係(岩澤主予想)　137

$$(3.79) \qquad \left(\varprojlim_n (\mathfrak{r}_{K_n^{\mathrm{cyc}}})^\times \otimes_{\mathbb{Z}} \mathbb{Z}_p\right)_\psi \longrightarrow \left(\varprojlim_n U_1(\mathfrak{r}_{K_n^{\mathrm{cyc}}} \otimes_{\mathbb{Z}} \mathbb{Z}_p)\right)_\psi$$

が引き起こされる．(3.78)の真ん中の写像と(3.79)を合成することで，核がpベキで消えるねじれ部分群である$\Lambda_{\mathrm{cyc},\psi}$線型写像$\left(\varprojlim_n (\mathfrak{r}_{K_n^{\mathrm{cyc}}})^\times \otimes_{\mathbb{Z}} \mathbb{Z}_p\right)_\psi$ $\xrightarrow{i_\psi} \Lambda_{\mathrm{cyc},\psi}$ が得られる．岩澤加群の構造定理(定理2.39)によって，

$$(3.80) \quad 0 \longrightarrow \left(\varprojlim_n (\mathfrak{r}_{K_n^{\mathrm{cyc}}})^\times \otimes_{\mathbb{Z}} \mathbb{Z}_p\right)_\psi \text{ の最大 } p \text{ ベキねじれ部分群}$$
$$\longrightarrow \left(\varprojlim_n (\mathfrak{r}_{K_n^{\mathrm{cyc}}})^\times \otimes_{\mathbb{Z}} \mathbb{Z}_p\right)_\psi \longrightarrow \Lambda_{\mathrm{cyc},\psi} \longrightarrow \text{有限} p \text{ 群} \longrightarrow 0$$

なる4項完全列が得られる．最後の有限p群の項を零化する$\Lambda_{\mathrm{cyc},\psi}$のイデアルを$\mathcal{J}$とおく．$\mathcal{J}$は高さ2のイデアルであることに注意する[*84]．また，(3.80)の真ん中の写像は直前の写像i_ψとは違うものであることにも注意する(写像i_ψの余核は有限とは限らない)．

$\varprojlim_n z_{n,1} \in \left(\varprojlim_n (\mathfrak{r}_{K_n^{\mathrm{cyc}}})^\times \otimes_{\mathbb{Z}} \mathbb{Z}_p\right)_\psi$ の(3.80)による像を$h \in \Lambda_{\mathrm{cyc},\psi}$と記す．

以下，擬同型(3.77)，4項完全列(3.80)をともに固定する．

定義より，

$$\mathrm{char}_{\Lambda_{\mathrm{cyc},\psi}} \left(\varprojlim_n (\mathfrak{r}_{K_n^{\mathrm{cyc}}})^\times \otimes_{\mathbb{Z}} \mathbb{Z}_p\right)_\psi \Big/ \varprojlim_n z_{n,1} \Lambda_{\mathrm{cyc},\psi} = (h)$$

であることに注意する．このとき，ある非負整数αが存在して

$$(3.81) \qquad \left(\prod_{i=1}^s g^{(i)}\right) \supset (p^\alpha h)$$

となることが示すべき不等式である．

この状況の下で，まずイデアル類群と大域的な単数群をn次の中間体の変動に関してコントロールする．

[*84] 先と同様に，ψの位数がpと素ならば(3.80)の最初のpベキねじれ部分は有限群である．

イデアル類群の側では,まず,ψ が偶指標であることから,$(X_{K_\infty^{\mathrm{cyc}}})_\psi/\omega_n(X_{K_\infty^{\mathrm{cyc}}})_\psi$ は常に有限群となることに注意する.実際,$(X_{K_\infty^{\mathrm{cyc}}})_\psi/\omega_n(X_{K_\infty^{\mathrm{cyc}}})_\psi$ の核に対応する K_∞^{cyc} の拡大は定義より $K=K_\psi$ 上のアーベル拡大である.もし,この拡大が K_∞^{cyc} 上の無限次拡大ならば総実代数体の $\mathbb{Z}_p$ 拡大が円分 $\mathbb{Z}_p$ 拡大に限ることを主張する Leopoldt 予想(予想 2.7)に矛盾する[*85].さらに,3.1.2 項後半の一般の場合の定理 3.1 の証明の中の (3.4) と (Step 3) によって,n_0 を十分大きくとれば,任意の $n \geq n_0$ で自然な射

$$(3.82) \qquad (X_{K_\infty^{\mathrm{cyc}}})_\psi/\omega_n(X_{K_\infty^{\mathrm{cyc}}})_\psi \longrightarrow (\mathrm{Cl}(K_n^{\mathrm{cyc}})[p^\infty])_\psi$$

は全射で核の位数は n に関して有界となる.$1 \leq i \leq s$ なる i ごとに,任意の自然数 n で

$$A_n^{(i)} := \Lambda_{\mathrm{cyc},\psi}/(g^{(i)},\omega_n)$$

とおくと,(3.77) に $\otimes_{\Lambda_{\mathrm{cyc},\psi}} \Lambda_{\mathrm{cyc},\psi}/(\omega_n)$ を施した写像と (3.82) を合成することで,$\Lambda_{\mathrm{cyc},\psi}$ 加群の自然な射

$$(3.83) \qquad \alpha_n : A_n^{(1)} \oplus \cdots \oplus A_n^{(s)} \longrightarrow (\mathrm{Cl}(K_n^{\mathrm{cyc}})[p^\infty])_\psi$$

が得られ,必要ならば $\mathcal{I}$ を少し小さい高さ 2 のイデアルで置き換えることによって,核と余核は (n に依らず) $\mathcal{I}$ によって零化される.

大域的な単数群の側では,$\psi(-1) = 1$ かつ $\psi \neq \mathbf{1}$ なる仮定より,自然な射

$$\left(\varprojlim_n (\mathfrak{r}_{K_n^{\mathrm{cyc}}})^\times \otimes_\mathbb{Z} \mathbb{Z}_p\right)_\psi \mod (\omega_n, p^{m+1}) \longrightarrow \left((\mathfrak{r}_{K_n^{\mathrm{cyc}}})^\times/((\mathfrak{r}_{K_n^{\mathrm{cyc}}})^\times)^{p^{m+1}}\right)_\psi$$

の核は,(自然数 m,n に依らない)非負整数 a' が存在して,イデアル $(p^{a'})(\gamma-1)$ で零化される(この大域的な単数群のコントロールの証明はここでは与えず練習問題として残す[*86]).よって,(自然数 m,n に依らない)非負整数 a'' が存在して,$\eta \in (p^{a''})(\gamma-1)\mathcal{J}$ を選ぶごとに,(3.80) の真ん中の写像の mod (ω_n, p^{m+1}) と η 倍との合成写像

[*85] 総実代数体 K は $\mathbb{Q}$ 上のアーベル拡大であるから,今の場合は予想 2.7 の直後に説明したように Leopoldt 予想は既に示されていることに注意したい.

$$\left(\varprojlim_n (\mathfrak{r}_{K_n^{\mathrm{cyc}}})^\times \otimes_{\mathbb{Z}} \mathbb{Z}_p\right)_\psi \mod (\omega_n, p^{m+1}) \longrightarrow \Lambda_{\psi,n,m} \xrightarrow{\times \eta} \Lambda_{\psi,n,m}$$

は,$\Lambda_{\psi,n,m}$ 線型な準同型

$$(3.84) \qquad \beta_{n,m}^{(\eta)} : \left((\mathfrak{r}_{K_n^{\mathrm{cyc}}})^\times / ((\mathfrak{r}_{K_n^{\mathrm{cyc}}})^\times)^{p^{m+1}}\right)_\psi \longrightarrow \Lambda_{\psi,n,m}$$

に伸びることがわかる.

今,自然数 n を一つ固定し,n や $\mathrm{ord}_p(\mathrm{Cl}(K_n^{\mathrm{cyc}})[p^\infty])_\psi$ と比べて十分大きな自然数 m も固定する(「十分大きい」ことの正確な評価については[37, p.479]を参照のこと).$\Lambda_{\mathrm{cyc},\psi} \twoheadrightarrow \Lambda_{\psi,n,m}$ による $g^{(i)} \in \Lambda_{\mathrm{cyc},\psi}$ の像を $g_{n,m}^{(i)}$,$h \in \Lambda_{\mathrm{cyc},\psi}$ の像を $h_{n,m}$ と記す.(3.83)の $\Lambda_{\psi,n,m}$ 加群 $A_n^{(i)}$ ($i=1,\cdots,s$) の生成元を c_i とおき,$c_{s+1}=0$ とする.

以上の準備の下,示したい不等式(3.81)の証明の最も中心的な部分のステップを解説する.

(**Step 1**) $\eta_1 \in (p^{a''})(\gamma-1)\mathcal{J}$ を勝手に選び,さらに c_1, $W_1 = \left((\mathfrak{r}_{K_n^{\mathrm{cyc}}})^\times / ((\mathfrak{r}_{K_n^{\mathrm{cyc}}})^\times)^{p^{m+1}}\right)_\psi$,$\phi_{W_1} = \beta_{n,m}^{(\eta_1)}$ に命題 3.88 を適用すると,条件 (CD_m) をみたす素数 $l_1 \in \mathfrak{R}_\psi$,$l_1$ の上にある K_n^{cyc} の素点 $\widetilde{l}_1$ とある $t_1 \in (\mathbb{Z}[\psi]/(p^{m+1}))^\times$ が存在して,

$$(3.85) \qquad \begin{cases} \widetilde{l}_1 \text{ の定めるイデアル類} = \alpha_n(c_1), \\ \varphi_{n,m}^{(\widetilde{l}_1, \sigma_{l_1})}(\kappa_{n,1,m}) = t_1 \eta_1 h_{n,m} \end{cases}$$

が成り立つことがただちに従う.

(**Step 2**) 条件 (CD_m) をみたす素数 $l_2,\cdots,l_{s+1}$,それらの上にある K_n^{cyc} の素点 $\widetilde{l}_2,\cdots,\widetilde{l}_{s+1}, t_2,\cdots,t_{s+1} \in (\mathbb{Z}[\psi]/(p^{m+1}))^\times$ が存在して,$2 \leqq k \leqq s+1$ なる任意の k において,

---

*86 類体論や蛇の補題を使ってより簡単なガロワ群や局所単数群のコントロールに帰着する方法,大域的な単数群の巡回拡大でのノルム写像の核と余核を直接ガロワコホモロジーで計算して評価する方法などがある.例えば,前者のアプローチに関しては,[100, Theorem 6.3]などを参照のこと,後者のアプローチに関しては,[37, p.476]を参照のこと.

140   3 イデアル類群の円分岩澤理論

$$(3.86) \begin{cases} \widetilde{l}_k \text{ の定めるイデアル類} = \alpha_n(c_k), \\ g_{n,m}^{(k-1)} \varphi_{n,m}^{(\widetilde{l}_k, \sigma_{l_k})}(\kappa_{n,l_1\cdots l_{k-1},m}) = t_k \eta_k \varphi_{n,m}^{(\widetilde{l}_{k-1}, \sigma_{l_{k-1}})}(\kappa_{n,l_1\cdots l_{k-2},m}) \end{cases}$$

が成り立つことを言いたい.

(3.86) が $k-1$ まで正しかったと仮定して, k の場合を示す. 構成より, $\kappa_{n,l_1\cdots l_{k-1},m} \in \left((K_n^{\mathrm{cyc}})^\times/((K_n^{\mathrm{cyc}})^\times)^{p^{m+1}}\right)_\psi = H^1(K_n^{\mathrm{cyc}}, \mu_{p^{m+1}})_\psi$ は $l_1\cdots l_{k-1}$ を割る素点の外では不分岐である.

補題 3.89 今, $B_{k-1} \subset \mathrm{Cl}(K_n^{\mathrm{cyc}})[p^m]$ を $l_1,\cdots,l_{k-2}$ の上にある $\mathfrak{r}_{K_n^{\mathrm{cyc}}}$ の素イデアルたちで生成される部分群とする. このとき, l_{k-1} の上にある K_n^{cyc} の勝手な素点 λ に対して, $\mathrm{ord}_{\lambda,m}(\kappa_{n,l_1\cdots l_{k-1},m}) \in \mathbb{Z}/(p^{m+1})$ は $\mathrm{Cl}(K_n^{\mathrm{cyc}})[p^m]/B_{k-1}$ における λ の類を零化する. □

この補題の証明は行わない. 直接証明も容易であるが, ガロワコホモロジーの global duality theorem (例えば [109, Chap. II, §6] を参照) の特別な場合に相当する.

今, 補題 3.89 より勝手な $\eta_k \in \mathcal{I}$ をとるごとに $\eta_k \mathrm{Div}_{\psi,n,m}^{(l_{k-1})}(\kappa_{n,l_1\cdots l_{k-1},m}) \in \Lambda_{\psi,n,m}$ は c_{k-1} の零化イデアルの生成元 $g_{n,m}^{(k-1)} \in \Lambda_{\psi,n,m}$ で割り切れるので, 元 $\kappa_{n,l_1\cdots l_{k-1},m}$ で生成される $\left((K_n^{\mathrm{cyc}})^\times/((K_n^{\mathrm{cyc}})^\times)^{p^{m+1}}\right)_\psi$ の $\mathrm{Gal}(K_n^{\mathrm{cyc}}/\mathbb{Q})$ 安定な部分群 W_k を考えると, $\phi_{W_k}^{(\eta_k)}: W_k \longrightarrow \Lambda_{\psi,n,m}$ で

$$g_{n,m}^{(k-1)} \phi_{W_k}^{(\eta_k)}(\kappa_{n,l_1\cdots l_{k-1},m}) = \eta_k \mathrm{Div}_{\psi,n,m}^{(l_{k-1})}(\kappa_{n,l_1\cdots l_{k-1},m})$$

となるものが存在する. 割る操作や $\phi_{W_k}^{(\eta_k)}$ の定義が well-defined であることは, (3.84) の直後に述べた m が「十分大きい」という仮定に依っているが議論の大筋を見やすくするために敢えて詳細には立ち入らない (例えば [37, Lemma 3.12] を参照のこと). 命題 3.87 より,

$$\mathrm{Div}_{\psi,n,m}^{(l_{k-1})}(\kappa_{n,l_1\cdots l_{k-1},m}) = \varphi_{n,m}^{(\widetilde{l}_{k-1}, \sigma_{l_{k-1}})}(\kappa_{n,l_1\cdots l_{k-2},m})$$

であるから,

$$g_{n,m}^{(k-1)} \phi_{W_k}^{(\eta_k)}(\kappa_{n,l_1\cdots l_{k-1},m}) = \eta_k \varphi_{n,m}^{(\widetilde{l}_{k-1}, \sigma_{l_{k-1}})}(\kappa_{n,l_1\cdots l_{k-2},m})$$

が成立する. これらの c_k, W_k, $\phi_{W_k}^{(\eta_k)}$ に命題 3.88 を適用すると, 条件 (CD_m)

をみたす素数 l_k とその上にある K_n^{cyc} の素点 $\tilde{l}_k$, $t_k \in (\mathbb{Z}[\psi]/(p^{m+1}))^\times$ が存在して, (3.86) が k でも正しいことが従う.

(**Step 3**) 上の(Step 1), (Step 2)で得られた式を掛け合わせて, $\Lambda_{\psi,n,m}$ における等式：

$$(3.87) \quad g_{n,m}^{(1)}\cdots g_{n,m}^{(s)}\varphi_{n,m}^{(\tilde{l}_{s+1},\sigma_{l_{s+1}})}(\kappa_{n,l_1\cdots l_{s+1},m}) = (t_1\cdots t_{s+1})(\eta_1\cdots \eta_{s+1})h_{n,m}$$

を得る. ここで, $\eta_1 \in (p^\alpha)(\gamma-1)\mathcal{J}$, $\eta_2,\cdots,\eta_{s+1} \in \mathcal{I}$ は勝手に選べたので, 特に n,m に依存せずにとれる. よって, $g^{(1)}\cdots g^{(s)}|(\eta_1\cdots \eta_{s+1})h$ が得られる. さらに, 別の $\eta_1' \in \mathcal{J}$, $\eta_2',\cdots,\eta_{s+1}' \in \mathcal{I}$ をとると, $g^{(1)}\cdots g^{(s)}|(\eta_1'\cdots \eta_{s+1}')h$ が得られる. $\mathcal{I}$, $\mathcal{J}$ はともに高さが2のイデアルであるから, $\eta_1\cdots \eta_{s+1}$ と $\eta_1'\cdots \eta_{s+1}'$ の共通既約因子が $(p^\alpha)(\gamma-1)$ に含まれるようにとれる. $\Lambda_{\mathrm{cyc},\psi}$ の既約単項イデアル $(\gamma-1)$ は $\mathrm{char}_{\Lambda_{\mathrm{cyc},\psi}}(X_{K_\infty^{\mathrm{cyc}}})_\psi$ を割らないので, 示したかった不等式(3.81)の証明が完了する. ■

注意 3.90 ここで展開した円分 $\mathbb{Z}_p$ 拡大における Euler 系の証明は, 様々な相関性に配慮しながら各 n 次中間体での素イデアル l の持ち上げ $\tilde{l}$ を選び, 非常に複雑な議論を展開した. (岩澤理論的な円分 $\mathbb{Z}_p$ 拡大を考えない)固定した有限次代数体上でイデアル類群の構造を調べる設定における Euler 系の理論の証明には こういった煩雑さがない. このガロワ作用のない Euler 系の理論から始めて二段階で説明した方がアイデアが捉えやすかったかもしれないが, 紙数の都合により, いきなり群作用のある一般的な岩澤理論の設定で議論した.

実は, 本書(下巻)の第8章で紹介する「ガロワ変形」における Euler 系の理論(論文[85]を参照)の階数1での類似を考えると, ガロワ作用の煩雑さを気にしなくてよい非常にすっきりした別証明ができる. 加藤[58], Rubin[102], Perrin-Riou[92]らによって, ガロワ作用を持った円分変形においては, 既に Euler 系の一般理論はできていた. 論文[85]では, 肥田変形のような一般的なガロワ変形でも通用する「ガロワ変形」における Euler 系の理論を構築した. [85]の証明方法は新しい考え方に基づいており, 円分変形に限っても, 加藤[58], Rubin[102], Perrin-Riou[92]らの証明に比べて, 各 n 次中間体で素イデアルの持ち上げを選ぶガロワ的な煩雑さを気にしなくてよくなっている.

本書(下巻)の第Ⅲ部のテーマである「変形の岩澤理論」による岩澤理論の枠組みの拡張の思想と手法が, 元々の「円分 $\mathbb{Z}_p$ 拡大の岩澤理論」(本書の第Ⅰ部, 第Ⅱ部の内容)に

おいても，複雑な群作用の議論を追放する簡単な別証明を提供してくれたことは予期しなかった副産物である．

岩澤主予想の証明が得られる以前から，岩澤主予想が別の予想や仮定から従うことは知られていた．これらは，歴史的には，岩澤主予想の根拠や動機でもあったことから，簡単に思い出したい．$K = \mathbb{Q}(\mu_p)$ の場合は，最も典型かつ基本的な例である．K の p 上の素点は素イデアル $(\zeta_p - 1)$ に対応する唯一つのみで，円分 $\mathbb{Z}_p$ 拡大 $K_\infty^{\mathrm{cyc}}/K$ において完全分岐しているため，技術的にも扱いやすい．この場合の岩澤主予想は，Vandiver 予想あるいは，もっと弱い条件を仮定すれば正しいことがわかっていた．岩澤の研究[51]においても特別に深く調べられている．別の予想から岩澤主予想が従う「予想同士の相関関係」として次がある．

命題 3.91 定理 3.63 と同じ仮定の ψ に対して，(Mazur-Wiles, Rubin 等の結果を仮定せずに) 次が成り立つ．

(1) 重複度 1 予想 (予想 3.22) $\implies$ $(-)$ 版岩澤主予想，

(2) Greenberg 予想 (予想 3.25) $\implies$ $(+)$ 版岩澤主予想． □

[証明] ここでは証明しないが，3.2.3 項で現れたような Stickelberger 元をアーベル体の分数イデアルに作用させると分数イデアルを単項化する (つまり，イデアル類群の元を零化する) ことが知られており，Stickelberger の定理と呼ばれている (例えば，[118, Thm. 6.10] を参照)．この Stickelberger の定理と，p 進 L 函数が Stickelberger 元を用いて構成されること (3.2.3 項の岩澤構成) を合わせることで次の定理がある．

定理 3.92 (Stickelberger の定理) 定理 3.63 と同じ仮定の ψ を考える．$\forall x \in (X_{K_\infty^{\mathrm{cyc}}})_{\omega \psi^{-1}}$ は $L_p(\psi) \Lambda_{\mathrm{cyc}, \psi} \cap \Lambda_{\mathrm{cyc}, \psi}$ で消される[*87]． □

まず (1) を示す．予想 3.22 を仮定してさらに Ferrero-Washington の定理 (定理 3.57) を用いると，$\mathrm{char}_{\Lambda_{\mathrm{cyc}, \psi}}(X_{K_\infty^{\mathrm{cyc}}})_{\omega \psi^{-1}}$ は，$\Lambda_{\mathrm{cyc}, \psi}$ の (p) を割らない互いに異なる高さ 1 の素イデアルたちの積 $\mathfrak{p}_1 \cdots \mathfrak{p}_u$ で表される．$\mathfrak{p}$ を $\mathfrak{p}_1, \cdots, \mathfrak{p}_u$ のいずれかであるとすると，岩澤加群の構造定理 (定理 2.39) と特性イデアル

[*87] 上で述べたように，有限なアーベル体の段階での零化を与えているのが本来の「Stickelberger の定理」である．かくして，厳密には本来の Stickelberger の定理から極限をとって得られるのが，ここで述べている形の Stickelberger の定理である．

の定義(定義 2.43)より,有限な余核を持つ $\Lambda_{\mathrm{cyc},\psi}$ 線型写像 $(X_{K_\infty^{\mathrm{cyc}}})_{\omega\psi^{-1}} \longrightarrow \Lambda_{\mathrm{cyc},\psi}/\mathfrak{p}$ が存在する.よって,上述の Stickelberger の定理より $L_p(\psi)\Lambda_{\mathrm{cyc},\psi} \cap \Lambda_{\mathrm{cyc},\psi}$ は $\Lambda_{\mathrm{cyc},\psi}/\mathfrak{p}$ を零化する.定理 3.29 によって $\psi \neq \mathbf{1}$ のときは $L_p(\psi) \in \Lambda_{\mathrm{cyc},\psi}$ なので,$\mathrm{Gal}(\mathbb{Q}(\mu_{Np})/\mathbb{Q})$ の全ての非自明な偶指標 ψ に対し,$(L_p(\psi)) \subset \mathrm{char}_{\Lambda_{\mathrm{cyc},\psi}}(X_{K_\infty^{\mathrm{cyc}}})_{\omega\psi^{-1}}$ を得る.解析的類数公式の原理(定理 3.71)より,$(-)$ 版岩澤主予想(定理 3.63)が従う.

次に (2) を示そう.K は総実代数体より,Greenberg 予想を仮定すると $X_{K_\infty^{\mathrm{cyc}}}$ は Λ_{cyc} 上の擬零加群である.特に,$X_{K_\infty^{\mathrm{cyc}}}$ は有限アーベル群である.よって,(3.69) の完全列の第 4 項 $(X_{K_\infty^{\mathrm{cyc}}})_\psi \otimes_{\mathbb{Z}_p} \mathbb{Q}_p$ は自明であるから,注意 3.81(3) より,

$$\mathrm{char}_{\Lambda_{\mathrm{cyc},\psi}}\left(\varprojlim_n U_1(\mathfrak{r}_{K_n^{\mathrm{cyc}}} \otimes_\mathbb{Z} \mathbb{Z}_p) \middle/ \varprojlim_n \mathrm{loc}_p(z_{n,1})\Lambda_{\mathrm{cyc},\psi}\right)_\psi \subset \mathrm{char}_{\Lambda_{\mathrm{cyc},\psi}}(\mathfrak{X}_{K_\infty^{\mathrm{cyc}}})_\psi$$

を得る.(3.32) より,

$$\mathrm{char}_{\Lambda_{\mathrm{cyc},\psi}}\left(\varprojlim_n U_1(\mathfrak{r}_{K_n^{\mathrm{cyc}}} \otimes_\mathbb{Z} \mathbb{Z}_p) \middle/ \varprojlim_n \mathrm{loc}_p(z_{n,1})\Lambda_{\mathrm{cyc},\psi}\right)_\psi = (L_p(\psi))$$

であるから,$\mathrm{Gal}(\mathbb{Q}(\mu_{Np})/\mathbb{Q})$ の全ての偶指標 ψ に対して,

$$(L_p(\psi)) \subset (\mathrm{char}_{\Lambda_{\mathrm{cyc},\psi}}(\mathfrak{X}_{K_\infty^{\mathrm{cyc}}})_\psi)^\bullet$$

が成り立つ.解析的類数公式の原理(定理 3.71)より,$(+)$ 版岩澤主予想(定理 3.64)が従う. ∎

3.4　一般の体における「イデアル類群の岩澤主予想」*

F を有限次代数体とする.ある有限次アーベル拡大 K/F とガロワ群 $\mathrm{Gal}(K/F)$ の指標 ψ を考える.3.3 節で,$F = \mathbb{Q}$ のときに,ψ と素数 p を与えるごとに「イデアル類群の円分岩澤主予想」が定式化され,証明ができる

ことをみた．

一般の有限次代数体 F と有限次アーベル拡大 K/F の指標 ψ に対して岩澤理論は定式化できるであろうか？また，定式化できる場合，$F = \mathbb{Q}$ の場合の結果の一般化はどれくらい示せるだろうか？例えば，次のようなことが問題となる．

(1) 適当な設定の下，L 函数の特殊値を補間する解析的な p 進 L 函数は存在するだろうか？
(2) p 進 L 函数が存在したとき，それをイデアル類群の特性イデアルと結び付ける自然な岩澤主予想は成り立つだろうか？

3.4.1 総実代数体のアーベル拡大の場合

有理数体のアーベル拡大の岩澤理論の結果の多くが総実代数体のアーベル拡大の岩澤理論へと一般化されている．次の結果を思い出そう：

定理 3.93(Siegel-Klingen)　F を総実代数体，η を絶対ガロワ群 G_F の有限指標とする．類体論によって η を位数有限の Hecke 指標と同一視するとき，η に付随する L 函数 $L(\eta, s)$[*88] は，全ての負の整数点 $1-r$ で $L(\eta, 1-r) \in \mathbb{Q}[\eta]$ をみたす．□

Siegel-Klingen の定理は勝手な有限次代数体の絶対ガロア群の有限指標の L 函数で成り立つが，この節で関係する総実代数体に限って記述した．証明は，例えば教科書[83, VII 章, §9]などを参照のこと．また，函数等式の形の簡単な考察から，$c \in G_F$ を複素共役とするとき，$L(\eta, 1-r) \neq 0$ となるための必要十分条件は，$(-1)^{1-r} = \eta(c)$ となることである．この事実に関しては，例えば教科書[83, VII 章, §12]やすぐ後で述べる定理 3.97 の証明を参照のこと．

$\Gamma_{\mathrm{cyc},F} = \mathrm{Gal}(F_\infty^{\mathrm{cyc}}/F)$ とするとき[*89]，p 進 L 函数の存在定理(定理 3.29)の総実代数体への一般化は以下の通りである．

定理 3.94(Barsky[4], Cassou-Noguès[11], Deligne-Ribet[23])　F を総実代数体，ψ を G_F の有限指標で $\mathrm{Ker}(\psi)$ に対応する体 K_ψ が総実で $K_\psi \cap$

[*88] 定義 A.11 を参照のこと．
[*89] $F \cap \mathbb{Q}_\infty = \mathbb{Q}$ ならば自然な写像 $\Gamma_{\mathrm{cyc},F} \longrightarrow \Gamma_{\mathrm{cyc},\mathbb{Q}} = \Gamma_{\mathrm{cyc}}$ は同型である．

3.4 一般の体における「イデアル類群の岩澤主予想」　　145

$F_\infty^{\mathrm{cyc}} = F$ をみたすとする．このとき，

$$L_p(F, \psi) \in \begin{cases} \mathbb{Z}_p[\psi][[\Gamma_{\mathrm{cyc},F}]] & \psi \neq \mathbf{1} \text{ のとき}, \\ \dfrac{1}{\gamma - \kappa_{\mathrm{cyc}}(\gamma)} \mathbb{Z}_p[[\Gamma_{\mathrm{cyc},F}]] & \psi = \mathbf{1} \text{ のとき} \end{cases}$$

が一意に存在して，任意の整数 $r \geqq 1$ と $\Gamma_{\mathrm{cyc},F}$ の有限指標 ϕ に対して，$\overline{\mathbb{Q}}_p$ における等式：

$$\kappa_{\mathrm{cyc}}^{1-r}\phi(L_p(F,\psi)) = \prod_{\mathfrak{p}} \left(1 - \frac{(\psi\phi^{-1}\omega^{r-1})(\mathfrak{p})}{N(\mathfrak{p})^{1-r}}\right) L(\psi\phi^{-1}\omega^{r-1}, 1-r)$$

をみたす．ただし，$\psi = \mathbf{1}$ のときは $r \neq 1$ または $\phi \neq \mathbf{1}$ と仮定する． □

注意 3.95 Barsky の構成と Cassou-Noguès の構成は新谷理論を用いた非常に類似した構成であり，Deligne-Ribet の構成はモジュライ空間のコンパクト化を用いるまったく別の構成である．概説的な文献または整理された文献として，[17], [61], [96] を挙げておく．

Wiles[124] によって総実代数体においても岩澤主予想が示されている．

定理 3.96 ((−)版岩澤主予想)　F を総実代数体，ψ を G_F の有限指標で $\mathrm{Ker}(\psi)$ に対応する体 K_ψ が総実で $K_\psi \cap F_\infty^{\mathrm{cyc}} = F$ をみたすとする．このとき，

$$\mathrm{char}_{\mathbb{Z}_p[\psi][[\Gamma_{\mathrm{cyc},F}]]}(X_{K_{\omega\psi^{-1},\infty}^{\mathrm{cyc}}})_{\omega\psi^{-1}} = \begin{cases} (L_p(F,\psi)) & \psi \neq \mathbf{1} \text{ のとき}, \\ (\gamma - \kappa_{\mathrm{cyc}}(\gamma))(L_p(F,\mathbf{1})) & \psi = \mathbf{1} \text{ のとき} \end{cases}$$

が成り立つ． □

有理数体の場合とまったく同様に，(+)版岩澤主予想も定式化され解析的類数公式の原理，Kummer 双対原理によって (−) 版岩澤主予想と同値になることがわかるが省略したい．有理数体の場合と同様なやり方で総実代数体に一般化される結果もいろいろあるが，これ以上リストアップはしない．一方で，有理数体で解けているが総実代数体では未解決の問題もある．どんな困難や未解決問題が生じ得るかの方が大切であるので，いくつか論じたい．

(1) Ferrero-Washington の定理(定理 3.57)の類似として，総実代数体 F においても p 進 L 函数 $L_p(F, \psi)$ の μ 不変量は 0 であると予想されている

が，未解決である．

(2) Leopoldt 予想は未解決なので，(3.65)のような4項完全列の議論はそのままでは使えない．

(3) 総実代数体の岩澤主予想(定理3.96)は総実代数体 F 上のヒルベルトモジュラー形式を用いることで(技術的には困難は増すが) 3.3.2項と同様のモジュラー的な方法で証明できる([124]を参照)．一方で，3.3.3項のような Euler 系の方法による総実代数体の岩澤主予想の別証明はまだ知られてない．これは総実代数体上のアーベル拡大では円単数に相当するよい単数が見つかっていないことに起因する問題である．

最後に，もう一つ注意をしておく．

総実代数体 F に対して，p の外不分岐な F のアーベル拡大たちの合成を $\widetilde{F}$ とする．$F = \mathbb{Q}$ のときは $\widetilde{F} = \mathbb{Q}_\infty$ であり，Leopoldt 予想が正しければ $\widetilde{F}$ は F_∞^{cyc} の有限次拡大である．実は，$\mathbb{Z}_p[\psi][[\mathrm{Gal}(\widetilde{F}/F)]]$ の元 $\widetilde{L}_p(F, \psi)$ で，$\mathbb{Z}_p[\psi][[\mathrm{Gal}(\widetilde{F}/F)]] \twoheadrightarrow \mathbb{Z}_p[\psi][[\Gamma_{\mathrm{cyc},F}]]$ によって定理3.94の p 進 L 函数 $L_p(F, \psi) \in \mathbb{Z}_p[\psi][[\Gamma_{\mathrm{cyc},F}]]$ に写されるものが自然に構成され，また代数的側面においても $\mathbb{Z}_p[\psi][[\Gamma_{\mathrm{cyc},F}]]$ 加群 $(X_{K_{\omega\psi^{-1},\infty}^{\mathrm{cyc}}})_{\omega\psi^{-1}}$ の類似を $\mathbb{Z}_p[\psi][[\mathrm{Gal}(\widetilde{F}/F)]]$ 上で考えることができる[*90]．さらに，一般には (F, p) に対する Leopoldt 予想が正しいとしても，$\mathrm{rank}_{\mathbb{F}_p} \mathrm{Cl}(F)[p^\infty] \geqq 2$ ならば，真の有限次拡大 $F_\infty^{\mathrm{cyc}} \subsetneq \widetilde{F}$ がある．かくして，岩澤主予想の定式化を $\mathbb{Z}_p[\psi][[\mathrm{Gal}(\widetilde{F}/F)]]$ 上に一般化することも $F = \mathbb{Q}$ のときには現れなかった興味深い問題であり，[98]などの研究がある．

3.4.2 CM 体のアーベル拡大の場合

F が総実でない有限次代数体であるときには以下の定理を思い出したい．

定理 3.97 F を総実でない有限次代数体とする．G_F の勝手な有限指標 η と勝手な負の整数 $1-k$ で $L(\eta, 1-k) = 0$ となる． □

実際，実素点 (resp. 複素素点) の個数 $r_1(F)$ (resp. $r_2(F)$) やガンマ函数 $\Gamma_\mathbb{R}(s) = \pi^{-s/2}\Gamma(s/2)$, $\Gamma_\mathbb{C}(s) = 2(2\pi)^{-s}\Gamma(s)$ を用いて，

[*90] さらに，指標 ψ で考えている部分も特殊化せずに群に持ち上げて考えられる．

3.4 一般の体における「イデアル類群の岩澤主予想」

$$\Lambda(\eta,s) = \left(|D_F|N_{F/\mathbb{Q}}(C(\eta))\right)^{s/2} \Gamma_{\mathbb{R}}(s)^{r_1(F)} \Gamma_{\mathbb{C}}(s)^{r_2(F)} L(\eta,s)$$

とおくとき，0でない定数 $W(\eta)$ によって

(3.88) $$\Lambda(\eta,s) = W(\eta)\Lambda(\overline{\eta}, 1-s)$$

なる函数等式が成り立つ[*91](ただし，$C(\eta)$ は η の導手)．ガンマ函数の比に対して $\dfrac{\Gamma_{\mathbb{R}}(s)}{\Gamma_{\mathbb{R}}(1-s)} = \cos(\pi s/2)\Gamma_{\mathbb{C}}(s), \dfrac{\Gamma_{\mathbb{C}}(s)}{\Gamma_{\mathbb{C}}(1-s)} = \dfrac{1}{2}\sin(\pi s)\Gamma_{\mathbb{C}}(s)^2$ が成り立つ．ガンマ函数はまったく零点を持たず，0以下の整数点にのみ1位の極を持つという事実から，$r_2(F) > 0$ のときは勝手な負の整数 $1-k$ で $L(\eta, 1-k) = 0$ となることが従う．

かくして，総実でない有限次代数体 F と G_F の有限指標 ψ に対して，円分 $\mathbb{Z}_p$ 拡大 $K^{\mathrm{cyc}}_{\omega\psi^{-1},\infty}/K$ における非零な p 進 L 函数が存在しない．解析的な側で既にこのような深刻な問題があるため，総実でない有限次代数体 F に対してはイデアル類群の円分岩澤理論は自然には一般化できない．

しかしながら，もし F が CM 体を含むならば，円分 $\mathbb{Z}_p$ 拡大ではなく(定理2.6などで考えたような) F の $\mathbb{Z}_p$ 拡大全ての合成 $\widetilde{F}_\infty$ において，ある程度自然な岩澤理論を考えることも可能である．

Weil の定理(定理 A.8)によって，F が CM 体を含むための必要十分条件は，積 $\eta = N_F^r\psi$ (N_F はノルム指標，ψ は有限 Hecke 指標，$r \in \mathbb{Z}$)で表せない F の非自明な代数的 Hecke 指標があることである．ノルム指標 N_F には $L(N_F^r\psi, j) = L(\psi, r+j)$ なる整数点の平行移動の意味しかなく，上で注意したように F が総実でなければ $L(N_F^r\psi, j)$ は意味のある代数的不変量を与えない．しかしながら，非自明な代数的 Hecke 指標 η があれば，「j をうまく選ぶと特殊値 $L(\eta, j)$ と自然な周期積分との比が0でない重要な代数的数になる」という「代数性定理」が知られている．若干の修正の下，η の L 函数 $L(\eta, s)$ は $\widetilde{F}_\infty/F$ のガロワ群の p 進連続指標の L 函数で書けるので，意味のある p 進 L 函数の存在が期待される．実際，後の定理 3.101 において紹介するように p 進 L 函数が存在し，この設定の岩澤主予想も研究されている．

[*91] この辺りの証明などは，例えば[83, 第 VII 章]を参照のこと．

このあたりの事情は，本書の下巻の第 5 章でも，Deligne による Hodge 理論的な critical 条件などを用いて説明する[*92]．若干発展的で難しいが，興味のある読者は参照のこと．

F 自身は CM 体でないがある CM 体を含む場合は結果があまり知られていない．以下では特に F 自身が CM 体であると仮定する．その上で，知られている結果や予想の定式化を述べたい．全ての $\mathbb{Z}_p$ 拡大の合成 $\widetilde{F}_\infty/F$ のガロワ群 $\widetilde{\Gamma}_F$ に対して，岩澤代数 $\mathcal{O}[[\widetilde{\Gamma}_F]]$ 上の岩澤理論を定式化したい．

まず必要な言葉を準備する．

定義 3.98 (1) F を $\mathbb{Q}$ 上 $2d$ 次の CM 体，J_F を F から $\overline{\mathbb{Q}}$ への埋め込みのなす集合とする．このとき，J_F の部分集合 Σ が F の **CM 型**(CM type) であるとは，$\overline{\Sigma}$ を $\mathrm{Cal}(F/F^+)$ の非自明な元と Σ の元たちの合成からなる Σ の複素共役とするとき $\Sigma \bigcup \overline{\Sigma} = J_F$ かつ $\Sigma \bigcap \overline{\Sigma} = \emptyset$ が成り立つことをいう．

(2) CM 体 F の CM 型 Σ が **p 通常的な CM 型**であるとは，勝手な $\sigma \in \Sigma$ と勝手な $\tau \in \overline{\Sigma}$ に対して，$\iota_p \circ \iota_\infty^{-1} \circ \sigma, \iota_p \circ \iota_\infty^{-1} \circ \tau$ なる埋め込み $F \hookrightarrow \overline{\mathbb{Q}}_p$ から定まる二つの付値が互いに異なることをいう． □

注意 3.99
(1) F を CM 体，F^+ を最大総実部分体とする．p 通常的な CM 型 Σ が存在するための必要十分条件は p 上にある F^+ の素点が全て F/F^+ で分解することである．
(2) (1)の条件が成り立つとき，p 上にある F^+ の素点の個数を s とすると p 通常的な CM 型 Σ は全部で 2^s 個ある．

p と素な F の分数イデアル $\mathfrak{A}$ を選び，複素トーラス $\mathbb{C}^\Sigma/\mathfrak{A}$ を固定する．また，次の 2 条件：

(i) $\overline{\delta} = -\delta$ かつ $\forall \sigma \in \Sigma$ に対して $\mathrm{Im}(\sigma(\delta)) > 0$ となる，

(ii) $\langle u, v \rangle = \dfrac{\overline{u}v - \overline{v}u}{2\delta}$ によって $\mathfrak{r}_F \wedge_{\mathfrak{r}_{F^+}} \mathfrak{r}_F \cong d_{F^+}^{-1} \mathfrak{c}^{-1}$ が引き起こされる．ただし，d_{F^+} は F^+ の共役差積であり，$\mathfrak{c}$ は p と素な適当な F^+ の分数イデアルとする，

をみたす $\delta \in F$ を一つ固定する．このような δ を選ぶごとに $\mathbb{C}^\Sigma/\mathfrak{A}$ には偏極

[*92] 実は，F が総実代数体でなく CM 体も含まない場合も含む[91]の定式化がある．ただ，現段階では具体例も少なく実現性は低いように思われる．

3.4 一般の体における「イデアル類群の岩澤主予想」 149

が定まり, $B(\mathfrak{A})_{\mathbb{C}}(\mathbb{C}) \cong \mathbb{C}^{\Sigma}/\mathfrak{A}$ となる d 次元アーベル多様体 $B(\mathfrak{A})_{\mathbb{C}}$ の構造が入る(例えば, [81, Chap. I]を参照). 虚数乗法の一般論より, 次が知られている(例えば, [112, Chap. III]を参照).

(1) $B(\mathfrak{A})_{\overline{\mathbb{Q}}} \times_{\mathrm{Spec}(\overline{\mathbb{Q}})} \mathrm{Spec}(\mathbb{C}) \cong B(\mathfrak{A})_{\mathbb{C}}$ となる $\overline{\mathbb{Q}}$ 上のアーベル多様体 $B(\mathfrak{A})_{\overline{\mathbb{Q}}}$ が存在する.

(2) (3.47)で固定された埋め込み ι_p から引き起こされる付値による $\overline{\mathbb{Q}}$ の整数環 $\overline{\mathbb{Z}}$ の局所環を $\overline{\mathbb{Z}}_{(p)}$ と記すとき, $B(\mathfrak{A})_{\overline{\mathbb{Q}}}$ は $\overline{\mathbb{Z}}_{(p)}$ 上で良還元を持つ.

$\overline{\mathbb{Z}}_{(p)}$ 上における $B(\mathfrak{A})_{\overline{\mathbb{Q}}}$ のモデルを $B(\mathfrak{A})_{\overline{\mathbb{Z}}_{(p)}}$ と記すとき, $B(\mathfrak{A})_{\overline{\mathbb{Z}}_{(p)}}$ は $\mathfrak{r}_F$ の作用を持つので, $B(\mathfrak{A})_{\overline{\mathbb{Z}}_{(p)}}$ 上の正則 1 形式の空間 $\Omega^1_{B(\mathfrak{A})_{\overline{\mathbb{Z}}_{(p)}}}$ は階数 1 の自由 $\mathfrak{r}_F \otimes_{\mathbb{Z}} \overline{\mathbb{Z}}_{(p)}$ 加群である. $\Omega^1_{B(\mathfrak{A})_{\overline{\mathbb{Z}}_{(p)}}}$ の $\mathfrak{r}_F \otimes_{\mathbb{Z}} \overline{\mathbb{Z}}_{(p)}$ 基底 $\omega(\mathfrak{A})$ を選ぶ. F^+ の全ての p 上の素点が F で分解するという仮定より, $B(\mathfrak{A})_{\overline{\mathbb{Q}}}$ は p で通常的なアーベル多様体である. $\mathcal{O}_{\mathbb{C}_p}$ を $\overline{\mathbb{Q}}_p$ の完備化 $\mathbb{C}_p$ の整数環とする. 上述の δ を選ぶごとに, $B(\mathfrak{A})_{\overline{\mathbb{Z}}_{(p)}}$ に付随した $\mathcal{O}_{\mathbb{C}_p}$ 上の形式群 $\widehat{B(\mathfrak{A})_{\mathcal{O}_{\mathbb{C}_p}}}$ に対して同型 $i_p\colon \widehat{(\mathbb{G}_m)_{\mathcal{O}_{\mathbb{C}_p}}} \otimes_{\mathbb{Z}} d_{F^+}^{-1} \xrightarrow{\sim} \widehat{B(\mathfrak{A})_{\mathcal{O}_{\mathbb{C}_p}}}$ を定められる[*93]. $\widehat{(\mathbb{G}_m)_{\mathcal{O}_{\mathbb{C}_p}}} \otimes_{\mathbb{Z}} d_{F^+}^{-1}$ の標準的正則 1 形式 $\frac{dt}{t} \otimes 1$ を用いて $\omega_{\mathrm{can}}(\mathfrak{A}) = (i_p)_*(\frac{dt}{t} \otimes 1)$ とおく. $C_p^{\mathrm{CM}} \in (\mathfrak{r}_F \otimes_{\mathbb{Z}} \mathcal{O}_{\mathbb{C}_p})^{\times}$ を

(3.89) $$C_p^{\mathrm{CM}} = \omega(\mathfrak{A})/\omega_{\mathrm{can}}(\mathfrak{A})$$

と定める. また, $B(\mathfrak{A})_{\mathbb{C}} = \mathbb{C}^{\Sigma}/\mathfrak{A}$ の一意化 $p_{\infty}\colon \mathbb{C}^{\Sigma} \twoheadrightarrow B(\mathfrak{A})_{\mathbb{C}}$ を介して $\omega_{\mathrm{trans}}(\mathfrak{A}) = (p_{\infty})_*(\bigoplus_{\sigma \in \Sigma} dz_{\sigma})$ とおく. $C_{\infty}^{\mathrm{CM}} \in (F \otimes_{\mathbb{Q}} \mathbb{C})^{\times}$ を

(3.90) $$C_{\infty}^{\mathrm{CM}} = \omega(\mathfrak{A})/\omega_{\mathrm{trans}}(\mathfrak{A})$$

と定める.

定義 3.100 上で得られた $C_p^{\mathrm{CM}} \in (\mathfrak{r}_F \otimes_{\mathbb{Z}} \mathcal{O}_{\mathbb{C}_p})^{\times}$, $C_{\infty}^{\mathrm{CM}} \in (F \otimes_{\mathbb{Q}} \mathbb{C})^{\times}$ に対して, $\sigma \in \Sigma$ ごとに $C_p^{\mathrm{CM}}(\sigma) \in \mathcal{O}_{\mathbb{C}_p}^{\times}$, $C_{\infty}^{\mathrm{CM}}(\sigma) \in \mathbb{C}^{\times}$ が定まる. $n = \sum_{\sigma \in \Sigma} n_{\sigma}\sigma \in \mathbb{Z}[\Sigma]$ に対して, $(C_p^{\mathrm{CM}})^n = \prod_{\sigma \in \Sigma}(C_p^{\mathrm{CM}}(\sigma))^{n_{\sigma}}$, $(C_{\infty}^{\mathrm{CM}})^n = \prod_{\sigma \in \Sigma}(C_{\infty}^{\mathrm{CM}}(\sigma))^{n_{\sigma}}$ とおく. これらを, それぞれ **p 進 CM 周期**, **複素 CM 周期**とよぶ. □

[*93] 同型の定義や δ への依存などの詳細については Katz の[60, §5.1, 5.8]を参照のこと.

$\Sigma_p = \{\iota_p \circ \iota_\infty^{-1} \circ \sigma : F \hookrightarrow \overline{\mathbb{Q}}_p | \sigma \in \Sigma\}$ とおくとき，Σ_p が引き起こす p の上にある F の素イデアルの集合を S_F と記す．$\widetilde{F}_\infty$ を F の全ての $\mathbb{Z}_p$ 拡大の合成体として，$\widetilde{\Gamma}_F = \mathrm{Gal}(\widetilde{F}_\infty/F)$ とおくとき，次が成り立つ．

定理 3.101 (Katz[60], 肥田-Tilouine[45]) F を $\mathbb{Q}$ 上 $2d$ 次の CM 体とする．最大総実部分体 F^+ の p 上の素点は全て F において分解するとして，p 通常的な CM 型 Σ を一つ固定する．また上で述べた条件をみたす $\delta \in F$ を一つ選ぶ．ψ を G_F の有限指標で $\mathrm{Ker}(\psi)$ に対応する体 K_ψ が $K_\psi \cap \widetilde{F}_\infty = F$ をみたすものとする．

このとき，$L_p(F, \Sigma, \psi) \in \mathcal{O}_{\mathbb{C}_p}[[\widetilde{\Gamma}_F]]$ が存在して，次の 2 条件

(i) $m \in \mathbb{Z}_{>0}$ と $\{d(\sigma) \in \mathbb{Z}_{\geq 0}\}_{\sigma \in \Sigma}$ があって

(あるいは，$m \in \mathbb{Z}_{\leq 0}$ と $\{d(\sigma) \in \mathbb{Z} \mid m + d(\sigma) - 1 \geq 0\}_{\sigma \in \Sigma}$ があって），η の重さが $-m \sum_{\sigma \in \Sigma} \sigma - \sum_{\sigma \in \Sigma} d(\sigma)(\sigma - \overline{\sigma})$ となる，

(ii) （命題 A.10 で構成される）ガロワ指標 η^{Gal} が $\mathrm{Gal}(\widetilde{F}_\infty/F)$ を経由する，

をみたす F の勝手な代数的 Hecke 指標 η に対して

$$\frac{\eta^{\mathrm{Gal}}(L_p(F, \Sigma, \psi))}{(C_p^{\mathrm{CM}})^{\{m+2d(\sigma)\}}} = [\mathfrak{r}_F^\times : \mathfrak{r}_{F^+}^\times] \times \frac{(-1)^{md} \prod_{\sigma \in \Sigma}(\pi^{d(\sigma)} \Gamma(m + d(\sigma)))}{\sqrt{|D_{F^+}|} \prod_{\sigma \in \Sigma} \mathrm{Im}(\sigma(\delta))^{d(\sigma)}} \times \tau(\eta\psi)$$

$$\times \prod_{\mathfrak{p} \in S_F}(1 - \eta\psi(\overline{\mathfrak{p}}))(1 - (\eta\psi)^*(\overline{\mathfrak{p}})) \times \frac{L(\eta\psi, 0)}{(C_\infty^{\mathrm{CM}})^{\{m+2d(\sigma)\}}}$$

なる補間性質で特徴づけられる．ただし，両辺に現れる $\{m + 2d(\sigma)\}$ は一時的な記号で $\sum_{\sigma \in \Sigma}(m + 2d(\sigma))\sigma \in \mathbb{Z}[\Sigma]$ を表す．$\overline{\sigma}$ は σ の複素共役を意味する．D_{F^+} は F^+ の判別式である．また $(\eta\psi)^*$ は，$(\eta\psi)^*(x) = \eta\psi(\overline{x})^{-1} N_F(x)^{-1}$ で定まる代数的 Hecke 指標とする．$\tau(\eta\psi)$ は代数的 Hecke 指標 $\eta\psi$ に付随した一般 Gauss 和である．ここでは $\tau(\eta\psi)$ の定義は略するが，特に F が虚 2 次体のときには本書の下巻の第 6 章の虚数乗法を持つモジュラー形式の岩澤理論の節で正確な定義を与えている．そちらも参照されたい． □

注意 3.102

(1) 定理 3.101 の (i) の条件は，保型 L 函数や Hasse-Weil の L 函数の特殊値に関して志村や Deligne らが一般的に考察した「critical 条件」とよばれるものに相当す

る．critical 条件の下では，[21]で定式化されているように特殊値と周期(積分)との比が代数的数になるという特殊値の代数性予想が定式化されている．実際，今の場合には，F が虚2次体の場合は Damerell によって，F が一般の CM 体の場合には Katz によってこの特殊値の代数性予想は示されており，それによって定理3.101 の補間公式は $\mathcal{O}_{\mathbb{C}_p}$ での等式として意味を持つことに注意する．

(2) 定理 3.101 の p 進 L 函数 $L_p(F, \Sigma, \psi)$ の構成は総実代数体 F^+ 上の代数群 $GL(2)$ に対する Eisenstein 級数の p 進的な族を「CM 点で特殊化」することで得られる．最も典型的な虚2次体 F (つまり，$F^+ = \mathbb{Q}$)における例をみる．F の整数環を $\mathbb{Z} + \alpha\mathbb{Z}$ とする．実解析的な Eisenstein 級数 $E_{k,s}(z)|_{s=j} = \sum_{\substack{(m,n) \in \mathbb{Z}^2 \\ (m,n) \neq (0,0)}} \frac{1}{(mz+n)^k |mz+n|^{2j}}$ に $z = \alpha$ を代入すると，$\eta_k((a)) = a^k$ なる重さ $k\sigma$ の Hecke 指標 η_k に対する L 函数の特殊値 $L(\eta_k N_F^j, 0)$ に等しいのである．かくして，非常に粗く言うと，$E_{k,s}(z)|_{s=j}$ を適切な周期による定数倍で修正した p 進的な族を構成しそれを「CM 点で特殊化」して，p 進 L 函数を得るという寸法である．

(3) F が虚2次体のときには，久保田-Leopoldt の p 進 L 函数(定理 3.29)の Coleman による円単数構成(3.2.4 項を参照)の類似として，$L_p(F, \Sigma, \psi)$ の楕円単数の Euler 系と Coleman 写像を用いた別構成がある．Coates-Wiles らによる先駆的な仕事[14]を経て，F の類数が 1 のときには Yager([127], [128])によって構成され，de Shalit[25]によってより一般の場合に構成が得られている．

注意 3.103 F を虚2次体とする．$\widetilde{F}_\infty$ の中で，固定した p 通常な CM 型で決まる F の p 上の素点 $\mathfrak{p}$ のみで分岐する F の一意的な $\mathbb{Z}_p$ 拡大を $F_\infty^{(\mathfrak{p})}$ としたとき，$\mathrm{Gal}(F_\infty^{(\mathfrak{p})}/F)$ を $\Gamma_\mathfrak{p}$ で表す．Gillard[34], Schneps[104]は，定理 3.57 の直後で説明した Sinnott の方法をこの状況に適用して，$L_p(F, \Sigma, \psi) \in \mathcal{O}[[\widetilde{\Gamma}_F]]$ の 1 変数岩澤代数 $\mathcal{O}[[\Gamma_\mathfrak{p}]]$ への像は $\mathcal{O}$ の素元 ϖ で割れない(つまり，岩澤 μ 不変量が自明である)ことを独立に示している．特に，背理法によって，2 変数の p 進 L 函数 $L_p(F, \Sigma, \psi) \in \mathcal{O}[[\widetilde{\Gamma}_F]]$ 自身も ϖ で割れないこともただちにわかる．かくして，久保田-Leopoldt の p 進 L 函数における Ferrero-Washington の定理(定理 3.57)の類似が成り立つ．しかしながら，$L_p(F, \Sigma, \psi) \in \mathcal{O}[[\widetilde{\Gamma}_F]]$ を適当な設定で円分岩澤代数 $\mathcal{O}[[\Gamma_{\mathrm{cyc}}]]$ に射影すると F の代数的 Hecke 指標に対する円分 p 進 L 函数が得られるが，これに対する Ferrero-Washington の定理(定理 3.57)の類似は未解決の問題である．

肥田[44]によって，一般の CM 体の場合にも p 進 L 函数 $L_p(F, \Sigma, \psi) \in \mathcal{O}[[\widetilde{\Gamma}_F]]$ が ϖ で割れないことが示されているが，こちらの場合は，($\mathfrak{p}$ 分岐な拡大でなく)反円分拡大における μ 不変量が自明であることを示すアプローチである．

$K \cap \widetilde{F}_\infty = F$ をみたすような F の有限次アーベル拡大 K を考え，合成体

$K\widetilde{F}_\infty$ を $\widetilde{K}_\infty^{\mathrm{CM}}$ で記す．S_F の上にある素点の外不分岐で，p ベキ次数を持つ $\widetilde{K}_\infty^{\mathrm{CM}}$ のアーベル拡大全ての合成を M^Σ と記す．$X_K^\Sigma = \mathrm{Gal}(M^\Sigma/\widetilde{K}_\infty^{\mathrm{CM}})$ とおくとき，以前と同様に X_K^Σ はコンパクトな $\mathbb{Z}_p[[\mathrm{Gal}(\widetilde{K}_\infty^{\mathrm{CM}}/K)]]$ 加群とみなせる．かくして，標準同型 $\mathrm{Gal}(\widetilde{K}_\infty^{\mathrm{CM}}/K) \cong \widetilde{\Gamma}_F$ を通して，自然にコンパクトな $\mathbb{Z}_p[[\widetilde{\Gamma}_F]]$ 加群ともみなせる．X_K^Σ が有限生成ねじれ $\mathbb{Z}_p[[\widetilde{\Gamma}_F]]$ 加群であることも知られている([46, Thm. 1.2.2]を参照)．

予想 3.104(岩澤主予想) 定理 3.101 と同じ状況の下で，$\mathcal{O}_{\mathbb{C}_p}[[\widetilde{\Gamma}_F]]$ のイデアルの間の次の等式

$$(3.91) \quad \mathrm{char}_{\mathcal{O}_{\mathbb{C}_p}[[\widetilde{\Gamma}_F]]}\left((X_{K_\psi}^\Sigma)_\psi \otimes_{\mathbb{Z}_p[\psi][[\widetilde{\Gamma}_F]]} \mathcal{O}_{\mathbb{C}_p}[[\widetilde{\Gamma}_F]]\right) = (L_p(F, \Sigma, \psi))$$

が成り立つであろう． □

F が虚 2 次体のときは，F のアーベル拡大の単数の中に楕円単数とよばれるよい単数が構成できる．Rubin([101, Thm. 4.1])は，p が虚 2 次体 F で分解する奇素数で，$p \nmid w_H \sharp \mathrm{Cl}(F)$ かつ G_F の有限指標 ψ の位数が p と素ならば，楕円単数の Euler 系を用いて，

(3.92)
$$\mathrm{char}_{\mathbb{Z}_p[\psi][[\widetilde{\Gamma}_F]]}(X_{K_\psi}^\Sigma)_\psi \supset (\text{楕円単数が定める岩澤加群の } \psi \text{ 部分の特性イデアル})$$

を得た($\mathbb{Q}$ の場合の 3.3.3 項における円単数の Euler 系の議論の類似)．ただし，w_H は F の Hilbert 類体 H に含まれる 1 のベキ根の群の位数とする．

一方で，注意 3.102 において紹介したように，Yager や de Shalit によって，F の類数が 1 ならば

(3.93)
$$(\text{楕円単数が定める岩澤加群の } \psi \text{ 部分の特性イデアル}) = (L_p(F, \Sigma, \psi))$$

が得られている($\mathbb{Q}$ の場合の 3.2.4 項における円単数の Euler 系を用いた久保田-Leopoldt の p 進 L 函数の構成の類似)．かくして，楕円単数の Euler 系と虚 2 次体における 2 変数 p 進 L 函数が結びつくので，(3.92)，(3.93)で仮定した条件が全てみたされるとき，

$$(3.94) \quad \mathrm{char}_{\mathcal{O}_{\mathbb{C}_p}[[\widetilde{\Gamma}_F]]}\left((X_{K_\psi}^\Sigma)_\psi \otimes_{\mathbb{Z}_p[\psi][[\widetilde{\Gamma}_F]]} \mathcal{O}_{\mathbb{C}_p}[[\widetilde{\Gamma}_F]]\right) \supset (L_p(F,\Sigma,\psi))$$

が得られる．

また，解析的類数公式を用いた議論によって，ある固定された F の有限次アーベル拡大体 K に対して，

$$(3.95) \quad \prod_{K_\psi = K} \mathrm{char}_{\mathcal{O}_{\mathbb{C}_p}[[\widetilde{\Gamma}_F]]}\left((X_{K_\psi}^\Sigma)_\psi \otimes_{\mathbb{Z}_p[\psi][[\widetilde{\Gamma}_F]]} \mathcal{O}_{\mathbb{C}_p}[[\widetilde{\Gamma}_F]]\right) = \prod_{K_\psi = K}(L_p(F,\Sigma,\psi))$$

がわかる（$\mathbb{Q}$ の場合の定理 3.71 の類似）．不等式 (3.94) と解析的類数公式 (3.95) を合わせて，以下が得られる．

定理 3.105（Rubin） F を類数 1 の虚 2 次体，p を F で分解する奇素数とする．このとき，$p \nmid w_H$ かつ G_F の有限指標 ψ の位数が p と素ならば，岩澤主予想（予想 3.104）は正しい． □

注意 3.106

(1) 一般の $2d$ 次 CM 体では，楕円単数と類似の単数は未だ知られていない．かくして，Euler 系による定理 3.105 の一般の体への拡張は未解決の課題である．一方で，モジュラー的な方法による取り組みには，以下のような進歩がある．

(a) $\widetilde{\Gamma}_F$ は複素共役の作用によって $\widetilde{\Gamma}_F \cong (\widetilde{\Gamma}_F)^+ \times (\widetilde{\Gamma}_F)^-$ と分解する．Leopoldt 予想の仮定の下では，$(\widetilde{\Gamma}_F)^+ \cong \mathbb{Z}_p$ は $\Gamma_{\mathrm{cyc},F}$ に他ならない．また，$(\widetilde{\Gamma}_F)^- \cong \mathbb{Z}_p^d$ に対応する拡大は反円分 $\mathbb{Z}_p$ 拡大（anti-cyclotomic $\mathbb{Z}_p$-extension）と呼ばれる．適当な条件の下，$\mathcal{O}_{\mathbb{C}_p}[[(\widetilde{\Gamma}_F)^-]]$ において，モジュラー形式の合同をとりしきる Hecke 環上の合同加群を用いた手法によって，

$$(3.96) \quad (\text{Selmer 群の特性イデアル}) \subset (p \text{ 進 } L \text{ 函数の単項イデアル})$$

なる Euler 系の議論で現れる不等式と逆方向の不等式が，指標 ψ や素数 p に関する適当な技術的な条件の下で，F が虚 2 次体の場合には Mazur-Tilouine ([78])，一般の $2d$ 次 CM 体の場合には肥田-Tilouine ([45], [46]) によって証明されている[*94]．肥田 [43] では，Taylar-Wiles 系に関する [32] の仮定の下で岩澤主予想の等式を導く議論も展開されている．

[*94] モジュラー的な方法においては指標 ψ に関する条件が繊細であり，しばしば，上述の Rubin の場合のように「不等式が得られると解析的類数公式から無条件に等式が従う」というわけにはいかないようである．

(b) Hsieh[47]では,「代数群 $U(2,1)$ のモジュラー形式の肥田変形においてカスプ形式と Eisenstein 級数の合同から Selmer 群の元を作る」というより直接的な Mazur-Wiles の高次元類似の方法で,適当な条件下での $\mathcal{O}_{\mathbb{C}_p}[[\widetilde{\Gamma}_F]]$ 全体における(3.96)型の不等式が追究されている.

(2) 総実代数体 F の岩澤主予想における 3.4.1 項の最後で述べたのと同様な一般化も考えられる.つまり,p の外不分岐な F のアーベル拡大たちの合成を $\widetilde{F}$ とすると,$\widetilde{F}$ は $\widetilde{F}_\infty$ の有限次拡大であり,$\mathcal{O}_{\mathbb{C}_p}[[\mathrm{Gal}(\widetilde{F}/F)]]$ における岩澤主予想も書かれるべきであろう.

3.5 岩澤主予想の先にある問題と展望*

我々は,岩澤主予想に的を絞って効率的かつ効果的に岩澤理論を展開したため,切り捨てた内容も沢山ある.触れなかったテーマの補足や未解決の予想,関連問題に触れてこの章を締めくくりたい.また,ここで提案する問題は想像力を働かせれば,本書(下巻)の第Ⅱ部や第Ⅲ部で扱う一般の設定の岩澤理論においても類似が考えられるものが多い.かくして,将来の研究の種になることを信じて少し思いつくことを列挙したいという動機もある.

3.5.1 イデアル類群の構造や性質について(代数的側面)

まず,主にイデアル類群の側で,未解決の予想や問題,知られている結果を述べたい.

(1) 先に述べた Vandiver 予想(予想 3.24)は,成立の是非に関する見解が別れる予想である.いずれにしても証明することによる肯定的解決,反例を見つけることによる否定的解決のいずれかの進展が望まれる.現時点では,勝手な素数 p で $\mathrm{Cl}(\mathbb{Q}(\mu_p))[p]^{\omega^{p-3}} = 0$ を示した栗原[69]の結果,p が奇な自然数 n に対して十分大きければ $\mathrm{Cl}(\mathbb{Q}(\mu_p))[p]^{\omega^{p-n}} = 0$ であることを示した Soulé[115]による部分的な結果などが知られており,整数環 $\mathbb{Z}$ の高次 K 群の計算を通して証明がなされている.

(2) 総実代数体 K に対する Greenberg 予想(予想 3.25)は,先に述べたように未だ実2次体などの場合で実例計算を進展させる段階である.一方で総実とは限らない体への一般化も考えられている.K の全ての $\mathbb{Z}_p$ 拡

大の合成体を $\widetilde{K}_\infty$ で, $\mathrm{Gal}(\widetilde{K}_\infty/K)$ を $\widetilde{\varGamma}_K$ で表す[*95]. $\widetilde{L}_\infty$ を $\widetilde{K}_\infty$ 上到るところ不分岐な最大 p ベキ次アーベル拡大, $X_{\widetilde{K}_\infty} = \mathrm{Gal}(\widetilde{L}_\infty/\widetilde{K}_\infty)$ とするとき,「$X_{\widetilde{K}_\infty}$ は有限生成擬零 $\mathbb{Z}_p[[\widetilde{\varGamma}_K]]$ 加群であろう」というのが**一般 Greenberg 予想**である.

(3) 3.3.2 項における岩澤主予想のモジュラー的な証明でもモジュラー形式が現れたように, 代数群 GL(1) に対する Selmer 群であるイデアル類群を調べるのに, しばしば GL(2) のモジュラー形式や Hecke 環が大事な役割を演じる. 例えば, Harder-Pink, 栗原らの研究により, イデアル類群のある指標 ψ 部分の構造は, ψ に伴う Eisenstein 級数と関係した Hecke 環の局所成分の構造と関係していることが知られていた. 特に, 近年の太田の研究([87], [88]など参照)によって, イデアル類群に関する予想 3.20(半単純性予想)や予想 3.22(重複度 1 予想)などが成り立つことと, GL(2) のモジュラー形式のなす環や Hecke 環が Gorenstein であること, Eisenstein イデアルが単項であること, などの環論的な性質とがほぼ同値であることがわかっている. また, Sharifi[111]によって, さらに精密な予想も提出されている.

代数的側面におけるこれらの問題のいくつかは, 次章以降で展開する岩澤理論の一般化(高次元化)と絡めてさらなる発展が得られることも期待される.

3.5.2　p 進 L 函数の特殊値や性質について(解析的側面)

久保田-Leopoldt の p 進 L 函数 $L_p(\psi) \in \varLambda_{\mathrm{cyc},\psi}$ は, $j \leq 0$ の数論的指標 $\kappa_{\mathrm{cyc}}^j \phi$ での値によって特徴づけられた(定理 3.29 を参照のこと). また, $j=1$ のときには Leopoldt の公式(定理 3.59)によって記述されていた. $j \geq 2$ の数論的指標 $\kappa_{\mathrm{cyc}}^j \phi$ での値に関しては何が知られているだろうか？

(1) Dirichlet の L 函数 $L(\eta,s)$ (あるいは一般の Hasse-Weil の L 函数)に関しては, L 函数の特殊値の幾何的な意味を記述する Deligne 予想([21]で提唱), Beilinson 予想([131]を参照), Bloch-加藤の玉河数予想([6]で提唱)などがあった. そういった予想の p 進類似は面白い数学的対象であ

[*95] $\widetilde{K}_\infty$ の大きさについては, 定理 2.6(2)および予想 2.7 を参照のこと.

る．以下で，もう少し詳しく説明する．

(2) Dirichlet の L 函数 $L(\eta, s)$ の整数点での特殊値に関するよく知られた問題の p 進類似を追究することは面白い問題であろう．例えば，Riemann のゼータ函数の正の整数点での特殊値は超越的であると予想されるが，正の奇数点ではまだほとんど知られていない．Apéry による $\zeta(3)$ の無理性，Rivoal らによる「無限個の正の奇数 j における $\zeta(j)$ の無理性」が知られている程度である．このような特殊値の無理性や超越性に関しても，p 進類似の追究は興味深い．現段階では Beukers や Calegari によって，$p = 2, 3$ のときの整数点 $j = 2, 3$ での久保田-Leopoldt の p 進 L 函数の値の無理性などが知られているのみである．

(3) 久保田-Leopoldt の p 進函数 $L_p(\psi)$ の「整数点」$\kappa_{\mathrm{cyc}}^j \phi$ での値は，定理 3.29 の補間性質によって「0 以下の整数点」(つまり，$j \leqq 0$ での値) は 0 でない代数的数である．実は，「正の整数点」での値も常に 0 でないことが期待されるがまだ示されていない．

以下では，上記 (1) の Beilinson 予想などの p 進類似についてもう少し詳しく触れたい．

一般に，モチーフ $\mathbb{M}$ に付随する Hasse-Weil の L 函数 $L(\mathbb{M}, s)$ に対しては，($L(\mathbb{M}, s)$ が $\mathbb{C}$ 上の有理型函数として well-defined に定まるという予想の下で) 整数点 j での特殊値 $L(\mathbb{M}, j) = L(\mathbb{M}(j), 0)$ の「幾何的な意味」が予想されている．Tate ひねり $\mathbb{M}(j)$ が，Deligne の意味で critical (Deligne の論文 [21] または本書の下巻の第 5 章を参照) であるときには，Deligne 予想，critical でないときには Beilinson 予想がある．以下，$\mathbb{M}$ が Dirichlet 指標 η に付随した Dirichlet モチーフの場合を考える．この場合，$L(\mathbb{M}, s) = L(\eta, s)$ であり，

$$\text{「}\mathbb{M}(j) \text{ が critical}\text{」} \iff \text{「} j \geqq 1 \text{ で } \eta(-1) = (-1)^j \text{」}$$
$$\text{または「} j \leqq 0 \text{ で } \eta(-1) \neq (-1)^j \text{」}$$

なる必要十分条件がある．さて，η の導手が M であるとして，$p(\eta) \in \{0, 1\}$ を $\eta(-1) = (-1)^{p(\eta)}$ で定めるとき，整数点 $j \geqq 1$ と整数点 $1 - j \leqq 0$ の間には函数等式：

(3.97)
$$L(\eta,j) = \frac{\tau(\eta)}{(\sqrt{-1})^{p(\eta)}\sqrt{M}} \left(\frac{M}{\pi}\right)^{\frac{1-2j}{2}} \lim_{s\to j} \frac{\Gamma\left(\frac{1-s+p(\eta)}{2}\right)}{\Gamma\left(\frac{s+p(\eta)}{2}\right)} L(\overline{\eta}, 1-s)$$

があるので，特殊値の様子は $j \geqq 1$ の場合に調べれば十分である[*96]．

Deligne 予想においては周期積分が大事な役割を演じ，Beilinson 予想においては，K 群からの単数規準写像が大事な役割を演じる．次のことが知られている：

定理 3.107 F を有限次代数体とするとき，次が成り立つ．

(1) 全ての非負整数 m において，整数環 $\mathfrak{r}_F$ の m 次 K 群 $K_m(\mathfrak{r}_F)$ は有限生成アーベル群であり，$m \geqq 2$ においては

$$\text{rank}_{\mathbb{Z}} K_m(\mathfrak{r}_F) = \begin{cases} 0 & m \equiv 0 \bmod 2 \text{ のとき}, \\ r_1(F) + r_2(F) & m \equiv 1 \bmod 4 \text{ のとき}, \\ r_2(F) & m \equiv 3 \bmod 4 \text{ のとき} \end{cases}$$

が成り立つ[*97]．

(2) 各自然数 $j \geqq 1$ に対して，$\mathbb{C}$ の複素共役を $[F:\mathbb{Q}]$ 次元 $\mathbb{R}$ ベクトル空間 $\prod_{\iota:F\hookrightarrow\mathbb{C}}(2\pi\sqrt{-1})^{j-1}\mathbb{R}$ 上に各成分の $(2\pi\sqrt{-1})$ と埋め込み $\iota: F \hookrightarrow \mathbb{C}$ を介して作用させ，固定部分空間を $\left[\prod_{\iota:F\hookrightarrow\mathbb{C}}(2\pi\sqrt{-1})^{j-1}\mathbb{R}\right]^+$ で記す．Borel によって，**単数規準写像**(regulator map)：

(3.98) $\text{reg}_{F,j,\infty}: K_{2j-1}(\mathfrak{r}_F) \longrightarrow \left[\prod_{\iota:F\hookrightarrow\mathbb{C}}(2\pi\sqrt{-1})^{j-1}\mathbb{R}\right]^+$

が定義され，$\text{Ker}(\text{reg}_{F,j,\infty})$ は $K_{2j-1}(\mathfrak{r}_F)$ のねじれ部分群と一致する． □

$j > 1$ のとき，定理 3.107 の (1) より

[*96] 右辺において $\Gamma(s)$ は負の整数点で 1 位の極を持つが，そのような点ではちょうど $L(\overline{\eta},s)$ が 1 位の零点を持ち，極と零点が打ち消しあっている．

[*97] 代数体の整数環の K 群のランクやねじれ部分の位数は，ゼータ函数の特殊値と結びつく大事な不変量である．知られている結果や具体例については，例えば [119] を参照のこと．

$$\operatorname{rank}_{\mathbb{Z}} K_{2j-1}(\mathfrak{r}_F) = \dim_{\mathbb{R}} \left[\prod_{\iota: F \hookrightarrow \mathbb{C}} (2\pi\sqrt{-1})^{j-1} \mathbb{R} \right]^+$$

が成り立つ．よって，定理 3.107 の (2) より，$\operatorname{reg}_{F,j,\infty}(K_{2j-1}(\mathfrak{r}_F))$ は $\left[\prod_{\iota: F \hookrightarrow \mathbb{C}} (2\pi\sqrt{-1})^{j-1} \mathbb{R} \right]^+$ の中の格子となる．

定義 3.108 $j > 1$ のとき，$\mathbb{R}$ ベクトル空間 $\left[\prod_{\iota: F \hookrightarrow \mathbb{C}} (2\pi\sqrt{-1})^{j-1} \mathbb{R} \right]^+$ の中に張られる格子 $\operatorname{reg}_{F,j,\infty}(K_{2j-1}(\mathfrak{r}_F))$ の基本領域の体積を**単数規準** (regulator) とよび，$\operatorname{Reg}_{F,j,\infty}$ で記す．$j = 1$ のとき，$\operatorname{reg}_{F,1,\infty}$ の像は $\left[\prod_{\iota: F \hookrightarrow \mathbb{C}} \mathbb{R} \right]^+$ の中の $r_1(F) + r_2(F) - 1$ 次元部分空間の中の格子となる．基本領域の体積を**単数規準** (regulator) とよび，$\operatorname{Reg}_{F,1,\infty}$ で記す． □

η を Dirichlet 指標とするとき，あるアーベル体 F のガロワ群 $\operatorname{Gal}(F/\mathbb{Q})$ の指標とみなせるので，写像 $\operatorname{reg}_{F,j,\infty}$ の定義域と像を $\operatorname{Gal}(F/\mathbb{Q})$ の作用で指標分解して，η 部分に対応する写像 $\operatorname{reg}_{\eta,j,\infty}$ および基本領域の体積 $\operatorname{Reg}_{\eta,j,\infty}$ を取り出すことができる．一般の Dirichlet の L 関数の場合に次のような結果がある：

定理 3.109 η を Dirichlet 指標とする．$j \geqq 1$ での特殊値 $L(\eta, j)$ に対して次が成り立つ：

(1) (Deligne 予想) $\eta(-1) = (-1)^j$ のとき，$L(\eta, j) \in \overline{\mathbb{Q}}^\times \cdot \pi^j$．

(2) (Beilinson 予想) $\eta(-1) \neq (-1)^j$ のとき，$L(\eta, j) \in \overline{\mathbb{Q}}^\times \cdot \operatorname{Reg}_{\eta,j,\infty}$． □

注意 3.110 (1) は定理 3.35 と函数等式 (3.97) から直ちに従う．(2) に関しては，$j = 1$ のときは先に紹介した古典的な定理 3.60 と同値である．実際，$K_1(\mathfrak{r}_F) = \mathfrak{r}_F^\times$ であり，$u \in \mathfrak{r}_F^\times$ とすると，$\operatorname{reg}_{F,1,\infty}(u) = \prod \log|\iota(u)|_\mathbb{C}$ と書ける．かくして，$j = 1$ での Borel の単数規準は古典的な単数群の単数規準と一致する．$j > 1$ の場合の証明は Borel による論文 [7] において格子の基本領域の体積が計算され，証明された．

ϕ が有限指標，$j \in \mathbb{Z}$ である $\kappa_{\mathrm{cyc}}^j \phi$ を「$L_p(\psi)$ の整数点 j」として，上述の予想たちの p 進類似を考えるための注意を与える．

注意 3.111 久保田-Leopoldt の p 進 L 関数 $L_p(\psi)$ では，$j \leqq 0$ の $\kappa_{\mathrm{cyc}}^j \phi$ に対応するモチーフは critical, $j \geqq 1$ の $\kappa_{\mathrm{cyc}}^j \phi$ に対応するモチーフは non-critical である．critical の判定が j の偶奇性で決まる通常の Dirichlet の L 関数の場合と少し様子が異なる[*98]．

かくして，定理 3.29 における $j \leqq 0$ なる $\kappa_{\mathrm{cyc}}^j \phi$ での補間性質は「Deligne 予想の p 進類似」に他ならない．また，$j \geqq 1$ なる $\kappa_{\mathrm{cyc}}^j \phi$ では「p 進 Beilinson 予想」が期待される．p 進の場合も，Borel や Beilinson による単数規準写像の自然な p 進類似とみなせる p 進単数規準写像 $\mathrm{reg}_{F,j,p}:\ K_{2j-1}(\mathfrak{r}_F) \longrightarrow \prod_{\iota:F\hookrightarrow\overline{\mathbb{Q}}_p} \overline{\mathbb{Q}}_p$ や p 進単数規準 $\mathrm{Reg}_{F,j,p} \in \overline{\mathbb{Q}}_p$ が定義される ([38], [39] などを参照のこと)．先と同様に，Dirichlet 指標 η を類体論によってアーベル体 F のガロワ群 $\mathrm{Gal}(F/\mathbb{Q})$ の指標と同一視するとき，$\mathrm{Reg}_{\eta,j,p} \in \overline{\mathbb{Q}}_p$ を $\mathrm{Reg}_{\eta,j,\infty} \in \mathbb{C}$ と同様に定義できる．Coleman, Gros らによって，次の結果が知られている ([5, Prop. 4.17], [16], [38], [39] を参照のこと)．

定理 3.112 (p 進 Beilinson 予想) 任意の自然数 $j \geqq 1$ と Γ_{cyc} の任意の有限指標 ϕ に対して

$$\kappa_{\mathrm{cyc}}^j \phi(L_p(\psi)) = \left(1 - \frac{(\psi\omega^{j-1}\phi^{-1})(p)}{p^j}\right) \cdot \mathrm{Reg}_{\psi\omega^{j-1}\phi^{-1},j,p} \cdot \frac{L(\psi\omega^{j-1}\phi^{-1},j)}{\mathrm{Reg}_{\psi\omega^{j-1}\phi^{-1},j,\infty}}$$

が成り立つ． □

注意 3.113

(1) 本書の下巻の第 5 章で論じられる一般のモチーフの円分岩澤理論の設定で，Perrin-Riou [91, Chap. 4] によって，p 進 Beilinson 予想が定式化されている (Colmez の論説 [18] も参照のこと)．

(2) 通常の Beilinson 予想は，定理 3.109(2) に見られるように，(何らかの基底のとり方に依存する) 単数規準のとり方のあいまいさがある．かくして，Beilinson 予想の等式に $\overline{\mathbb{Q}}^\times$ による乗法のあいまいさがあった．しかしながら，p 進の場合には通常の単数規準 (上の場合では $\mathrm{Reg}_{\psi\omega^{j-1}\phi^{-1},j,\infty}$) と p 進の単数規準 (上の場合では $\mathrm{Reg}_{\psi\omega^{j-1}\phi^{-1},j,p}$) がともに現れ，基底のとり方からくる曖昧さが，お互いの比をとることで打ち消されている．かくして，p 進の Beilinson 予想は，一般にあいまいさのない等式となる．

注意 3.114

(1) 先述の定理 3.109(2) の Beilinson 予想の証明には現れないが，特殊値 $L(\eta,j)$ や $K_{2j-1}(F)$ の単数規準は，$k=j$ での多重対数函数 $\mathrm{Li}_j(z) = \sum_{n=1}^{\infty} \frac{z^n}{n^j}$ と深い結びつきがある (cf. Zagier 予想)．

---

*98 対応する補間が ω^{j-1} ひねりで修正されているので，通常の $L(\eta,s)$ のように j がずれるごとに偶奇性が交代しないことに注意する．

(2) [16], [38], [39]による p 進 Beilinson 予想の証明には，多重対数函数の p 進類似が本質的に関わり，証明は二つのステップを合わせて完成する．

(A) Coleman[16]は，現在「Coleman 積分の理論」と呼ばれる p 進の 1 次元積分理論を構築し，応用として，定義 3.58 と同じ状況の下で $\overline{\mathbb{Q}}_p$ 上の p 進 k 重対数函数 $\operatorname{Li}_k^{(p)}(x)$ を定義した[*99]．$\operatorname{Li}_k^{(p)}(x)$ は $1 + \overline{P}$ 上での函数 $\operatorname{Li}_k^{(p)}(1+z) = \sum_{n=1}^{\infty} \frac{(-1)^{n-1} z^n}{n^k}$ を $\overline{\mathbb{Q}}_p$ 上に延長したもので，$k = 1$ では $\log_p(x)$ と一致する．また，同論文[16]の Chap. VII において，$\kappa_{\mathrm{cyc}}^j \phi(L_p(\psi))$ が $\operatorname{Li}_j^{(p)}(x)$ の円単数 x での特殊値の $\overline{\mathbb{Q}}$ 線型結合として表示された．

(B) Gros [38], [39]は，K 群から syntomic コホモロジーへの写像として p 進単数規準写像 $\operatorname{reg}_{F,j,p}$ を構成して，F が円分体のとき，$\operatorname{Li}_j^{(p)}(x)$ の円単数 $x \in F$ での特殊値を，Soulé 元とよばれる $K_j(F)$ の中のある特殊な元の像で表示した．

(3) 数値計算例や p 進 Beilinson 予想の Artin 表現への一般化などに関しては[5]なども参照のこと．

注意 3.115 Borel の単数規準写像 $\operatorname{reg}_{F,j,\infty}$ に関する結果(定理 3.107 参照)では，単数規準 $\operatorname{Reg}_{F,j,\infty}$, $\operatorname{Reg}_{\eta,j,\infty}$ は 0 ではない実数である．

一方で，p 進の場合の単数規準写像 $\operatorname{reg}_{F,j,p}$ は単射写像であるかどうかが判明しておらず，p 進単数規準 $\operatorname{Reg}_{F,j,p}$, $\operatorname{Reg}_{\eta,j,p}$ は 0 でないと期待されるが示されていない．この「p 進単数規準の非退化性」は今後の課題である．

3.5.3 イデアル類群の岩澤理論の全般的な問題と展望

最後に，代数的または解析的などちらかの側面のみに限らない一般化の枠組みについて論じたい．

(1) 有理数体のアーベル拡大や虚 2 次体のアーベル拡大の場合は，それぞれ円単数の Euler 系や楕円単数の Euler 系によって岩澤主予想が証明された．F を一般の総実代数体や CM 体とするとき，F のアーベル体においてもよい単数(または Euler 系)をみつけて，Euler 系による証明ができるだろうか？ **新しい Euler 系の探索**が課題である．

(2) 総実代数体 F の絶対ガロワ群 G_F の有限指標 ψ ごとに，$\Lambda_{\mathrm{cyc},\psi}$ 上の岩澤主予想[*100]が考えられた．これらは，$\Lambda_{\mathrm{cyc},\psi}$ における代数的なイデアル

[*99] 実際は，$\mathbb{C}_p^{\times} = (\widehat{\overline{\mathbb{Q}}_p})^{\times}$ で定義した．

[*100] $F = \mathbb{Q}$ のときは定理 3.63 や定理 3.63 を参照，一般の総実代数体のときは定理 3.96 を参照．

と解析的なイデアルの間の等式であった．今，有限次アーベル拡大 K/F を考えると，$\omega\psi^{-1}$ が $\mathrm{Gal}(K/F)$ を経由するような偶指標 ψ ごとに岩澤主予想があるが，代数的なイデアルは，$\mathbb{Z}_p[\mathrm{Gal}(K/F)][[\Gamma_{\mathrm{cyc}}]]$ 加群 $X_{K_\infty^{\mathrm{cyc}}}$ の指標 ψ での特殊化 $(X_{K_\infty^{\mathrm{cyc}}})_{\omega\psi^{-1}}$ の $\Lambda_{\mathrm{cyc},\psi}$ 加群としての特性イデアルである．ψ で特殊化する前の $\mathbb{Z}_p[\mathrm{Gal}(K/F)][[\Gamma_{\mathrm{cyc}}]]$ 加群 $X_{K_\infty^{\mathrm{cyc}}}$ の方がより根源的である．一方で，p 進 L 函数の側でも，各 ψ における $L_p(\psi)$ が特殊化によって $\psi(L_p(K)) = L_p(\psi)$ と得られるような $\mathbb{Z}_p[\mathrm{Gal}(K/F)][[\Gamma_{\mathrm{cyc}}]]$ の全商環の元 $L_p(K)$ が構成されている．

かくして，加群 $X_{K_\infty^{\mathrm{cyc}}}$ の代数的構造と全商環の元 $L_p(K)$ を比較する $\mathbb{Z}_p[\mathrm{Gal}(K/F)][[\Gamma_{\mathrm{cyc}}]]$ 上の**群作用付き岩澤主予想**(equivariant Iwasawa main conjecture)も考えられる．$\mathbb{Z}_p[\mathrm{Gal}(K/F)][[\Gamma_{\mathrm{cyc}}]]$ では特性イデアルなどの概念がないので定式化も含めて工夫や基礎付けが必要となる．

(3) G を $G \twoheadrightarrow \Gamma_{\mathrm{cyc}}$ を持つような p 進リー群とする．このとき，$\mathbb{Z}_p[[\Gamma_{\mathrm{cyc}}]]$ を非可換な岩澤代数 $\mathbb{Z}_p[[G]] = \varprojlim \mathbb{Z}_p[G/U]$ (U は G の開正規部分群をわたる)で置き換えた**非可換岩澤理論**が Coates によって提唱され，近年盛んに研究されている．本章のイデアル類群の岩澤理論のみならず，本書の下巻の第 4 章から第 6 章で扱われるガロワ表現の円分岩澤理論全体の非可換化が追究された．

代数的な側では，非可換な岩澤代数上で特性イデアルや岩澤加群の構造定理がうまく機能しない問題があった[*101]が，Venjakob, 加藤らによって K 群を使うことによる特性イデアルに代わる代数的不変量が見いだされた(非可換岩澤主予想の最終的な定式化は[12]で提唱された)．解析的な側でも，p 進 L 函数を考えるにあたって，ガロワ表現を非可換有限群の Artin 指標でひねる L 函数の解析接続や特殊値の代数性などのよい理論がないことが大きな障害である．

近年，イデアル類群の場合に限っては，加藤，Ritter-Weiss，原，Kakde らによる様々な具体的実例での検証結果を通して非可換化の理解が深まった．さらに，Burns や加藤によって非可換岩澤理論を可換な状

[*101] 例えば擬零加群でありながら，特性イデアルが非自明な加群がある．

況に帰着するアイデアも発見され，一気に解決へと向かった．2010年には，Kakde[57]とRitter-Weiss[99]によって，独立にイデアル類群の場合の岩澤主予想(定理 3.63, 定理 3.64, 定理 3.96)の非可換化が完成している．今後，非可換岩澤理論のより一般のガロワ表現への拡張も期待される．

(4) 岩澤主予想は，代数的な側からみると代数的な岩澤加群 $(X_{K^{\mathrm{cyc}}_{\omega\psi^{-1},\infty}})_{\omega\psi^{-1}}$ の特性イデアルを p 進 L 函数という解析的な情報で記述する．この特性イデアルは岩澤加群 $(X_{K^{\mathrm{cyc}}_{\omega\psi^{-1},\infty}})_{\omega\psi^{-1}}$ の 0 次 Fitting イデアルの reflexive closure であり，0 次 Fitting イデアルの方が特性イデアルより多くの情報を持つ．さらに，$(X_{K^{\mathrm{cyc}}_{\omega\psi^{-1},\infty}})_{\omega\psi^{-1}}$ に対する i 次 Fitting イデアル($i > 0$)といった不変量も定義される．栗原らの研究を中心として，より精密な代数的不変量である高次 Fitting イデアル自身を調べたり，それを解析的な側の不変量と結びつける**高次の Fitting イデアルの岩澤理論**も盛んに研究されている．

(5) $m > 1$ でのゼータ函数の値 $\zeta(m)$ は，無限和 $\sum_{n \geq 1} \dfrac{1}{n^m}$ であった．これらのゼータ値の「多重化」である多重ゼータ値

$$\zeta(m_1, \cdots, m_s) = \sum_{n_1 > n_2 > \cdots > n_s > 0} \frac{1}{n_1^{m_1} n_2^{m_2} \cdots n_s^{m_s}}$$

たちを取り巻く岩澤理論的な枠組みはどのようなものだろうか？このような**多重化された岩澤理論**が確立されれば興味深いであろう．

(6) 本書ではあまり触れないが，正標数 $p > 0$ の 1 変数函数体上の**函数体の岩澤理論**も面白い問題であろう．例えば，Witte[126]などの研究があり，$l \neq p$ のときの l 進リー拡大においては函数体の非可換岩澤理論のよい定式化が得られつつある．p 進リー拡大での Selmer 群や p 進 L 函数を取り巻くよい枠組みの定式化など今後の発展が望まれる．

A 付録[*]

第3章の付録として，モジュラー形式や Hecke 指標に付随した基本事項をまとめておく．

A.1 モジュラー形式と付随するガロワ表現

次の定理を思い出そう：

定理 A.1(Deligne-志村，Ribet)　$f \in S_k(\Gamma_1(M))$ を重さ $k \geq 2$ の正規化された固有カスプ形式，$\mathcal{K}$ を f の q 展開の係数を全て含む $\mathbb{Q}_p$ の有限次拡大体とする．このとき，2次元 $\mathcal{K}$ ベクトル空間 V_f への連続なガロワ表現 $\rho_f : G_{\mathbb{Q}} \longrightarrow \mathrm{Aut}_{\mathcal{K}} V_f \cong GL_2(\mathcal{K})$ で，次をみたすようなものが存在する：

(i) V_f は pM を割らない $\mathbb{Q}$ の素点では不分岐．

(ii) pM を割らない勝手な素数 l での幾何的フロベニウス元 $\mathrm{Frob}_l \in G_{\mathbb{Q}}$ に対して[*1]，$\mathrm{Tr}(\rho_f(\mathrm{Frob}_l)) = a_l(f)$ となる．

(iii) V_f は $G_{\mathbb{Q}}$ の表現として既約．

また，Chebotarev の密度定理より[*2]，V_f は上の性質によって同型を除いて一意に特徴づけられる． □

歴史を以下に「注意」としてまとめておく．

[*1] 幾何的フロベニウスは，$\overline{\mathbb{F}}_p$ の普通の数論的フロベニウス写像 $x \mapsto x^p$ の逆元の p での分解群への持ち上げである．p での分解群は $G_{\mathbb{Q}}$ の中で共役を除いてしか定まらないのでフロベニウス元も共役を除いてしか定まらないが，トレースは共役類のみに依存するので $\mathrm{Tr}(\rho_f(\mathrm{Frob}_l))$ は well-defined である．

[*2] Chebotarev の密度定理の使い方について不慣れな読者は，例えば文献[136]の中の記事「ガロワ表現の基礎 II」などを参照のこと．

注意 A.2

(1) (i)は構成とエタールコホモロジーの一般論から直ちに従う. (ii)は定理の中で最も深い記述であり,フロベニウスから定まる代数対応と Hecke 作用素から定まる代数対応を比較する,所謂「合同関係式」からなる. (iii)は Ribet[95, Prop. 4.4] によって示されている.

(2) 志村[112]は,群コホモロジーの手法と p ベキを法とする合同を用いることで一般の重さ $k \geq 2$ の正規化された固有カスプ形式に対するガロワ表現の構成問題を重さ 2 の場合に帰着した.合同を用いる際に少し情報を失っており,Deligne [20]のようにフロベニウスの固有値の複素絶対値の評価は導かない.したがって,Deligne の構成は系として Ramanujan 予想を解決するが,志村の構成は Ramanujan 予想を導かない.

(3) f を重さ $k \geq 2$, レベル $\Gamma_1(M)$ の固有カスプ形式とする.Deligne[20]は,モジュラー曲線 $Y_1(M)$ 上の局所系 $\mathcal{L}_{k-2}(\mathcal{K})$ のエタールコホモロジー $H^1_{\text{ét}}(Y_1(M)_{\overline{\mathbb{Q}}},$ $\mathcal{L}_{k-2}(\mathcal{K}))$ の parabolic な部分を Hecke 環の作用によって分解することで欲しい p 進ガロワ表現 V_f を得た.

(4) Deligne の構成は係数付きのエタールコホモロジーを用いる点で完全にモチーフ的な構成ではなかったが,Scholl[105]は久賀-佐藤多様体を用いるよりモチーフ的な V_f の構成を与えた.これによって,さらに f のレベルが p と素であるときには,ガロワ表現 V_f は p でクリスタリンであるというような p 進的な性質も従う.

モジュラー形式に付随するガロワ表現において非常に気をつけるべき定式化の流儀があるので注意しておく.

注意 A.3 与えられた重さ $k \geq 2$ の正規化された固有カスプ形式 $f \in S_k(\Gamma_1(M))$ に対して,実はコホモロジー的ガロワ表現とホモロジー的ガロワ表現[*3]とでもいうべき異なる定式化がある.上で紹介した定理 A.1 はコホモロジー的な定式化であるといえる.定理 A.1 のホモロジー的定式化は,定理 A.1(ii)の条件を,数論的フロベニウス元を用いた特徴づけの条件

(ii)′ pM を割らない勝手な素数 l での数論的フロベニウス元 $\text{Frob}_l^{-1} \in G_{\mathbb{Q}}$ に対し て,$\text{Tr}(\rho_f(\text{Frob}_l^{-1})) = a_l(f)$ となる.

で取り替えたものである.ホモロジー的な定式化のガロワ表現で書かれた論文(例えば,Wiles の一連の論文[122], [123], [124]など)とコホモロジー的な定式化のガロワ表現で書かれた論文(例えば,Deligne の論文[20]など)が混在しているので,様々な結果を引用して用いるときに定式化を混同しないよう十分気を付けなければならない.

コホモロジー的,ホモロジー的の説明として,重さ 2 のカスプ形式の場合を考える.

[*3] ホモロジー的な定式化のガロワ表現はコホモロジー的定式化のガロワ表現の双対表現であり,重さ 2 の場合はヤコビ多様体の Tate 加群として書けるものである.

$f \in S_2(\Gamma_0(M))$ のとき,[113]によって,$X_0(M)$ のヤコビ多様体から f に付随した $\mathbb{Q}$ 上のアーベル多様体 B_f が標準的に得られる.コホモロジー的表現は $H^1_{\text{ét}}(B_f \times_{\text{Spec}(\mathbb{Q})} \text{Spec}(\overline{\mathbb{Q}}), \mathbb{Q}_p)$ として得られ,ホモロジー的表現は $T_p B_f \otimes_{\mathbb{Z}_p} \mathbb{Q}_p$ として得られる.

定理 A.4(Deligne, Mazur-Wiles) $f \in S_k(\Gamma_1(M))$ を重さ $k \geqq 2$ の p 安定かつ p 通常的な正規化された固有カスプ形式,$\mathcal{K}$ を f の q 展開の係数を全て含む $\mathbb{Q}_p$ の有限次拡大体とする.このとき,

$$\rho_f : G_\mathbb{Q} \longrightarrow \text{Aut}_\mathcal{K}(V_f) \cong GL_2(\mathcal{K})$$

の p での分解群 $G_{\mathbb{Q}_p}$ への制限 $\rho_f|_{G_{\mathbb{Q}_p}}$ は $\begin{pmatrix} \alpha & * \\ 0 & \beta \end{pmatrix}$ なる形の表現に同値であり,α は $\alpha(\text{Frob}_p) = a_p(f)$ なる $G_{\mathbb{Q}_p}$ の不分岐指標である. □

注意 A.5

(1) 定理 A.4 は,少なくとも mod p 版は,1974 年の Deligne から の Serre への手紙(未出版)で示された([40]を参照).また,Mazur-Wiles[Chap. 3, §2][79]や Wiles[122, Theorem 2.2]でも証明がなされている.前者(Deligne)の証明と後者(Mazur-Wiles, Wiles)の証明は手法も異なる.前者は Vanishing cycle を調べる方法であり,後者はモジュラー曲線のヤコビ多様体の p 進体の整数環上でのモデルの幾何を調べるものである.後者では,モジュラー曲線のヤコビ多様体は直接には重さ2のカスプ形式のガロワ表現にしか結びつかないが,志村による p 進係数の群コホモロジーの合同の理論[112](またはそれを発展させた肥田理論)によって勝手な重さ $k \geqq 2$ のカスプ形式 f のガロワ表現に対する定理 A.4 は重さ2のカスプ形式の場合に帰着されることにも注意したい.また,この後者の証明においてモデルの還元を調べるために,局所保型表現の分類および Carayol[10]によって示された局所 Langlands 対応なども大事な役割を演じる.

また,第三の証明として,導手が p と素な p 通常的なモジュラー形式 f に対して,Scholl[105]によって久賀-佐藤多様体から作られた f のモチーフ(モチーフについては本書の下巻の第5章および付録も参照のこと)と Katz-Messing の定理[63]を用いる方法がある.実際,久賀-佐藤多様体は射影的であることが知られているので,付随するクリスタリンな p 進ガロワ表現のクリスタリンフロベニウス作用素の固有多項式は,[63]によって付随する l 進ガロワ表現への p フロベニウス元の作用の固有多項式と一致する.よって,$\rho_f|_{G_{\mathbb{Q}_p}}$ の Newton polygon と Hodge polygon が一致することが示され,[90]によって Newton polygon と Hodge polygon が一致するクリスタルに付随するガロワ表現は p 通常的であることがわかる.肥田理論によって,勝手な重さ $k \geqq 2$ の p 通常的カスプ形式 f は,導手が p と素な p 通常的なモジュラー形式の列 $\{f_i\}$ によって近似できる[*4]ので一

般の場合にもこの第三の証明は機能する.
(2) 厳密には,定理A.4はMazur-WilesやWilesの論文で書かれている形とは異なっている.注意A.3で述べた「normalizationの問題」がここでも関係する.Mazur-WilesやWilesはTate加群からつくられる「ホモロジー的な」ガロワ表現を考えているので,彼らの$\rho_f|_{G_{\mathbb{Q}_p}}$は,像がBorel部分群に入るという点では同じであるが,(部分ではなく)商に不分岐指標が現れて(幾何的フロベニウスではなく)数論的フロベニウスFrob_p^{-1}の値が$a_p(f)$と等しくなるのである.

A.2 代数的Hecke指標と付随するガロワ指標

定義 A.6 (1) Fを有限次代数体,$\mathfrak{f}$をFの整イデアルとする.$I_\mathfrak{f}$を$\mathfrak{f}$と素なFの分数イデアル全体のなす群,J_FをFから$\overline{\mathbb{Q}}$への埋め込みのなす集合とする.重さ$\sum_{\sigma \in J_F} n_\sigma \sigma \in \mathbb{Z}[J_F]$,レベル$\mathfrak{f}$の**代数的Hecke指標**[*5]とは,群準同型$\eta: I_\mathfrak{f} \longrightarrow \overline{\mathbb{Q}}^\times$で,$(\alpha) \in I_\mathfrak{f}$かつ$\alpha$は総正であるような勝手な$\alpha \in F^\times$に対して

$$\eta((\alpha)) = \prod_{\sigma \in J_F} \sigma(\alpha)^{n_\sigma}$$

が成り立つものをいう.
(2) レベル$\mathfrak{f} \supset \mathfrak{f}'$であるとき,レベル$\mathfrak{f}$の代数的Hecke指標は自動的にレベル$\mathfrak{f}'$の代数的Hecke指標となる.与えられた代数的Hecke指標ηに対して,上の意味でイデアルの包含関係に関する最大の$\mathfrak{f}$をηの**導手**(conductor)という. □

例 A.7 Fを勝手な有限次代数体とする.このとき,Fの勝手な整イデアル$\mathfrak{n}$に対してノルム$N_F(\mathfrak{n})$を$N_F(\mathfrak{n}) = \sharp(\mathfrak{r}_F/\mathfrak{n})$により定めると,$N_F(\mathfrak{n})$は自然に分数イデアル全体のなす群から$\mathbb{Q}^\times$への準同型に拡張される.この準同型を,$F$の**ノルム指標**とよぶ.ノルム指標$N_F$は導手が1で重さが$\sum_{\sigma \in J_F} \sigma$の代数的Hecke指標である. □

ノルム指標以外の代数的Hecke指標の例を論ずる上でまず次の結果が基本的である.

[*4] このとき,f_iの重さk_iはkと異なるが,p進的にkに近づく.
[*5] 「A_0型の量指標」とよばれることもある.

A.2 代数的 Hecke 指標と付随するガロワ指標

定理 A.8(Weil の定理[120]) (1) F を総実な有限次代数体とする．このとき，F の勝手な代数的 Hecke 指標は，ノルム指標 N_F のある整数ベキ N_F^r と F のある位数有限な代数的 Hecke 指標との積で表せる．

(2) F を有限次代数体とする．F^+ を F に含まれる最大の総実部分体として，F^+ を含む CM 体が F の中に存在するとき F_0 をその CM 体[*6]，そうでないときは $F_0 = F^+$ とおく．このとき，F の勝手な代数的 Hecke 指標 η に対して，F_0 の代数的 Hecke 指標 η_0 と F の位数有限な代数的 Hecke 指標 η_{fin} が存在して，$\eta = (\eta_0 \circ N_{F/F_0}) \cdot \eta_{\mathrm{fin}}$ と表せる． □

F が CM 体のとき，代数的 Hecke 指標はどれくらい存在するのであろうか？[21, Remarque 8.2]より以下の性質を思い出しておく．

注意 A.9 F を CM 体とする．CM 体 F の CM 型 Σ を一つ固定する．

(1) 代数的 Hecke 指標 η の重さが $\boldsymbol{n} = \sum_{\sigma \in J_F} n_\sigma \sigma$ であるとき $\boldsymbol{l} = \sum_{\sigma \in \Sigma} l_\sigma \sigma$, $\boldsymbol{m} = \sum_{\sigma \in \Sigma} m_{\bar{\sigma}} \bar{\sigma}$ が一意的に存在して $\boldsymbol{n} = \boldsymbol{l} + \boldsymbol{m}$ と書ける．このとき，η は型 $(\boldsymbol{l}, \boldsymbol{m})$ を持つという．

(2) 代数的 Hecke 指標 η の型が $(\boldsymbol{l}, \boldsymbol{m})$ であるとき勝手な $\sigma \in \Sigma$ で $l_\sigma + m_{\bar{\sigma}}$ の値は一定である．この値を $w(\eta)$ と記し，η の絶対的重さとよぶことにする．

(3) $l_\sigma + m_{\bar{\sigma}}$ の値が $\sigma \in \Sigma$ によらず一定である型 $(\boldsymbol{l}, \boldsymbol{m})$ を指定したとき，(レベルを十分大きくとれば)この型を持つ代数的 Hecke 指標が存在する(証明に関しては，例えば[103, Chap. 0, §3]を参照)．

命題 A.10 F を有限次代数体，η を F の代数的 Hecke 指標，$\mathcal{K}$ を η の値を全て含むような p 進体とする．このとき，連続なガロワ指標 $\eta^{\mathrm{gal}} : G_F \longrightarrow \mathcal{K}^\times$ で，η の導手や p 上の素点を割り切らない F の全ての素イデアル $\mathfrak{l}$ に対して，$\eta^{\mathrm{gal}}(\mathrm{Frob}_\mathfrak{l}) = \eta(\mathfrak{l})$ となるものが一意に存在する． □

[証明] 大まかな構成の流れを記述したい．E を代数的 Hecke 指標 η の値を全て含むような有限次代数体，E^{gal} を E のガロワ閉包とする．(3.47)で固定した ι_p' により定まる埋め込み $E^{\mathrm{gal}} \hookrightarrow \overline{\mathbb{Q}}_p$ を通して E^{gal} を p 進完備化した p 進体を $\mathcal{K}$ とする．F のイデール群 $\mathbb{A}_F^\times$ を

$$\mathbb{A}_F^\times = (F \otimes_\mathbb{Q} \mathbb{R})^\times \times (F \otimes_\mathbb{Q} \mathbb{Q}_p)^\times \times (\mathbb{A}_F^{(\infty p)})^\times$$

[*6] 簡単な議論により，このような F の CM 部分体は存在すれば一意である．

と分解する．ただし，$\mathbb{A}_F^{(\infty p)}$ を p, ∞ 上の成分を抜いた $\mathbb{A}_F^\times$ の部分群とする．$((F \otimes_\mathbb{Q} \mathbb{R})^\times)_0$ を $(F \otimes_\mathbb{Q} \mathbb{R})^\times$ の単位元の連結成分とすると $(F \otimes_\mathbb{Q} \mathbb{R})^\times = \{\pm 1\}^{r_1(F)} \times ((F \otimes_\mathbb{Q} \mathbb{R})^\times)_0$ となる（ここで，$r_1(F)$ は，F の実素点の数）．有限素点たちの成分へ自明に拡張することで $((F \otimes_\mathbb{Q} \mathbb{R})^\times)_0$ を $\mathbb{A}_F^\times$ の部分群とみなすとき，

$$\mathbb{A}_F^\times / ((F \otimes_\mathbb{Q} \mathbb{R})^\times)_0 \cong \{\pm 1\}^{r_1(F)} \times (F \otimes_\mathbb{Q} \mathbb{Q}_p)^\times \times (\mathbb{A}_F^{(\infty p)})^\times$$

となる．今，η の各実素点での分岐，不分岐によって $\eta_\infty : \{\pm 1\}^{r_1(F)} \longrightarrow \mathcal{K}^\times$ を定める．F の分数イデアルの群は，$(F \otimes_\mathbb{Q} \mathbb{Q}_p)^\times \times (\mathbb{A}_F^{(\infty p)})^\times = (\mathbb{A}_F^{(\infty)})^\times$ の商であるから，単射 $(\mathbb{A}_F^{(\infty)})^\times \hookrightarrow (\mathbb{A}_F^{(\infty)})^\times$ と η が引き起こす写像 $(\mathbb{A}_F^{(\infty)})^\times \longrightarrow E^\times$ の合成を $\eta^{(\infty p)}$ で記す．η の型が $(\boldsymbol{l}, \boldsymbol{m})$ であるとき，$\eta_p : (F \otimes_\mathbb{Q} \mathbb{Q}_p)^\times \longrightarrow \mathcal{K}^\times$ を $F^\times \longrightarrow (F^{\mathrm{gal}})^\times$, $x \mapsto \prod_{\sigma \in \Sigma} (x^\sigma)^{-l_\sigma} (x^{\bar\sigma})^{-m_{\bar\sigma}}$ から引き起こされる一意的な代数的指標とする．かくして，

$$\widehat{\eta} : \mathbb{A}_F^\times / ((F \otimes_\mathbb{Q} \mathbb{R})^\times)_0 \cong \{\pm 1\}^{r_1(F)} \times (F \otimes_\mathbb{Q} \mathbb{Q}_p)^\times \times (\mathbb{A}_F^{(\infty p)})^\times \longrightarrow \mathcal{K}^\times$$

を $(a, b, c) \mapsto \eta_\infty(a) \cdot \eta_p(b) \cdot \eta^{(\infty p)}(c)$ なる準同型として定める．構成より，$\widehat{\eta}$ は $F^\times \subset \mathbb{A}_F^\times$ 上で自明である．$(G_F)^{\mathrm{ab}}$ を G_F の最大アーベル商とすると，類体論より，$(G_F)^{\mathrm{ab}} \cong \mathbb{A}_F^\times / ((F \otimes_\mathbb{Q} \mathbb{R})^\times)_0 F^\times$ であるから，$\widehat{\eta}$ はガロワ群の指標 $\eta^{\mathrm{gal}} : G_F \longrightarrow \mathcal{K}^\times$ を引き起こす．構成と局所類体論より，η の導手や p 上の素点を割り切らない F の素イデアル $\mathfrak{l}$ に対して，$\eta^{\mathrm{gal}}(\mathrm{Frob}_\mathfrak{l}) = \eta(\mathfrak{l})$ となる．∎

例 A.7 で論じたノルム指標に付随するガロワ指標 $(N_F)^{\mathrm{gal}}$ は $\chi_{\mathrm{cyc}}^{-1}|_{G_F}$ に等しい．

また，最後に代数的 Hecke 指標の L 函数の定義も思い出しておく．

定義 A.11 F を有限次代数体，η を F の代数的 Hecke 指標として，Dirichlet 級数 $\sum_{\mathfrak{n} \subset \mathfrak{r}_F} \dfrac{\eta(\mathfrak{n})}{N(\mathfrak{n})^s}$ を考える．この Dirichlet 級数は $\mathrm{Re}(s)$ が十分大きいとき絶対収束し，複素平面全体に有理型に接続される．また，η がノルム指標の整数ベキでなければ複素平面全体で正則になる．この函数を $L(\eta, s)$ と記す．□

ブックガイド*

本書では，今まで和洋の既存の教科書では踏み込まれなかった一般化された岩澤理論を扱う初めての教科書を目指したのでイデアル類群の岩澤理論については書き足りなかったこともある．まえがきでも述べたようにイデアル類群の岩澤理論に関しては，沢山教科書があり，それぞれの本が長所短所を持っている．この第I部の最後に，読者の学習のための参考情報として，代数的な側面と解析的な側面の両方を広くカバーしたイデアル類群の岩澤理論の既存の書籍を軽く紹介したい．

(1) 最も広く読まれている「イデアル類群の岩澤理論」の基本的な教科書として，Washingtonによる[118]がある．若干話が細かすぎるところもあるが，伝統的には岩澤理論を始める最も標準的な入り口として定評がある本である．

(2) Langによる教科書[73]も同じく「イデアル類群の岩澤理論」を扱う本であり，[118]には含まれない話題もある．

(3) 和書では，岩波書店より出版された『数論II』[71]の中に栗原将人による岩澤理論の章があり，100頁弱ほどでイデアル類群の円分岩澤理論のエッセンスがコンパクトにまとまっている．

(4) 市販の出版物ではないが，2003年度整数論サマースクール報告集「岩澤理論」[136]も貴重な和文による入門書となっている．多数の人の分担による論説でイデアル類群の岩澤理論の基本的な部分を大方網羅しており，最後の方では非可換化やガロワ表現への一般化にも触れているようである．

(5) 日本評論社の『数学のたのしみ』シリーズの15巻[134]においても，岩澤理論が紹介されている．特に，Greenberg, Wiles, Coatesら外国人の寄稿もあり，岩澤健吉の人柄に関する記述も多く入っている．

上記の文献に比べてカバーする領域が部分的ではあるが，イデアル類群の岩澤理論に関係した基本的な本として以下を挙げておく．

(1) 岩澤による教科書[53]は，本書の 3.2.3 項で紹介した久保田-Leopoldt の p 進 L 函数の複数の構成を与えており，岩澤構成も丁寧に説明している．最後の方に，代数的な側面についても若干触れられている．

(2) Coates-Sujatha による教科書[13]は，円単数の Euler 系を用いた久保田-Leopoldt の p 進 L 函数の構成や イデアル類群の岩澤主予想の円単数の Euler 系を用いた証明に関する教科書である．特に，$\mathbb{Q}(\mu_{p^\infty})$ の場合に特化することで話の筋をわかりやすくしようと試みている．

(3) 2008 年の 9 月に Indian Institute of Technology, Guwahati において開催されたワークショップの報告集[137]は，イデアル類群の岩澤主予想のモジュラー的な方法による証明を，原型である Ribet による不分岐拡大の構成の結果から噛み砕いて解説している．

(4) 岩澤健吉の全集[135]が出版されており，岩澤の論文が一通りまとまって収録されている．やはり，アイデアや理論の最も源となる論文たちを読むことはときに大事である．全集を掘り起こして勉強するという挑戦もよいかもしれない．

参考文献

[1] 足立恒雄, 三宅克哉, 類体論講義, (日評数学選書) 日本評論社, 1998.
[2] M. Aoki, *The Iwasawa main conjecture and Gauss sums*, J. Number Theory 89, No.1, pp.151-164, 2001.
[3] M. Atiyah, I. Macdonald, *Introduction To Commutative Algebra*, Westview Press, 1994.
[4] D. Barsky, *Fonctions zêta p-adiques d'une classe de rayon des corps de nombres totalement réels*, Groupe de travail d'analyse ultramétrique, 5 (1977-1978), Exposé No.16, 23 p.
[5] A. Besser, P. Buckingham, R. de Jeu, X. F. Roblot, *On the p-adic Beilinson conjecture for number fields*, Pure Appl. Math. Q. 5 (1, part 2), pp.375-434, 2009.
[6] S. Bloch, K. Kato, *L-functions and Tamagawa numbers of motives*, The Grothendieck Festschrift, Vol.I, pp.333-400, Progr. Math., 86, Birkhäuser Boston, Boston, MA, 1990.
[7] A. Borel, *Cohomologie de SL_n et valeurs de fonctions zeta aux points entiers*, Ann. Sc. Norm. Super. Pisa, Cl. Sci., IV. Ser. 4, pp.613-636, 1977.
[8] N. Bourbaki, *Commutative Algebra: Chapters 1-7*, Springer, 1998.
[9] A. Brumer, *On the units of algebraic number fields*, Mathematika 14, pp.121-124, 1967.
[10] H. Carayol, *Sur les représentations l-adiques associées aux formes modulaires de Hilbert*, Ann. Sci. Ec. Norm. Supér. (4) 19, No.3, pp.409-468, 1986.
[11] P. Cassou-Noguès, *Valeurs aux entiers négatifs des fonctions zeta et fonctions zeta p-adiques*, Invent. Math. 51, pp.29-59, 1979.
[12] J. Coates, T. Fukaya, K. Kato, R. Sujatha, O. Venjakob, *The GL_2 main conjecture for elliptic curves without complex multiplication*, Publ. Math., Inst. Hautes Étud. Sci. 101, pp.163-208, 2005.
[13] J. Coates, R. Sujatha, *Cyclotomic fields and zeta values*, Springer Mono-

graphs in Mathematics, Springer, 2006.

[14] J. Coates, A. Wiles, *On p-adic L-functions and elliptic units*, J. Aust. Math. Soc., Ser. A 26, pp.1-25, 1978.

[15] R. Coleman, *Division values in local fields*, Invent. Math. 53, pp.91-116, 1979.

[16] R. Coleman, *Dilogarithms, regulators and p-adic L-functions*, Invent. Math. 69, pp.171-208, 1982.

[17] P. Colmez, *Résidu en $s=1$ des fonctions zêta p-adiques*, Invent. Math. 91, No.2, pp.371-389, 1988.

[18] P. Colmez, *Fonctions L p-adiques*, Séminaire Bourbaki. Volume 1998/99, Astérisque 266, pp.21-58, Exp. No.851, 2000.

[19] P. Colmez, *Zéros supplémentaires de fonctions L p-adiques de formes modulaires*, Algebra and number theory, pp.193-210, Hindustan Book Agency, Delhi, 2005.

[20] P. Deligne, *Formes modulaires et représentations ℓ-adiques*, Sémin. Bourbaki 1968/69, No.355, pp.139-172, 1971.

[21] P. Deligne, *Valeurs de fonctions L et périodes d'intégrales*, Automorphic forms, representations and *L*-functions, Proc. Sympos. Pure Math., XXXIII Part 2, Amer. Math. Soc., Providence, R.I., pp.247-289, 1979.

[22] P. Deligne, M. Rapoport, *Les schémas de modules de courbes elliptiques*, Modular functions of one variable, II (Proc. Internat. Summer School, Univ. Antwerp, Antwerp, 1972), pp.143-316. Lecture Notes in Math., Vol.349, Springer, 1973.

[23] P. Deligne, K. Ribet, *Values of abelian L-functions at negative integers over totally real fields*, Invent. Math. 59, No.3, pp.227-286, 1980.

[24] P. Deligne, J. P. Serre, *Formes modulaires de poids 1*, Ann. Sci. Ec. Norm. Supér. (4) 7, pp.507-530, 1974.

[25] E. de Shalit, *Iwasawa theory of elliptic curves with complex multiplication. p-adic L functions*, Perspectives in Mathematics, Vol.3.: Academic Press, 1987.

[26] F. Diamond, J. Shurman, *A first course in modular forms*, Graduate Texts in Mathematics, 228. Springer-Verlag, 2005.

[27] D. Eisenbud, *Commutative Algebra With a View Toward Algebraic Geometry*, Graduate Texts in Mathematics, 150. Springer-Verlag, 1994.

[28] L. J. Federer, *Regulator, Iwasawa modules, and the Main conjecture for*

$p = 2$, Number theory related to Fermat's Last Theorem, Birkhäuser Verlag, pp.289-296, 1982.

[29] B. Ferrero, L. Washington, *The Iwasawa invariant μ_p vanishes for abelian number fields*, Ann. Math. (2) 109, pp.377-395, 1979.

[30] M. Flach, *A generalisation of the Cassels-Tate pairing*, J. Reine Angew. Math. 412, pp.113-127, 1990.

[31] J-M. Fontaine, J. P. Wintenberger, *Le "corps des normes" de certaines extensions algébriques de corps locaux*, C. R. Acad. Sci., Paris, Sér. A 288, pp.367-370, 1979.

[32] K. Fujiwara, *Deformation rings and Hecke algebras in the totally real case*, arXiv:math/0602606 [math.NT].

[33] 藤崎源二郎, 体とガロア理論, (岩波基礎数学選書) 岩波書店, 1991.

[34] R. Gillard, *Fonctions L p-adiques des corps quadratiques imaginaires et de leurs extensions abéliennes*, J. reine angew. Math, 358, pp.76-91, 1985.

[35] R. Greenberg, *On a certain l-adic representation*, Invent. Math. 21, pp.117-124, 1973.

[36] R. Greenberg, *On the Iwasawa invariants of totally real number fields*, Am. J. Math. 98, pp.263-284, 1976.

[37] C. Greither, *Class groups of abelian fields, and the main conjecture*, Ann. Inst. Fourier 42, No.3, pp.449-500, 1992.

[38] M. Gros, *Regulateurs syntomiques et valeurs de fonctions L p-adiques. I*, With an appendix by Masato Kurihara. Invent. Math. 99, No.2, pp.293-320, 1990.

[39] M. Gros, *Regulateurs syntomiques et valeurs de fonctions L p-adiques. II*, Invent. Math. 115, No.1, pp.61-79, 1994.

[40] B. Gross, *A tameness criterion for Galois representations associated to modular forms (mod p)*, Duke Math. J. **61**, pp.445-517, 1990.

[41] H. Hida, *Hecke algebras for GL_1 and GL_2*, Seminaire de theorie des nombres, Paris 1984-85, pp.131-163, Progr. Math., 63, Birkhauser, 1986.

[42] H. Hida, *Elementary Theory of L-functions and Eisenstein Series*, Cambridge University Press, 1993.

[43] H. Hida, *Anticyclotomic main conjectures*, Doc. Math. 2006, Extra Vol., pp.465-532, 2006.

[44] H. Hida, *Non-vanishing modulo p of Hecke L-values and application*, L-

functions and Galois representations, Cambridge University Press. London Mathematical Society Lecture Note Series 320, pp.207–269, 2007.
[45] H. Hida, J. Tilouine, *Anti-cyclotomic Katz p-adic L-functions and congruence modules*, Annales scientifiques de l'Ecole normale supérieure, 26(2), pp.189–259, 1993.
[46] H. Hida, J. Tilouine, *On the anticyclotomic main conjecture for CM fields*, Invent. Math., 117(1), pp.89–147, 1994.
[47] M-L. Hsieh, *Eisenstein congruence on unitary groups and Iwasawa main conjecture for CM fields*, preprint 2011.
[48] K. Iwasawa, *A note on Kummer extensions*, J. Math. Soc. Japan 5, pp.253–262, 1953.
[49] K. Iwasawa, *On Γ-extensions of algebraic number fields*, Bull. Amer. Math. Soc. 65, pp.183–226, 1959.
[50] K. Iwasawa, 代数体と函数体のある類似について, 数学 15-2, pp.65-67, 1963.
[51] K. Iwasawa, *On some modules in the theory of cyclotomic fields*, J. Math. Soc. Japan 16, pp.42–82, 1964.
[52] K. Iwasawa, *On p-adic L-functions*, Ann. Math. (2) 89, pp.198–205, 1969.
[53] K. Iwasawa, *Lectures on p-adic L-Functions*, Annals of Mathematics Studies, 1972.
[54] K. Iwasawa, *On the μ-invariants of $\mathbb{Z}_l$-extensions*, Number Theory, algebr. Geom., commut. Algebra, in Honor of Yasuo Akizuki, pp.1–11, 1973.
[55] K. Iwasawa, *On $\mathbb{Z}_l$-extensions of algebraic number fields*, Ann. Math. (2) 98, pp.246–326, 1973.
[56] K. Iwasawa, *Riemann-Hurwitz formula and p-adic Galois representations for number fields*, Tohoku Math. J., II. Ser. 33, pp.263–288, 1981.
[57] M. Kakde, *The main conjecture of Iwasawa theory for totally real fields*, Invent. Math. 193, No.3, pp.539–626, 2013.
[58] K. Kato, *Euler systems, Iwasawa theory, and Selmer groups*, Kodai Math. J. 22, No.3, pp.313–372, 1999.
[59] 加藤和也, 黒川信重, 斎藤毅, 数論 I ——Fermat の夢と類体論, 岩波書店, 2005.
[60] N. Katz, *p-adic L-functions for CM fields*, Invent. Math. 49, pp.199–297, 1978.
[61] N. Katz, *Another look at p-adic L-functions for totally real fields*, Math. Ann. 255, pp.33–43, 1981.

[62] N. Katz, ; B. Mazur, *Arithmetic moduli of elliptic curves*, Annals of Mathematics Studies, 108. Princeton University Press, 1985.

[63] N. Katz, W. Messing, *Some consequences of the Riemann hypothesis for varieties over finite fields*, Invent. Math. 23, pp.73-77, 1974.

[64] 河田敬義, ホモロジー代数, (岩波基礎数学選書) 岩波書店, 1990.

[65] 河田敬義, 数論——古典数論から類体論へ, 岩波書店, 1992.

[66] Y. Kida, ℓ-*extensions of CM-fields and cyclotomic invariants*, J. Number Theory 12, pp.519-528, 1980.

[67] V. A. Kolyvagin, *Euler systems*, The Grothendieck Festschrift, Vol.II, pp. 435-483, Progr. Math., 87, Birkhäuser Boston, Boston, MA, 1990.

[68] T. Kubota, W. Leopoldt, *Eine p-adische Theorie der Zetawerte. I: Einführung der p-adischen Dirichletschen L-Funktionen*, J. Reine Angew. Math. 214/215, pp.328-339, 1964.

[69] M. Kurihara, *Some remarks conjectures about cyclotomic fields and K-groups of* $\mathbb{Z}$, Compositio Math. 81, pp.223-236, 1992.

[70] M. Kurihara, *On the ideal class groups of the maximal real subfields of number fields with all roots of unity*, J. Eur. Math. Soc. 1, No.1, pp.35-49, 1999.

[71] 黒川信重, 栗原将人, 斎藤毅, 数論 II ——岩澤理論と保型形式, 岩波書店, 2005.

[72] L. V. Kuz'min, *Some duality theorems for cyclotomic Γ-extensions of algebraic number fields of CM type*, Izv. Akad. Nauk SSSR **43**, pp.483-546, 1979; English transl.: Math. USSR Izv. **14**, pp.441-498, 1980.

[73] S. Lang, *Cyclotomic fields. I and II*, Combined 2nd edition. Graduate Texts in Mathematics, 121, Springer, 1990.

[74] H. W. Leopoldt, *Eine p-adische Theorie der Zetawerte. II Die p-adische Γ-Transformation*, Collection of articles dedicated to Helmut Hasse on his seventy-fifth birthday, III. J. Reine Angew. Math. 274/275, pp.224-239, 1975.

[75] 松村英之, 復刊 可換環論, 共立出版, 2000.

[76] B. Mazur, *Deforming Galois representations*, Galois groups over $\mathbb{Q}$, Publ., Math. Sci. Res. Inst. 16, pp.385-437, 1989.

[77] B. Mazur, K. Rubin, *Kolyvagin systems*, Mem. Am. Math. Soc. 168, No. 799, 2004.

[78] B. Mazur, J. Tilouine, *Représentations galoisiennes, différentielles de Kähler et "conjectures principales"*, Publ. Math., Inst. Hautes Etud. Sci.

71, pp.65-103, 1990.
[79] B. Mazur, A. Wiles, *Class fields of Abelian extensions of* $\mathbb{Q}$, Invent. Math. 76, pp.179-330, 1984.
[80] T. Miyake, *Modular forms*, Springer-Verlag, 1989.
[81] D. Mumford, *Abelian varieties*, Tata Institute of Fundamental Research Studies in Mathematics, No.5, Oxford University Press, 1970.
[82] J. Nekovář, *Selmer complexes*, Astérisque, 310, 2006.
[83] J. Neukirch, (梅垣敦紀 訳), 代数的整数論, シュプリンガー・フェアラーク東京, 2003.
[84] J. Neukirch, A. Schmidt, K. Wingberg, *Cohomology of Number Fields*, Grundlehren der mathematischen Wissenschaften, 2000.
[85] T. Ochiai, *Euler system for Galois deformation*, Annales de l'Institut Fourier, vol.55, fascicule 1, pp.113-146, 2005.
[86] T. Ochiai, K. Shimomoto, *Bertini theorem for normality on local rings in mixed characteristic (applications to characteristic ideals)*, to appear in Nagoya Math. J.
[87] M. Ohta, *Companion forms and the structure of p-adic Hecke algebras*, J. Reine Angew. Math. 585, pp.141-172, 2005.
[88] M. Ohta, *Companion forms and the structure of p-adic Hecke algebras. II*, J. Math. Soc. Japan 59, No.4, pp.913-951, 2007.
[89] B. Perrin-Riou, *Théorie d'Iwasawa p-adique locale et globale* Invent. Math. 99, No.2, pp.247-292, 1990.
[90] B. Perrin-Riou, *Représentations p-adiques ordinaires*, Fontaine, Jean-Marc (ed.), Périodes *p*-adiques. Société Mathématique de France. Astérisque 223, pp.185-220; Appendix, pp.209-220, 1994.
[91] B. Perrin-Riou, *Fonctions L p-adiques des représentations p-adiques*, Astérisque, 229, 1995.
[92] B. Perrin-Riou, *Systèmes d'Euler p-adiques et théorie d'Iwasawa*, Ann. Inst. Fourier 48, No.5, pp.1231-1307, 1998.
[93] M. Raynaud, *Schémas en groupes de type* $(p,\cdots,p)$, Bull. Soc. Math. Fr. 102, pp.241-280, 1974.
[94] K. Ribet, *A modular construction of unramified p-extensions of* $\mathbb{Q}(\mu_p)$, Invent. Math. 34, No.3, pp.151-162, 1976.
[95] K. Ribet, *Galois representations attached to eigenforms with nebentypus*,

Modular Funct. one Var. V, Lect. Notes Math. 601, pp.17-52, 1977.

[96] K. Ribet, *Report on p-adic L-functions over totally real fields*, Astérisque 61, pp.177-192, 1979.

[97] K. Ribet, *On modular representations of* $\mathrm{Gal}(\overline{\mathbb{Q}}/\mathbb{Q})$ *arising from modular forms*, Invent. Math. 100, pp.431-476, 1990.

[98] J. Ritter, A. Weiss, *Toward equivariant Iwasawa theory*, Manuscr. Math. 109, No.2, pp.131-146, 2002.

[99] J. Ritter, A. Weiss, *On the "main conjecture" of equivariant Iwasawa theory*, J. Amer. Math. Soc. 24, No.4, pp.1015-1050, 2011.

[100] K. Rubin, *The Main Conjecture*, Appendix to Cyclotomic fields I and II. by Serge Lang, Combined second edition. Graduate Texts in Mathematics, 121. Springer-Verlag, pp.397-419, 1990.

[101] K. Rubin, *The "main conjectures" of Iwasawa theory for imaginary quadratic fields*, Invent. Math. 103, No.1, pp.25-68, 1991.

[102] K. Rubin, *Euler systems*, Annals of Mathematics Studies, 147, 2000.

[103] N. Schappacher, *Periods of Hecke characters*, Lecture Notes in Mathematics, 1301, Springer-Verlag, 1988.

[104] L. Schneps, *On the μ-invariant of p-adic L-functions attached to elliptic curves with complex multiplication*, J. Number Theory 25, pp.20-33, 1987.

[105] A. J. Scholl, *Motives for modular forms*, Invent. Math. 100, No.2, pp.419-430, 1990.

[106] R. Schoof, *Catalan's Conjecture*, Springer, 2008.

[107] J. P. Serre, *Classes des corps cyclotomiques*, Seminaire Bourbaki, exposé 174, (1958-1959).

[108] J. P. Serre, *Abelian l-adic representations and elliptic curves*, Second edition. Addison-Wesley Publishing Company, 1989.

[109] J. P. Serre, *Cohomologie Galoisienne*, 5ème edition, Lecture Note in Mathematics 5, Springer, 1992.

[110] J. P. Serre, *Local Fields*, Graduate Texts in Mathematics, 67, 1995.

[111] R. Sharifi, *A reciprocity map and the two-variable p-adic L-function*, Ann. Math. (2) 173, No.1, pp.251-300, 2011.

[112] G. Shimura, *An l-adic method in the theory of automorphic forms*, the text of a lecture at the conference Automorphic functions for arithmetically defined groups, Oberbolfach, Germany, 1968.

[113] G. Shimura, *Introduction to the Arithmetic Theory of Automorphic Functions*, Princeton University Press, 1971.

[114] W. Sinnott, *On the μ-invariant of the Γ-transform of a rational function*, Invent. Math. 75, No.2, pp.273-282, 1984.

[115] C. Soulé, *Perfect forms and the Vandiver conjecture*, Journal für die reine und angewandte Mathematik, Volume 517, pp.209-221, 1999.

[116] J. Tate, *p-divisible groups*, Proc. Conf. local Fields, NUFFIC Summer School Driebergen 1966, pp.158-183, 1967.

[117] R. Taylor, A. Wiles, *Ring-theoretic properties of certain Hecke algebras*, Ann. Math. (2) 141, No.3, pp.553-572, 1995.

[118] L. Washington, *Introduction to cyclotomic fields*, 2nd ed. Graduate Texts in Mathematics, 83, Springer-Verlag, 1997.

[119] C. Weibel, *Algebraic K-theory of rings of integers in local and global fields*, Handbook of K-theory. Vol.1, 2, pp.139-190, Springer, 2005.

[120] A. Weil, *On a certain type of characters of the idele-class group of an algebraic number-field*. Proc. internat. Sympos. algebraic number theory, Tokyo & Nikko Sept. 1955, pp.1-7, 1956.

[121] A. Weil, *Basic Number Theory*, Springer, 1973.

[122] A. Wiles, *On p-adic representations for totally real fields*, Ann. Math. (2) 123, pp.407-456, 1986.

[123] A. Wiles, *On ordinary λ-adic representations associated to modular forms*, Invent. Math. 94, No.3, pp.529-573, 1988.

[124] A. Wiles, *The Iwasawa conjecture for totally real fields*, Ann. Math. (2) 131, No.3, pp.493-540, 1990.

[125] A. Wiles, *Modular elliptic curves and Fermat's Last Theorem*, Ann. Math. (2) 141, No.3, pp.443-551, 1995.

[126] M. Witte, *On a noncommutative Iwasawa main conjecture for function fields*, preprint, 2013.

[127] R. Yager, *On two variable p-adic L-functions*, Ann. Math. (2) 115, pp.411-449, 1982.

[128] R. Yager, *p-adic measures on Galois groups*, Invent. Math. 76, pp.331-343, 1984.

[129] 岩澤健吉先生のお話を伺った 120 分, 雑誌「数学」45 巻, pp.366-372, 1993.

[130] *Arithmetic Geometry*, edited by G. Cornell and J. H. Silverman, Springer,

1986.
[131] *Beilinson's conjectures on special values of L-functions*, edited by M. Rapoport, N. Schappacher and P. Schneider, Perspectives in Mathematics, 4. Academic Press, 1988.
[132] *Motives*, edited by U. Jannsen, S. Kleiman and J. P. Serre, Proceedings of Symposia in Pure Mathematics, 55, Part 1, Part 2. American Mathematical Society, 1994.
[133] *Modular Forms and Fermat's Last Theorem*, edited by G. Cornell, J. H. Silverman and G. Stevens, Springer, 1997.
[134] 上野健爾, 志賀浩二, 砂田利一編, 岩澤数学の全貌：その豊穣の世界, 数学のたのしみ, No.15, 日本評論社, 1999.
[135] *Kenkichi Iwasawa Collected Papers*, Kenkichi Iwasawa (著), Ichiro Satake (編集), Springer Japan, 2001.
[136] 2003年度整数論サマースクール報告集「岩澤理論」.
[137] The Iwasawa theory of totally real fields, Ramanujan Mathematical Society Lecture Notes Series Volume 12, Volume editors, J. Coates, C. S. Dalawat, A. Saikia, R. Sujatha, International Press.
[138] 2009年度整数論サマースクール報告集「ℓ 進ガロア表現とガロア変形の整数論」.

記号一覧

p：奇素数　　　13
$\mathbb{Q}, \overline{\mathbb{Q}}, \mathbb{C}, \mathbb{Q}_p, \overline{\mathbb{Q}}_p, \mathbb{C}_p$　　　13
μ_m：1 の m 乗根のなす群　　　14
ζ_m：1 の原始 m 乗根　　　14
Φ_{p^n}, Ψ_{p^n}：p^n 次円分多項式　　　15
K：有限次代数体　　　16
$\Gamma_{\mathrm{cyc}}, \Gamma_{\mathrm{cyc},K}$：円分 $\mathbb{Z}_p$ 拡大のガロワ群　　　16
χ_{cyc}：p 進円分指標　　　16
κ_{cyc}：p 進円分指標(の pro-p 部分)　　　16
ω：Teichmüller 指標　　　16
$\widetilde{K}_\infty$：全ての $\mathbb{Z}_p$ 拡大の合成　　　17
$\mathfrak{r}_K$：代数体 K の整数環　　　19
Γ, Γ_n　　　21
$\mathcal{O}$：p 進体の整数環　　　21
ϖ：$\mathcal{O}$ の素元　　　21
$\Lambda_{\mathcal{O}}, \Lambda$：岩澤代数　　　21
$\widetilde{\Gamma}_K$：$\widetilde{K}_\infty/K$ のガロワ群　　　21
$\omega_n(T) = (T+1)^{p^n} - 1$　　　22
$P^1(\mathcal{R})$：高さ 1 の素イデアル　　　34
$l(\mathfrak{p}, \mathcal{M})$：$\mathfrak{p}$ における長さ　　　34
$\mathcal{M} \sim \mathcal{N}$：擬同型　　　34
$\mathcal{M}_{\mathrm{null}}$：最大擬零部分加群　　　34
$\mathrm{Div}_\mathcal{R}(\mathcal{M})$：因子イデアル　　　38
$\mathrm{char}_\mathcal{R}(\mathcal{M})$：特性イデアル　　　38
$\lambda(\mathcal{M}), \mu(\mathcal{M})$：岩澤不変量　　　41
$\mathrm{Fitt}_i(\mathcal{M}), \mathrm{Fitt}(\mathcal{M})$：Fitting イデアル　　　43
$\mathrm{Fund}(\mathcal{M})$：基本岩澤加群　　　44
K_n：第 n 中間体　　　51
$[p^\infty]$：p ベキねじれ部分群　　　52
L_∞：至る所不分岐最大アーベル p ベキ拡大　　　52
X_{K_∞}：至る所不分岐最大アーベル p ベキなガロワ群　　　52
K^+：最大総実部分体　　　57
μ_K：K の 1 のベキ根全体のなす群　　　59

記号一覧

$\Lambda_{\mathrm{cyc},K}$：K 上の円分岩澤代数　　61
$X^+_{K^{\mathrm{cyc}}_\infty}$, $X^-_{K^{\mathrm{cyc}}_\infty}$：イデアル類群の岩澤加群　　61
$\Lambda_{\mathrm{cyc},\mathcal{O}}$：$\mathcal{O}$ 係数の円分岩澤代数　　66
$L(\eta,s)$：Dirichlet の L 函数　　68
$\mathbb{Z}_p[\psi]$：$\mathbb{Z}_p$ に ψ の値を付け加えた環　　68
$\Lambda_{\mathrm{cyc},\psi}$：Dirichlet 指標 ψ での円分岩澤代数　　68
B_r, $B_{r,\eta}$：（一般）Bernoulli 数　　71
$f_\eta(z)$：一般 Bernoulli 数の母函数　　71
N, q_n, c, Γ_n　　73
$\Xi_n(\psi)$：Stickelberger 元　　73
$\langle\ \rangle$：pro-p 射影　　73
$\gamma_n(i)$　　73
$\Delta_M=(\mathbb{Z}/M\mathbb{Z})^\times$　　74
$\widehat{\mathbb{Z}[\zeta_N]}_\mathfrak{p}$：$\mathfrak{p}$ における完備化　　79
$G_{\mathrm{cyc}}=\Delta_p\times\Gamma_{\mathrm{cyc}}$　　79
$[a]$, σ, φ　　80
Nr, Tr：岩澤代数のノルム写像，トレース写像　　81
$F_\mathbf{u}(Z)$：Coleman ベキ級数　　82
$\log(F(Z))$：ベキ級数の $\log$　　87
$\mathbb{Z}_p(1)$：1 回 Tate ひねり　　88
$D=(1+Z)\dfrac{d}{dZ}$　　88
$\tau(\eta)$：Gauss 和　　93
ι：Γ_{cyc} の involution　　94
$\log_p$：p 進対数函数　　98
$\mathcal{M}_\eta$, $\mathcal{M}^\eta$：η 商，η 部分　　99
$(\ )^\vee$：Pontrjagin 双対　　99
$\mathcal{M}^\bullet$：Λ_{cyc} 加群 $\mathcal{M}$ の involution による twist　　100
$\mathcal{M}\otimes\eta$：Λ_{cyc} 加群 $\mathcal{M}$ の指標 η による twist　　100
$\mathrm{Ad}(M)$：M の随伴加群　　104
(ι_∞,ι_p), (ι'_∞,ι'_p)：（固定された）複素および p 進の埋め込み　　111
$M_k(M,\eta;\mathcal{O}_\mathcal{K})$, $S_k(M,\eta;\mathcal{O}_\mathcal{K})$：$\mathcal{O}_\mathcal{K}$ 係数モジュラー（カスプ）形式の空間　　111
Tw_η：η ひねり写像　　120
$\mathfrak{R}_\psi$：円単数の Euler 系の素数の集合　　127
loc_p：p への局所制限写像　　128
(CD_m)：完全分解の条件　　131
η^{gal}：Hecke 指標 η に付随したガロワ指標　　167
N_F：F のノルム指標　　166

索　引

欧　字

Bernoulli 数　71
CM 型 (CM type)　148
CM 体　58
Coleman ベキ級数　85
Dirichlet 指標　66
Euler 系
　円単数の Euler 系　127
Ferrero-Washington の定理　97
Fitting イデアル　43
Gauss 和
　Dirichlet 指標の Gauss 和　93
Greenberg 予想　65
J 体　58
Kolyvagin 導分　133
Kummer 理論　102
(p 進 L 函数の 1 での値に関する)
　Leopoldt の公式　98
Leopoldt 予想　20
p 進 L 函数
　CM 体の p 進 L 函数　149
　久保田-Leopoldt の p 進 L 函数　68
　総実代数体の p 進 L 函数　144
p 進対数函数　98
Ribet の補題　115
Riemann-Hurwitz の公式 (木田の公式)
　64
Stickelberger 元　73
Stickelberger の定理　142
Teichmüller 指標　16
Vandiver 予想　65
(p 進) Weierstrass の準備定理　23

$\mathbb{Z}_p$ 拡大
　円分 $\mathbb{Z}_p$ 拡大　16
　反円分 $\mathbb{Z}_p$ 拡大　63

ア　行

(p 進版の) 一致の定理　28
岩澤加群　30
岩澤主予想
　イデアル類群の円分岩澤主予想　100
　総実代数体上のイデアル類群の岩澤予想
　145
　CM 体上のイデアル類群の岩澤予想
　152
岩澤代数　21
岩澤不変量　41
岩澤類数公式　51
因子イデアル　38

カ　行

(K_∞^{cyc} 上の) 解析的類数公式の原理
　106
擬同型　34
基本岩澤加群　40
鏡映的加群 (reflexive module)　35
構造定理
　岩澤加群の構造定理　39
　正規整域上の一般構造定理　37

サ　行

周期
　(p 進および複素) CM 周期　149

随伴加群(adjoint module) 104
数論的指標 29
($\mathcal{O}$ に値を持つ)測度 26

タ 行

代数的 Hecke 指標 166

ナ 行

(位相的)中山の補題
  一般的な位相的中山の補題 32
  岩澤加群に対する位相的中山の補題 32
ノルム系 82
ノルム指標 166

ハ 行

半単純性予想
  イデアル類群の円分岩澤加群の半単純性予想 63
非単数根多項式(distinguished polynomial) 23

■岩波オンデマンドブックス■

岩澤理論とその展望 上

2014年9月10日　第1刷発行
2019年9月10日　オンデマンド版発行

著　者　落合　理

発行者　岡本　厚

発行所　株式会社　岩波書店
　　　　〒101-8002　東京都千代田区一ツ橋2-5-5
　　　　電話案内　03-5210-4000
　　　　https://www.iwanami.co.jp/

印刷／製本・法令印刷

© Tadashi Ochiai 2019
ISBN 978-4-00-730927-4　　Printed in Japan